“十二五”规划教材

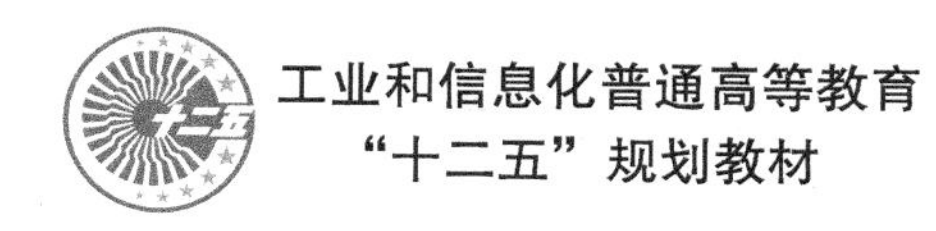


12th Five-Year Plan Textbooks of Software Engineering

# 微型计算机原理及应用


郭晓红 闫宏印 ◎ 主编

张晓霞 杨崇艳 ◎ 副主编

Micro Computer Principle and Application

人 民 邮 电 出 版 社

北 京

图书在版编目（CIP）数据

微型计算机原理及应用 / 郭晓红，闫宏印主编. -- 北京 : 人民邮电出版社，2013.12（2017.9重印）
普通高等教育软件工程“十二五”规划教材
ISBN 978-7-115-32630-0

Ⅰ. ①微… Ⅱ. ①郭… ②闫… Ⅲ. ①微型计算机－高等学校－教材 Ⅳ. ①TP36

中国版本图书馆CIP数据核字(2013)第250833号

## 内容提要

本书以 80x86 微处理器为模型机，介绍微处理器的发展、微型计算机的层次结构、微处理器的功能结构、8086 微处理器的指令系统、汇编语言程序设计、微型计算机的存储系统、输入/输出接口技术、总线技术和人机接口技术等内容。本书力求给学习者一个微型计算机的完整轮廓和清晰的结构，为今后开发和深入研究微型计算机打下一个良好的基础，同时也为嵌入式系统和专用微型计算机系统的学习打下基础。

本书注重概念、讲解细致、循序渐进、深入浅出，适合软件学院、非电类专业、非计算机专业的本科生，同样也适合电类专科、高职、成教学生，还可以作为普通读者的入门教材。

◆ 主　　编　郭晓红　闫宏印
副 主 编　张晓霞　杨崇艳
责任编辑　邹文波
责任印制　彭志环　杨林杰

◆ 人民邮电出版社出版发行　北京市丰台区成寿寺路 11 号
邮编　100164　电子邮件　315@ptpress.com.cn
网址　http://www.ptpress.com.cn
固安县铭成印刷有限公司印刷

◆ 开本：787×1092　1/16
印张：15　2013 年 12 月第 1 版
字数：390 千字　2017 年 9 月河北第 2 次印刷

定价：35.00 元

读者服务热线：(010)81055256　印装质量热线：(010)81055316
反盗版热线：(010)81055315

# 前　言

进入 20 世纪 80 年代后，计算机发展史上最重大的事件之一是出现了以微处理器为核心的个人计算机。在以后的 30 年中，微处理器和微型计算机取得了异乎寻常的发展，一些过去原本在经济上不可行的应用，或者还仅仅是“科学幻想”，现在已经成为了现实。下述几项应用是改变现代生活的典型事例。

- 车载计算机：用计算机来控制汽车，在今天已经极为普及。用计算机控制汽车的发动机，不仅改进了燃油效率，减轻了污染，还通过防险刹车和安全气囊实现了撞车保护。车载计算机技术在 30 年前还仅仅是天方夜谈。
- 手机：计算机技术的发展产生了移动电话，让人们几乎在全世界的任何地方都可以自由通信，尤其是目前正在普及的智能手机，已经拥有联网、搜索及各种功能，它给人们的生活、工作、学习带来了极大的方便和极高的效率。
- 万维网和搜索引擎。万维网从诞生到现在已经改变了整个社会，在很多地方它已经取代了传统的图书馆。今天，如何快速精确地找到所需信息变得越来越重要，如果没有搜索引擎，人们将在万维网中寸步难行。

还有用于绘图和分析人类基因序列的人类基因项目，目前所需的计算机设备价值达几亿美元，但随着计算机成本的快速降低，有望在未来实现按个人基因序列来治疗疾病。

微处理器和微型计算机的应用无处不在，本书就是针对微型计算机的广泛应用和发展面向非计算机专业的理工科学生编写的。为了使各理工科专业的学生在有限的课时内能够较好地掌握微型计算机的基本工作原理，学到一些实用知识，本书在大学计算机基础课程和程序设计技术基础课程的基础上以 80x86CPU 为模型机，对 8086 指令系统以及微处理器的相关接口技术进行了全面系统的讲解，力求概念清晰、内容准确、深入浅出、循序渐进、易教易学。

全书共 10 章，内容包括 80x86 微处理器的工作原理、8086CPU 的指令系统、汇编语言程序设计、计算机接口和总线技术等。第 1 章简述微型计算机的发展历程，给出了微型计算机的层次结构和典型系统；第 2 章讲述直接面向 CPU 运算器的数值表示和基本运算；第 3 章介绍微型计算机的核心芯片微处理器，以典型的 8086 和 Pentium CPU 为模型机讲解微处理器的功能结构和工作原理；第 4 章讲解典型 CPU 8086 的指令系统及其种类和功能；第 5 章介绍汇编语言程序设计，并给出了 DOS 系统调用的概念和常用的系统功能调用，以及汇编语言和 C/C++的混合编程；第 6 章讲述微型计算机的存储系统，包括主存的工作原理以及高速缓存和虚拟存储器的基本知识；第 7 章介绍接口技术，包括接口的基本工作原理以及中断和 DMA 的基本知识；第 8 章介绍常见可编程接口 8255A、8253、8251 的基本工作原理和应用举例；第 9 章介绍总线技术，讲述微型计算机中常见的总线标准；第 10 章介绍人机交互接口技术，讲解基本输入输出设备键盘、鼠标、显示器、打印机的基本概念及其接口的工作原理。

本书由多年从事微机原理课程教学的教师编写，其中第 1 章由段富编写；第 2 章、第 7 章由郭晓红编写；第 3 章和第 4 章由张晓霞编写；第 5 章和附录由王爱莲编写；第 6 章由闫宏印编写；第 8 章和第 10 章由杨崇艳编写；第 9 章由孟东霞编写。全书由郭晓红、闫宏印策划统稿。在本书的编写过程中，得到了许多专家的帮助和支持，在此表示衷心的感谢。

由于编者水平有限，书中难免存在错误和不妥之处，敬请各位读者提出宝贵的意见和建议，我们将不胜感激。

编　者

2013 年 8 月

# 目 录

# 第 1 章 微型计算机系统概述

微型计算机是相对于巨型机、大型机、小型机等而言体积较小，可供个人拥有的个人电脑（Personal Computer，PC）。根据微型计算机体积的大小，又把它分为台式电脑（Desktop PC）、笔记本电脑（Notebook PC）、平板电脑（Tablet PC）和手持电脑（Handheld PC）。

微型计算机的体积虽然很小，但其结构和工作原理与其他型号的计算机基本类似。由于大规模集成电路的发展，微型计算机的功能越来越强大，应用范围也越来越广泛。现在的微型计算机不仅用于家庭和大部分的工作场合，它的高端产品已用于网络服务器。随着微型计算机的发展，人们的生活方式、工作模式、乃至整个世界都在跟着改变。我们首先看一下微型计算机的发展轨迹。

## 1.1 微型计算机的发展

计算机的运算和控制核心称为处理器（Processor），即中央处理单元（Central Processing Unit，CPU）。微型计算机中的处理器常采用一块大规模集成电路芯片，称为微处理器（Microprocessor），它代表着整个微型计算机的性能。微型计算机的发展通常是以微处理器的发展为基础的，当一种新型的微处理器研制成功后，一年之内相应的软硬件产品就会推出，进而一代新的微机产品就会形成。微处理器技术的快速发展推动着整个微型计算机技术的发展和更新换代。

### 1.1.1 微处理器的发展

处理器的性能用字长、时钟频率、集成度等基本的技术参数来衡量。字长（Word Length）表明处理器每个时间单位可以处理的二进制位数，如一次运算或传输的位数。时钟频率表明处理器的处理速度，反应了处理器的基本时间单位。集成度表明了处理器的生产工艺水平，通常用芯片上集成的晶体管数来表达。在微处理器的发展历程中，字长是微处理器换代的一个重要指标，从4 位、8 位、16 位、32 位到 64 位，到目前为止，微处理器先后经历了七代。

#### 1. 第一代微处理器（1971—1973 年）

1971 年，Intel 公司成功地设计了世界上第一个微处理器——4 位微处理器 Intel 4004。它的寻址范围为 4 096 个 4 位宽存储单元（半字节单元，Nibble）。Intel 4004 有 45 条指令，运行速度为 0.05MIPS（Million Instruction Per Second），即每秒执行 5 万条指令。Intel 4004 主要用于早期的视频游戏和基于微处理器的小型控制系统中。但时至今日，4 位微处理器仍因其良好的性能价格比而应用于一些嵌入式系统中，如微波炉、洗衣机、计算器等设备中。图 1-1 所示为 Intel 4004 芯片的外形图。

1971 年年末，Intel 公司意识到微处理器是个很有前景的产品，又推出了 8 位微处理器 8008。它是 4004 的 8 位扩展型微处理器，其主要改进是增加了 3 条指令（总计 48 条），并将寻址空间扩展到 16KB。该阶段的计算机工作速度较慢，没有操作系统，只有汇编语言。主要用于工业仪表、过程控制。

### 2. 第二代微处理器（1974—1977 年）

第二代微处理器的典型产品有 Intel 8080/8085，Zilog 公司的 Z-80 和 Motorola 公司的 M6800。与第一代微处理器相比，集成度提高了 1 ~ 4 倍，运算速度提高了 10 ~ 15 倍，指令系统相对比较完善，已具备典型的计算机体系结构及中断、直接存储器存取等功能。

微处理器 8080 采用 NMOS 工艺，集成约 5 000 个晶体管，8 位数据线，16 位地址线，2MHz 时钟频率，70 多条指令。1974 年，基于 8080 的个人计算机 Altair 8800 问世。微软公司（Microsoft）创始人 Bill Gates 为这种 PC 开发了 BASIC 语言解释程序。图 1-2 所示为 Intel 8080 芯片的外形图。

图 1-1　Intel 4004

图 1-2　Intel 8080

### 3. 第三代微处理器（1978—1984 年）

1978 年，Intel 公司率先推出 16 位微处理器 8086，这是该公司生产的第一个 16 位芯片。8086 的数据总线为 16 位，地址总线为 20 位，时钟频率为 5MHz。1979 年为了方便原来的 8 位机用户，Intel 公司又推出了一种准 16 位微处理器 8088，其内部总线为 16 位，而外部数据总线仍为 8 位，内部结构与 8086 基本上完全一样，两者的寻址空间均为 1MB，都能进行 16 位数据的运算和处理，运行速度达到 2.5MIPS。

在 8086/8088 的设计中，引入了两个重要的概念：指令流水线技术和存储器分段技术。这种指令流水线技术加快了指令流的执行速度，而存储器分段技术的引入，也为现代微处理器应用虚拟存储器技术奠定了基础。为了提高浮点运算的速度，Intel 公司于 1976 年推出了数字协处理器 8087，它能够在 8086/8088 的控制下执行浮点运算指令，进行复杂的数学运算，进一步提高了 8086/8088 的数据处理能力。

在 Intel 公司推出 8086、8088 CPU 之后，各公司也相继推出了同类的产品，有 Zilog 公司 Z8000 和 Motorola 公司的 M68000 等。16 位微处理器比 8 位微处理器有更大的寻址空间、更强的运算能力、更快的处理速度和更完善的指令系统。所以，16 位微处理器已经能够替代部分小型机的功能，特别在单任务、单用户的系统中，8086 等 16 位微处理器更是得到了广泛的应用。

1983 年，Intel 公司推出了增强型的 16 位微处理器 80286，它的最大主频为 20MHz，内、外部数据传输均为 16 位，24 位地址线，内存寻址能力为 16MB。80286 可工作于两种方式，一种是与 8086 工作方式一样的实模式（Real Mode），在实方式下，80286 可以运行曾经在 8086 上开发的各种程序，包括应用程序和系统程序；另一种是保护方式（Protected Mode）。在保护方式下，80286 支持存储管理、保护机制和多任务管理的硬件支持，这些传统上由操作系统实现的功能在处理器硬件支持下实现，使微机系统的性能得到极大提高。在保护方式下还支持虚拟存储器，虚拟地址空间可达 $2^{30}$ 字节（1GB）。80286 的封装是一种被称为 PGA 的正方形包装。它有一块内部和外部固体插脚，在这个封装中，80286 集成了大约 130 000 个晶体管。图 1-3 所示为 80286 芯片的外形图。

IBM 公司将 80286 微处理器用在采用先进技术的 IBM PC/AT 微机中，引起了极大的轰动。80286 在以下 4 个方面比它的前辈有显著的改进：支持更大的内存、能够模拟内存空间、能同时运行多个任务、提高了处理速度。

图 1-3　80286 芯片

**4. 第四代微处理器（1985—1992 年）**

第四代微处理器是 32 位微处理器时代，其典型产品有 80386 和 80486。

（1）微处理器 80386

1985 年，为满足多用户和多任务应用的需要，Intel 公司推出了它的第一个 32 位微处理器 80386。80386 的数据总线为 32 位，地址总线也是 32 位，可寻址 4GB 内存（$1GB=2^{30}B=1024MB$），时钟频率有 16MHz、25MHz 和 33MHz。与 80286 相比，80386 不仅增加了若干寄存器，而且寄存器的容量都扩充到了 32 位，具有全 32 位数据处理能力。其内部结构采用 6 级流水线结构，存储管理新增了一个页式管理单元，支持段页式虚拟存储管理，提供了更大虚拟地址空间（64TB）和内存实地址空间（4GB）。

作为 32 位微处理器，80386 设计得非常成功。当时，Intel 公司明确宣布 80386 芯片的体系结构将被确定为以后开发 80x86 系列微处理器的标准，称为英特尔 32 位结构：IA-32（Intel Architecture-32）。IA-32 指令系统全面升级为 32 位，但仍然兼容原来的 16 位指令系统。

80386 首次引入了虚拟 8086 方式（Virtual 8086 Mode），使 80386 的存储管理具有 3 种工作方式：实地址方式、保护虚地址方式和虚拟 8086 方式。虚拟 8086 方式是在保护方式下的一种特殊状态，类似 8086 工作方式但又接受保护方式的管理，可模拟多个 8086 处理器，因此在保护虚地址方式下仍能与 8086/8088 系统兼容。图 1-4 所示为典型的 Intel 80386 芯片的外形图。

图 1-4　80386

Windows 操作系统可以运行的最低配置就是以 80386 为处理器的 32 位 PC。Windows 操作系统采用保护方式，其 MS-DOS 命令行（环境）就是虚拟 8086 方式，而 80386 以前的 DOS 操作系统是实方式。1990 年 Intel 还生产了一种适应便携机节能要求的低功耗芯片，为其增加了一种新的系统管理方式（System Management Mode，SMM）。当微处理器进入这种方式后，会根据所处的环境自动减速或停止运行，还可控制其他部件停运以达到整体最低耗电。

（2）微处理器 80486

继 80386 之后，Intel 公司于 1989 年 4 月又推出了第二代 32 位高性能微处理器 80486，它以提高性能和面向多处理器系统为主要目标。从结构上看 80486=80386+80387+8KB Cache，即 80486 把微处理器 80386、浮点运算单元（FPU）80387 和一个 8KB 的数据与指令合用的 Cache 集成在一个芯片内了，使得微处理器的性能大大提高。

为了有效地处理浮点数据，Intel 公司专门为其各代微处理器配有数学协处理器。例如，和 8086/8088 配套的是 8087 芯片，和 80286、80386 配套的分别是 80287、80387 芯片，但从 80486 开始，这些协处理器被集成到微处理器内部，且改名为浮点处理单元（Floating-Point Unit，FPU）。高速缓冲存储器 Cache 是微处理器与主存之间速度很快但容量较小的存储器，可以有效地提高整个存储系统的存取速度。80486 除了芯片内部的 8KB 一级高速缓存（L1 Cache），还支持外部的第二级高速缓存（L2 Cache）。

80486 的指令单元采用了精简指令集计算机（Reduced Instruction Set Computer，RISC）技术，

将其融入传统的 80x86 的复杂指令集计算机（Complex Instruction Computer，CISC）技术中，同时采用流水线技术，降低了执行每条指令所需要的时钟数；此外，80486 采用了一种突发总线（Burst Bus）技术和面向多处理器结构，在总线接口部件上增加了总线监视功能，以保证构成多机系统时的高速缓存一致性，并增加了支持多机操作的指令。

**5. 第五代微处理器（1993—2000 年）**

第五代微处理器的典型产品有 Intel 公司的奔腾系列芯片以及与之兼容的 AMD 的 K6 系列微处理器芯片，其内部采用了超标量指令流水线结构，并具有相互独立的指令和数据高速缓存。随着 MMX（Multi Media eXtended）微处理器的出现，使微机的发展在网络化、多媒体化、智能化等方面跨上了更高的台阶。Pentium 系列处理器主要包括 Pentium、Pentium Pro、Pentium MMX、Pentium Ⅱ、Pentium Ⅲ和 Pentium 4。

（1）Pentium

1993 年 3 月推出，简称为 P5 或 80586，中文译名为“奔腾”。Pentium 采用 64 位外部数据总线，使总线访问内存数据的速度高达 528MB/s；提供了灵活的存储器页面管理。既支持传统的 4KB 存储器页面，又可使用更大的 4MB 存储器页面。

（2）Pentium Ⅱ

1995 年 Intel 先后推出了 P6 级微处理器的第一代产品 Pentium Pro 和 Pentium MMX（Multi Media eXtended）。1997 年，Intel 将多媒体增强技术（MMX 技术）融入 Pentium Pro 微处理器之中，推出了 P6 级微处理器的第二代产品 Pentium Ⅱ。Pentium Ⅱ既保持了 Pentium Pro 原有的强大处理功能，又增强了 PC 在三维图形、图像和多媒体方面的可视化计算功能和交互功能。Pentium Ⅱ采用双重独立总线结构：一条是处理器至主存储器的系统总线，称为前端总线（FBS），主要负责主存储器的信息传送操作；另一条是二级 Cache 总线，也称后端总线，用于连接到 L2 Cache 上。Pentium Ⅱ可以同时使用这两条总线，使 Pentium Ⅱ的数据吞吐能力大大提高，达到单总线结构处理器的 2 倍。此外，Pentium Ⅱ使用了一种与 CPU 芯片相分离的 512KB 的 L2 Cache，这种 L2 Cache 可以在 CPU 一半的时钟频率下运行，而片内 L1 Cache 由原来的 16KB 扩大到了 32KB，从而有效地减少了对 L2 Cache 的调用频率。

（3）Pentium Ⅲ

Intel 继 Pentium Ⅱ之后于 1999 年推出的第三代 P6 级微处理器产品。内部结构与 Pentium Ⅱ相似，主要改进是增加了 70 条流式单指令多数据扩展（Streaming SIMD Extensions，SSE）指令和 8 个 128 位单精度浮点数寄存器，克服了不能同时处理 MMX 数据和浮点数据的缺陷，使 Pentium Ⅲ在三维图像处理、语音识别和视频实时压缩等方面都有了很大提高。此外，Pentium Ⅲ首次设置了处理器序列号 PSN，可用来加强资源跟踪、安全保护和内容管理。

（4）Pentium 4

2000 年年底 Intel 公司推出的第一个非 P6 核心结构的全新 32 位微处理器 Pentium 4。与 P6 级微处理器相比，主要特点是：采用了超级管道技术，使用长达 20 级的分支预测 / 恢复管道；乱序执行技术中的指令池能容下 126 条指令；内含一个 4KB 的分支目标缓冲，使分支错误预测概率比原来下降 33%以上；增加了由 144 条新指令组成的 SSE2 指令集，可支持 128 位 SIMD 整数算法操作和 128 位 SIMD 双精度浮点操作。

尽管 Pentium、Pentium Ⅱ、Pentium Ⅲ和 Pentium 4 的外部数据总线均为 64 位，但它们的内部寄存器和运算操作仍然是 32 位，所以 Pentium、Pentium Ⅱ、Pentium Ⅲ和 Pentium 4 并不是真正意义上的 64 位微处理器，只能说是准 64 位微处理器。图 1-5 所示为典型的 Pentium、Pentium

MMX、Pentium 4 的外形图。

图 1-5　Pentium、Pentium MMX、Pentium 4

### 6. 第六代微处理器（2001—2005 年）

前面第四代、第五代 Intel 微处理器都是建立在 IA-32 架构基础上的，采用的都是 80x86 指令代码。

2001 年，Intel 公司为满足要求苛刻的高端企业和技术应用的需要而专门设计推出了一款称为 Itanium（安腾）的真 64 位微处理器，次年又推出了 Itanium 2，从而形成了由安腾 1、安腾 2 组成的 Itanium 处理器系列。

Itanium 系列处理器采用的是 IA-64 架构。该架构区别于 IA-32 架构的主要优点表现在：内部集成了可以显著提高指令执行速度和吞吐率的大量执行资源，可以实现处理器到高速缓存的快速访问，具有处理器与内存之间的出色带宽，可以提供更低的功耗以支持与日俱增的计算密集型工作。目前 Itanium 系列各型处理器均可全面支持数据库、企业资源规划、供应链管理、业务智能以及诸如高性能计算（HPC）等其他数据密集型应用。图 1-6 所示为 Itanium 处理器芯片的外形图。

图 1-6　Itanium 处理器芯片

### 7. 第七代处理器（2005 年至现在）

第七代微处理器是酷睿（core）系列微处理器时代。“酷睿”是一款领先节能的新型微架构，设计的出发点是提高每瓦特性能，也就是所谓的能效比。早期的酷睿是基于笔记本处理器的。酷睿 2：英文名称为 Core 2 Duo，是英特尔在 2006 年推出的新一代基于 Core 微架构的产品体系的统称。于 2006 年 7 月 27 日发布。酷睿 2 是一个跨平台的构架体系，包括服务器版、桌面版、移动版三大领域。其中，服务器版的开发代号为 Woodcrest，桌面版的开发代号为 Conroe，移动版的开发代号为 Merom。

酷睿 2 处理器最显著的变化在于对各个关键部分进行了强化，为了提高两个核心的内部数据交换效率采取共享式二级缓存设计，两个核心共享高达 4MB 的二级缓存。

2007 年以来，Intel 基于酷睿微架构，又相继推出了酷睿 i7-740QM 和酷睿 i7-840QM 两款四核处理器和一款代号为“Dunnington”的六核至强 7400 系列处理器产品。Dunnington 凭借其先进的制造工艺、6 个核心的设计，在某些虚拟化环境以及数据密集型应用中（如数据库、商务智能、企业资源规划和服务器整合），可以获得最多高达 50%的大幅性能提升，使其成为当时最适合虚拟化应用和简化 IT 的理想平台。图 1-7 所示为酷睿 2 微处理器芯片的外形图。

图 1-7　酷睿 2 微处理器芯片

## 1.1.2 微型计算机采用的新技术

在微型计算机发展的过程中，新的技术被不断采用，使得微型计算机的性能在快速提升、机型在不断地更新换代。通常第一年还是采用最新技术的计算机，到了下一年就被更新换代。这里，从 16 位微型计算机开始总结微处理器所采用的主要新技术。

### 1. 指令流水线技术

计算机的程序是由按一定顺序排列的指令组成，在早期的计算机中，CPU 运行程序的方式是将一条指令先从存储器中取出再执行，执行完毕后再取出下一条指令执行，这是一种串行执行的方式。指令流水是指将完成一条指令的全过程分解为多个子过程，每个子过程与其他子过程并行进行，这与工厂中的生产流水线十分相似，所以称其为指令流水。

从 8086 微处理器开始，就引入了取指令和执行指令并行执行的流水线技术，随着微处理器的发展，流水线的级数在不断增加，以 Pentium 微处理器为例，它采用 5 级整数流水线，指令在其中分级执行。这 5 级流水线分别为取指、译码、取操作数、执行和回写。一条指令完成一个流水级后进入下一级，从而为指令队列中的下一条指令留下空间。图 1-8 所示为指令流水线操作的示意图。不难看出，采用指令流水线操作后，虽然每条指令实际执行需要 5 个时钟周期，但由于每个时钟周期都有指令进入流水线，并且从第 5 个时钟周期开始也都有一条指令走出流水线，因此其效果相当于每条指令可以在一个时钟周期内完成，指令执行速度比串行执行提高了 4 倍。

| 时间段 | 1 | 2 | 3 | 4 | 5 | 6 | 7 | 8 | 9 | 10 |
|---|---|---|---|---|---|---|---|---|---|---|
| 指令 1 | 取指 | 译码 | 取数 | 执行 | 回写 | | | | | |
| 指令 2 | | 取指 | 译码 | 取数 | 执行 | 回写 | | | | |
| 指令 3 | | | 取指 | 译码 | 取数 | 执行 | 回写 | | | |
| 指令 4 | | | | 取指 | 译码 | 取数 | 执行 | 回写 | | |
| 指令 5 | | | | | 取指 | 译码 | 取数 | 执行 | 回写 | |
| 指令 6 | | | | | | 取指 | 译码 | 取数 | 执行 | 回写 |

图 1-8 指令流水线操作的示意图

### 2. CISC 和 RISC 技术

从计算机指令系统的角度来看，当前的指令结构分为两大类：复杂指令集计算机（Complex Instruction Set Computer，CISC）和精简指令集计算机（Reduced Instruction Set Computer，RISC）。由于历史的原因，计算机的指令系统为了适应程序的兼容性、编程的简洁性和硬件系统功能的完善性，把以前用软件（子程序）可以实现的功能改为用指令实现，使得同一系列的计算机指令系统越来越复杂，也使得指令系统的硬件实现越来越复杂。一般的指令系统都有上百条指令，我们称这些计算机为“复杂指令集计算机”，简称 CISC。例如，8086/8088 的指令和寻址方式非常丰富，指令系统增加了早期微处理器没有的乘法和除法指令，指令数量多达 200 多条，所以 8086/8088 被称为 CISC 复杂指令集计算机。

是不是指令系统越复杂就越好呢？回答是否定的，因为它会带来一系列的问题（例如，实现困难、成本提高等）。后来研究人员通过测试发现，各种指令的使用频率相差悬殊，最常用的指令往往是一些比较简单的指令，它们占指令总数的 20%，而在程序中出现的频率却占到 80%左右，这说明大部分的复杂指令是不经常使用的。

基于以上的研究分析，在传统的计算机指令系统中，选取使用频率最高的（80%~90%）少数简单指令在一个机器周期内执行完，采用大量的寄存器、高速缓冲存储器技术，通过优化编译程序，提高处理速度。采用这种技术实现的计算机我们称为“精简指令集计算机”，简称 RISC。Intel 的 80x86 微处理器从 80486 开始使用 RISC 技术。

### 3. 超标量技术

超标量技术是指在处理器内核中采用指令并行机制，在 CPU 中集成多个相同的功能部件，可以根据指令的需要动态分配功能部件，组成多条流水线，每个时钟周期内可以完成多条指令。

在超标量计算机中，配置了多个功能部件和指令译码电路，采取了多条流水线，还有多个寄存器端口和总线，因此可以同时执行多个操作，以并行处理方式来提高机器速度。它可以同时从存储器中取出几条指令，并对这几条指令进行译码，把能够并行执行的指令同时送入不同的功能部件。

超标量计算机的指令流水线执行情况如图 1-9 所示。在 5 个时钟周期完成第一对指令，在第 7 个时钟周期完成第 3 对指令，相比单流水线的计算机，其指令执行速度提高了一倍。对一个指令级并行度为 2 的超标量计算机，每个时钟周期指令数最大为 2。

| 时间段 | 1 | 2 | 3 | 4 | 5 | 6 | 7 |
|---|---|---|---|---|---|---|---|
| 指令 1 | 取指 | 译码 | 取数 | 执行 | 回写 | | |
| 指令 2 | 取指 | 译码 | 取数 | 执行 | 回写 | | |
| 指令 3 | | 取指 | 译码 | 取数 | 执行 | 回写 | |
| 指令 4 | | 取指 | 译码 | 取数 | 执行 | 回写 | |
| 指令 5 | | | 取指 | 译码 | 取数 | 执行 | 回写 |
| 指令 6 | | | 取指 | 译码 | 取数 | 执行 | 回写 |

图 1-9　指令的超标量流水线执行

超标量计算机的主要特点如下：

- 配置有多个性能不同的处理部件，采用多条流水线并行处理；
- 能同时对若干条指令进行译码，将可并行执行的指令送往不同的执行部件，从而达到每个周期启动多条指令的目的；
- 在程序运行期间由硬件（通常是状态记录部件和调度部件）完成指令调度。

### 4. 动态执行技术

分支转移指令在程序设计中占有相当大的比重，据统计平均每 7 条指令就会有一条是转移指令。转移指令在运行时会使指令流水线断流，这时进入流水线正在执行的后续指令将会全部作废，这将严重影响指令执行的速度和效率。而新的分支入口指令的获取也成为影响指令执行效率的重要因素。从 Pentium CPU 开始就采用了分支目标缓冲器来实现动态转移预测，其具体做法是将分支指令提前放入分支目标缓冲器中预测该分支转移发生的可能性，为其做好准备工作。

动态执行技术通过预测指令流来调整指令的执行，并且通过分析程序的数据流来选择指令执行的最佳顺序。Pentium Ⅱ采用了由 3 种创新处理技巧结合的动态执行技术。

① 多分支预测。采用一种先进的多分支预测算法，允许程序的几个分支流向同时在处理器中执行。当处理器读取指令时，也同时在程序中寻找未来要执行的指令，加速了向处理器传递任务的过程，并为指令执行顺序的优化提供了可调度的基础。

② 数据流分析。通过数据流分析，选择一种最佳的指令执行顺序。其具体作法是：处理器查看被译码的指令，判断是否符合执行条件或依赖于其他指令。然后，处理器决定最佳的执行顺序，以最有效的方法执行指令。

③ 推测执行。将多个程序流向的指令序列，以调度好的优化顺序送往处理器的执行部件去执行，尽量保持多端口、多功能的部件始终为“忙”，充分发挥这些部件的效能。由于程序流向是建立在分支预测基础上的，因此指令序列的执行结果也只能作为“预测结果”而保留。一旦证实分支预测正确，已提前建立的“预测结果”立即变成“最终结果”并及时修改机器的状态。显然，推测执行可保证处理器的超标量流水线始终处于忙碌，加快了程序执行的速度，从而全面提高了处理器的性能。

### 5. 多媒体增强技术和 3D 数据处理技术

Intel 公司于 1996 年正式公布了多媒体增强（MultiMedia Extension，MMX）技术，它在 IA-32 指令系统中新增了 57 条整数运算多媒体指令，可以用这些指令对图像、音频、视频和通信方面的程序进行优化，使微机对多媒体的处理能力较原来有了大幅度提升。MMX 指令用于 Pentium 处理器就是 Pentium MMX（多能奔腾）。MMX 用于 Pentium Pro 处理器就是 Pentium Ⅱ。

在 Pentium Ⅱ中除了采用 MMX 多媒体增强技术，还采用了单指令流多数据流 SIMD 技术，该技术是针对多媒体操作中经常出现的大量并行、重复运算而设计的，SIMD 技术可使一条指令完成多重数据的工作，允许芯片减少在视频、声音、图像和动画中计算密集的循环。Pentium Ⅱ将 MMX 技术、SIMD 技术与动态执行技术相结合，在多媒体和通信应用中发挥了卓越的功能。

1999 年，针对因特网和三维多媒体程序的应用要求，Intel 公司在 Pentium Ⅱ的基础上又新增了 70 条 SSE（Streaming SIMD Extension）指令，开发了 Pentium Ⅲ。SSE 指令侧重于浮点单精度多媒体运算，极大地提高了浮点 3D 数据的处理能力。2000 年 11 月，Intel 推出了 Pentium 4，在 Pentium Ⅲ的基础上新增了 76 条 SSE2 指令集，侧重于增强浮点双精度多媒体运算能力。2003 年的新一代 Pentium 4 微处理器又新增了 13 条 SSE3 指令，使其多媒体和 3D 数据的处理能力进一步加强。

### 6. 多核技术

在出现多核微处理器以前，各代微处理器的技术及性能进步，从根本上说都是建立在对片内集成晶体管数量和高工作主频的不断追求上。但是，这一过程随着 2004 年 Pentium 4/4.0GHz 极高主频处理器计划的被迫取消而基本终结。于是从 2005 年开始，微处理器的发展进入到了多核时代。

多核处理器是指在单个处理器内部集成两个或多个完整的计算核心或计算引擎。这种多核微处理器被插入一个处理器的插槽，但是操作系统将每个计算核心理解为单个的具有所有相关执行资源的逻辑处理器。这些逻辑处理器能够独立的执行线程，因此可以做到多线程的并行，从而大大提高了执行多任务的能力。例如，在每个核的时钟频率不高甚至低于单核的情况下，在每个时钟周期内整个处理器可以处理更多的指令，即处理器的整体性能得到了提高。例如，Intel 公司的双核处理器 Core 2 Duo 相对于此前的单核处理器，性能约提高 40%，同时由于采用了更先进的制造技术，电能的消耗约减少了 40%。

多核处理器可以分为同构多核和异构多核两种。计算内核相同、地位对等的称为同构多核。同构多核处理器大多由通用的处理器组成，多个处理器执行相同或类似的任务；而计算内核不同、地位不对等的称为异构多核，异构多核处理器多采用主处理核 +协处理核的设计，如 IBM 公司的 CELL 处理器。

由于多核技术大幅提升了微处理器的运算能力，它将是未来微处理器的发展趋势。

### 1.1.3 微处理器的分类

微处理器按其使用范围可分为通用微处理器和专用微处理器。

1. 通用微处理器

通用微处理器（Micro Processing Unit，MPU）就是用于通用微型计算机上的处理器。无论这些处理器是用于台式机、笔记本电脑、工作站、服务器，还是平板电脑或手持电脑，它们都具有功能齐全、结构统一、操作规范、界面一致等特点，被广泛用于工作、家庭、学习的方方面面。

2. 专用微处理器

专用处理器是用于专用场合的微处理器。既然用于专用场合，就需要根据特殊的用途来构建新的系统，如车载计算机。通常可以把专用微处理器分为两类：单片机和数字信号处理器。

（1）单片机

单片机（Single Chip Microcomputer）实质上是把微处理器、存储器和各种可编程 I/O 接口集成在一个芯片上，这样一个芯片就相当于一个计算机，多用于智能仪器、智能设备的智能控制核心，尤其是目前广泛采用的嵌入式系统。在国际上又将单片机称为控制器（Micro Controller）或嵌入式控制器（Embedded Controller），简称 MCU。典型的产品有 1976—1978 年 Intel 公司的 MCS-48 和 MCS-51 8 位单片机系列；1982 年以后的 MCS-96/98 的 16 位、32 位单片机系列；Atml（艾特梅尔）公司的 AT89 系列（与 MCS-51 兼容），16 位、32 位的 AT91 系列（基于 ARM 内核）。

在一个单片机内部，通常集成有随机存储器（RAM）、只读存储器（ROM）、可编程接口，如定时计数器接口、并行接口、串行接口、A/D 和 D/A 转换接口等，只要配上相应的电路和硬件设备，开发相关的软件，就可构成一个专用的控制或智能系统。

（2）数字信号处理器

数字信号处理器（Digital Signal Processor，DSP）也是一种微控制器，因其内部集成有高速乘法器，能够进行快速的乘法和加法运算，它更专注于数字信号的高速处理。DSP 芯片的用途主要在通信、消费类产品和计算机。典型的 DSP 芯片有：

- Intel 公司的 2920，该芯片自 1979 年推出以来，经历了多代的发展；
- 美国德州仪器公司（Texas Instrument，TI）的代表性产品 TMS320 的各代：

——1982 年的 TMS32010；

——1985 年的 TMS320C20；

——1087 年的 TMS320C30；

……

——以及后来的 TMS320C2000/ TMS320C5000/ TMS320C6000 系列等。

还有 AD 公司、Motorola 公司的 DSP 芯片，这些 DSP 芯片也在我国广为应用。

3. 嵌入式系统

如上所述，利用单片机或数字信号处理器可以构成一个专用的控制或智能系统。在这些专用的系统中，嵌入式系统已成为一种通用的形式被广为采用。在嵌入式系统中，将计算机的软硬件技术、通信技术和半导体微电子技术融为一体，把单片机或数字信号处理器直接嵌入到应用系统中，构造信息技术的最终产品。嵌入式系统有 3 个级别的体系结构。

（1）IP 级结构

IP 级结构（Intellectual Property，IP，知识产权），即片上系统（System on Chip，SoC）。IP 是基于核的设计，在集成电路的设计领域，已经把设计细化为基于核 IP 的设计与系统集成 IC 的设计（核供应商和系统集成商），即把不同的 IP 单元，根据应用的要求集成在一个芯片上，各种嵌入式软件也能以 IP 方式集成在芯片中。

（2）芯片级结构

芯片级结构是目前最常见的嵌入式系统形式。它根据各种 IT 产品的要求，选用相应的处理器芯片（MCU、DSP、MPU 等）、ROM 和 RAM，以及 I/O 接口芯片等组成专用的系统，系统软件和相应的应用软件都固化在 ROM 中。

（3）模块级结构

模块级结构通常是将微处理器构成的计算机模块嵌入到应用系统中。

从 20 世纪 70 年代微处理器产生到现在，微处理器的发展就是沿着 MPU、单片机、DSP 3 个方向发展。这 3 种芯片的基本工作原理一样，但各有特点，技术上相互交融和借鉴，应用上各不相同。本书以 80x86 通用微处理器为模型，讲授微型计算机的基础知识，其原理仍然适合单片机和 DSP。学习单片机和 DSP 的专用系统需要另外的课程和教材。

# 1.2 微型计算机系统

微型计算机系统包括硬件和软件两大部分。硬件（Hardware）是构成计算机的物理设备，是看得见、摸得着的实体。软件（Software）一般是指在计算机上运行的程序（广义的软件还包括由计算机管理的数据和以及有关的文档资料），是指示计算机工作的命令，就像人的思想。本节主要介绍构成微型计算机系统的层次结构、硬件系统和软件系统。

## 1.2.1 微型计算机的层次结构

一个完整的微型计算机系统可分为 3 个层次——微处理器、微型计算机、微型计算机系统。

### 1. 微处理器

微处理器由控制器、运算器和寄存器组成，是整个微型计算机系统的核心，它通过程序指挥和协调计算机各部件工作，并负责完成所有的算术和逻辑运算。高性能微处理器内部还有浮点处理单元、多媒体数据运算单元和高速缓冲存储器（Cache），以及控制器中的存储管理单元、代码保护机制等。微处理器的典型特征是将其所有的部件集成在一个芯片上。

### 2. 微型计算机

将微处理器芯片、存储器芯片、I/O 接口芯片通过总线连接，再配上相应的辅助电路，制作在计算机内部的一块最大的电路板——主板上，就构成微型计算机的裸机。

（1）主存储器

存储器（Memory）是存放程序和数据的部件。高性能微机的存储系统由微处理器内部的寄存器（Register）、高速缓冲存储器（Cache）、主板上的主存储器和以外设形式出现的辅助存储器构成。主存储器简称为主存，计算机的程序和数据只有从辅存调入主存才能被处理器读写和使用。因此，又把主存叫内存，辅存叫外存。

（2）I/O 接口

由于各种外设的工作速度、驱动方法差别很大，无法与微处理器直接匹配，所以不可能将它们直接连接到微处理器。I/O 接口（Input/Output Interface）是微处理器和外设之间信息交换的通道，通过 I/O 接口电路来完成信号变换、数据缓冲、联络控制等工作。在微机中，较复杂的 I/O

接口电路常制成独立的电路板，也常被称为接口卡（Card），使用时将其插在微机主板的扩展槽上。

（3）总线

总线（BUS）是传递信息的一组公用导线。系统总线（System Bus）是指微机系统中，微处理器与存储器和 I/O 设备进行信息交换的公共通道。总线信号一般可分为 3 组。

- 地址总线（Address Bus，AB）：地址总线是一组由微处理器单向输出的总线，微处理器输出将要访问的主存单元或 I/O 端口的地址信息。地址线的多少决定了系统能够直接寻址存储器的容量大小和外设端口范围。
- 数据总线（Data Bus，DB）：微处理器进行读（Read）操作时，主存或外设的数据通过该组信号线输入微处理器；微处理器进行写（Write）操作时，微处理器的数据通过该组信号线输出到主存或外设。数据总线可以双向传输信息，为双向总线。数据线的多少决定了一次能够传送数据的位数。
- 控制总线（Control Bus，CB）：控制信号线用于协调系统中各部件的操作。其中，有些信号线将微处理器的控制信号或状态信号送往外界；有些信号线将外界的请求或联络信号送往微处理器；个别信号线兼有以上两种情况。控制总线决定了总线的功能强弱、适应性的好坏。各类总线的特点主要取决于它的控制总线。

采用总线连接系统中各个功能部件使得微机系统具有了组合灵活、扩展方便的特点。

**3. 微型计算机系统**

将微型计算机配上输入设备键盘和鼠标、输出设备显示器、外存储器硬盘和光驱，以及相应的软件系统，就构成了一个完整的微型计算机系统。当然要让计算机真正运行起来还要有电源，为方便使用还要有机箱。

微型计算机系统的层次结构如图 1-10 所示。

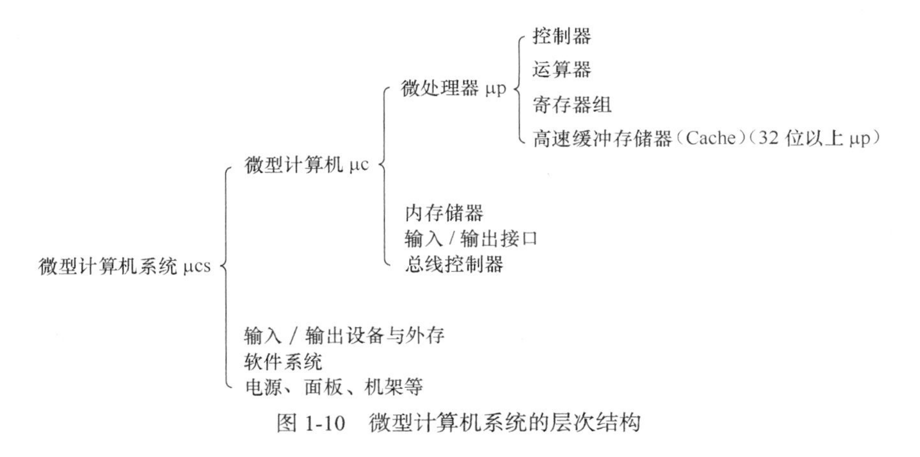


图 1-10　微型计算机系统的层次结构

## 1.2.2　微型计算机的硬件系统

下面以 80x86 的 16 位机和 32 位机为模型了解典型的微型计算机硬件系统，包括整体结构和组成，以及各部件的基本功能。

**1. IBM PC 硬件系统**

IBM PC 属于 16 位微型计算机，是一款具有划时代意义的微型计算机。1981 年，以生产大型机著称的蓝色巨人 IBM 公司从 8 位 Apple-II 微机中看到了微型计算机的市场潜力，选用 Intel 公司的 8088 微处理器和 Microsoft 公司的 DOS 操作系统开发了 IBM PC，从 IBM PC 开始，个人电脑真正走进了人们的工作和生活之中，它标志着一个新时代的开始。

16 位微型计算机的典型产品有 IBM PC、IBM PC/XT 和 IBM PC/AT，IBM PC/XT 是 IBM PC 的扩展，仍以 8088 为核心。由于本书的模型机是 8086，16 位微型计算机尽管已经被更先进的 32 位、64 位以及多核计算机所取代，但其结构组成和工作原理代表了微型计算机的基本工作方式和工作原理，所以了解由 8088CPU 组成的微型计算机系统有助于我们深入了解微型计算机的组成和基本工作原理。IBM PC/XT 的硬件系统如图 1-11 所示。

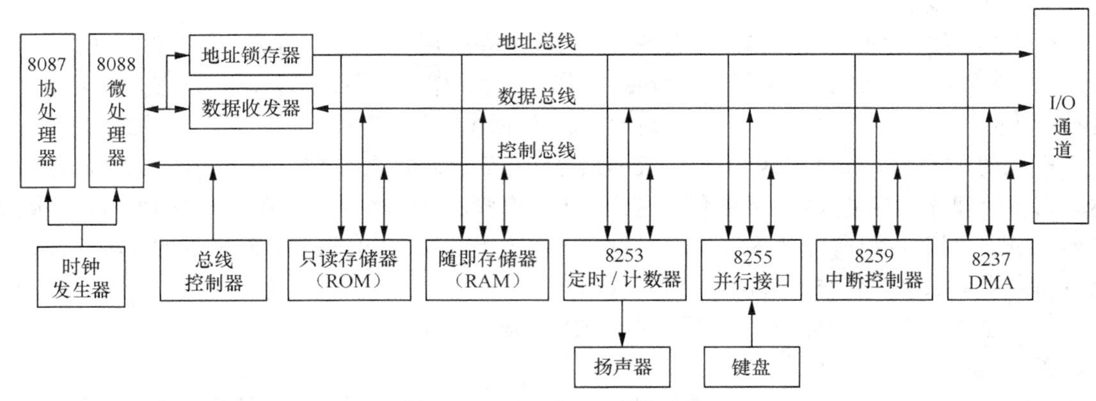


图 1-11 IBM PC/XT 硬件系统

（1）微处理器 8088

IBM PC/XT 的微处理器 8088 是准 16 位微处理器，它与 8086 的主要区别在于外部数据总线的宽度，8086 为 16 位，8088 则为 8 位。由于当时与微处理器配套的外围接口电路大多是 8 位的，尽管 8086 的数据传输能力要强于 8088，但 8088 的兼容性更好，所以 8088 在市场上获得了极大的成功。

8088 与总线控制器 8288、数据收发器、地址锁存器共同形成系统总线，时钟发生器 8284 向系统提供 4MHz 的工作时钟，用户还可以根据需要选择使用数值运算协处理器 8087 以提高系统的浮点运算能力。

（2）主存储器

主存储器由半导体存储器芯片 ROM 和 RAM 构成，ROM 中固化有称为“基本输入/输出系统”的 ROM-BIOS（Basic Input/Output System）。由于计算机运行需要大量的随机存储器，所以微机的主存主要以 RAM 芯片为主。16 位机采用的主存芯片为双列直插式 DRAM 芯片，直接插在主板上，其容量为 64KB ~ 1MB。

（3）I/O 接口

IBM PC/XT 配备的接口芯片有定时控制器 8253、中断控制器 8259、DMA 控制器 8237 等。

• 中断（Interrupt）是由于外部或内部的中断事件发生，微处理器暂时停止正在执行的程序，转向事先安排好的中断服务子程序，当中断服务程序执行完毕后返回被中断的程序继续执行的过程。这是计算机处理外部设备的服务请求和内部突发事件的形式之一。中断控制器 8259 接受来自外设（如键盘、打印机、显示器等）的外部中断，并具有中断屏蔽、中断优先级选择等功能。

• DMA（Direct Memory Access）是直接存储器存取的意思，当微机以 DMA 方式工作时，存储器和外部设备的信息交换不需要通过微处理器的中转和控制，而是在 DMA 控制器的控制下直接交换。这种方式适合高速数据传送的设备，如硬盘和主存的数据传送用的就是 DMA 传送方式。

与 8088 微处理器配套的 DMA 控制器是 8237，IBM PC/XT 的主板上有一片 8237。

- 定时计数器 8253 负责机器的时钟、扬声器的音频震荡信号等。
- 主板上的并行接口电路用以实现键盘接口、扬声器的发声控制等功能。通过并行接口读取键盘在操作时的按键代码。

到了 16 位微机的 80286 时代，其典型的微机系统是 IBM PC/AT，除了与 PC/XT 机兼容以外，在 AT 系统中还配有 CMOS-RAM。该 RAM 中存有系统的配置参数，这些参数记录了组成该系统所有外部设备规格型号的参数和系统设置（时间系统、启动顺序等）数据。CMOS-RAM 有电池供电使得计算机关机后内容得以保存，并根据情况可以修改。例如，当为系统换了一个大容量的硬盘或增加一个新的硬盘时，通过改写 CMOS-RAM 来通知系统的变化。

（4）系统总线

计算机的三总线再加上电源和地线、中断联络信号以及 DMA 信号，就构成了 IBM PC/XT 的系统总线，称为 PC 总线。IBM PC/AT 又对 PC 总线进行了扩展和标准化，形成了新一代的总线 ISA（Industry Standard Architecture），意为工业标准结构，是 16 位计算机时代的通用标准总线，并被保留到 32 位微机，直至今日的计算机主板上仍有 2 ~ 3 个 ISA 总线插槽。

系统总线除了将 CPU、存储器、I/O 接口连接在一起外，主板上还有 8 个总线插槽，用于插接扩展的 I/O 接口电路以连接新的外设。通常把总线插槽称为 I/O 通道或扩展槽。

（5）基本配置

在 16 位的微型计算机系统中，键盘和显示器是其外设的基本配置，由于当时的操作系统是 DOS 操作系统，所以还没有鼠标。而外存的基本配置为：PC 配两个 5 英寸的软驱，PC/XT 配一个硬盘、一个 5 英寸软驱，而 PC/AT 则配有两个 5 英寸软驱和一个硬盘。

### 2. Pentium 系列微型计算机的硬件系统

从 80386 微处理器开始，微型计算机进入了 32 位机时代。图 1-12 所示为 Pentium 系列微处理器主板的典型结构图。与 16 位 PC/XT 微机相比，在结构上已经发生了巨大的变化，整个硬件部分通过处理器总线、高速 PCI 总线、低速 ISA 总线以及存储总线、通用串行总线和各种接口连接起来。

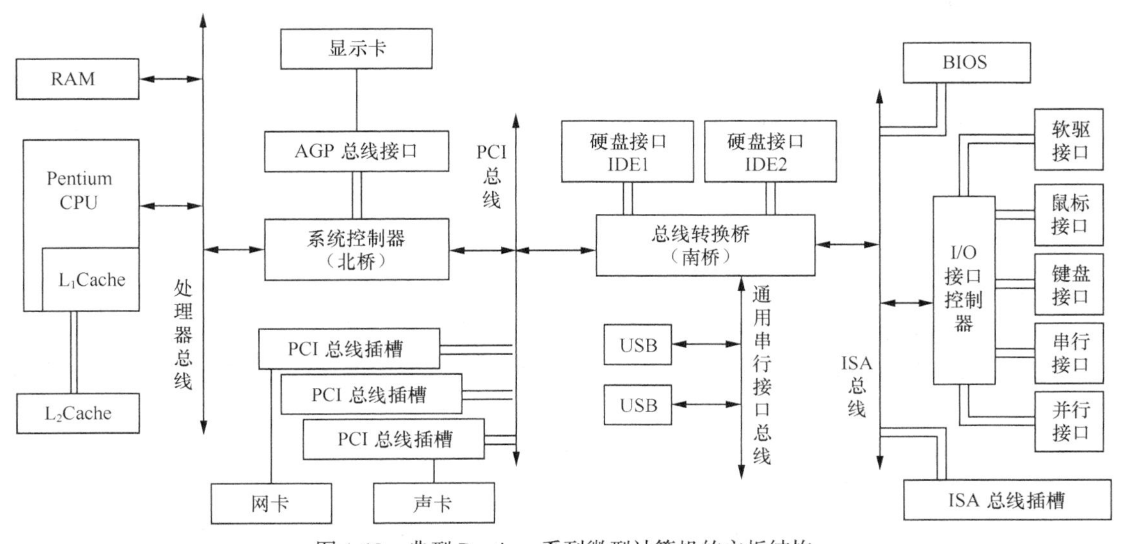


图 1-12　典型 Pentium 系列微型计算机的主板结构

（1）Pentium 系列微处理器

Pentium 系列微处理器是属于 IA-32 构架的高性能 32 位微处理器。它采用双 ALU 流水线工作，有两组算术逻辑单元（ALU）、两条流水线，能同时执行两条指令，并且把数据 Cache（高速缓冲存储器）和代码 Cache 分开；Pentium 系列微处理器还将外部数据总线增加到 64 条，而且其流水浮点部件提供了工作站的特性，因此它几乎具有两台 80x86 的功能。

从 32 位微型计算机开始，CPU 已经不再直接控制各 I/O 接口了，而是通过系统控制器、总线转换桥、I/O 接口控制器和不同的总线将所有的外设接口按不同的速度分层次连接在一起，达到并行高速的目的。从图 1-12 可知，CPU 通过处理器总线与系统相连，且可直接与内存和高速缓存交换数据，是整个计算机硬件系统的核心。

CPU 通过焊接在主板上的符合一定标准的插座或插槽与主板相连，可以拔插，通过它可以方便地更换 CPU，以便于维修或使系统升级。从 133MHz 的 Pentium 开始，主板上的微处理器芯片上要安装散热片或风扇来对其降温。

（2）控制芯片组

芯片组（Chipset）由系统控制器（北桥）和总线转换器（南桥）组成，分别集成在 2～4 个芯片中，是构成主板控制电路的核心，在一定意义上说，它决定了主板的性能和档次，如可选用的微处理器的类型、主存的类型和容量等很多重要性能和参数。如果把微处理器看作主板的“大脑”，则控制芯片组可以说是主板的“心脏”。它提供主板上的关键逻辑电路，包括 Cache 控制单元、主存控制单元、微处理器到 PCI 总线的控制电路（称为桥 Bridge）。可以说，除 CPU 外，主板上的所有控制功能几乎都集成在芯片组内，包括 82284 时钟发生器、82288 总线控制器、8254 系统定时器、双 8259 中断控制器、双 8237DMA 控制器等功能，甚至包括 MC146818CMOS-RAM 芯片的功能。

北桥芯片（North Bridge Chip）主要提供对 L2 Cache、内存、PCI、AGP 之间的连接控制以及 ECC 内存的数据纠错等的控制；而南桥芯片（South Bridge Chip）的主要作用是将 PCI 总线标准转换成外设的其他接口标准，如 IDE 硬盘数据传输标准、USB（通用串行总线）接口标准、ISA 总线接口标准等，并为系统中的慢速 I/O 设备与 ISA 总线之间提供接口及其控制电路，包括键盘、鼠标、软驱、串口、并口等。

（3）主存储器

32 位微机的主存容量从 386 主板上的 4MB 到 Pentium 4 主板上的 1GB，将存储器芯片直接插在主板上已经不再可行，所以从 32 位微机开始，存储器芯片先被直接焊在一个称为内存条的条形的电路板上，然后再将内存条插在主板上预留的内存插槽中。通常主板上有 2～4 个内存插槽，可同时插入 2～4 个内存条。

（4）系统总线

32 位微机使用的系统总线有：

- 针对 80386 设计的 EISA 总线（Extended ISA，扩展的 ISA 总线）；
- 针对 80486 设计的 VESA 总线（Video Electronic Standards Association，视频电子标准协会）；
- 后来的 PCI 总线（Peripheral Component Interconnect， 外部设备互连）；
- 主存与处理器之间专用的存储总线；
- 用于支持 3D 图形显示卡的 AGP 总线（Accelerated Graphics Port，加速图形端口）；
- 仍然支持 16 位微机接口卡的 ISA 总线。

（5）外设接口

32 位微机的主板上提供了各种外设接口，通常情况下配备的标准接口有：

- 直接连接键盘和鼠标的 PS/2 键盘接口和 PS/2 鼠标接口；
- 一个连接打印机的并行接口；
- 两个 9 针的 D 型插头用于串行通信设备的连接；
- 通用串行总线 USB 接口（Universal Serial Bus）；
- 高速串行总线接口 IEEE1394。

（6）扩展槽

主板上的扩展槽用于系统扩展，主要有以下几种类型的扩展槽：

- 2 ~ 4 个黑色的内存槽用于扩展主存；
- 1 个深褐色的 AGP 插槽用于支持高速图形显示卡；
- 6 个白色的 PCI 扩展槽用于系统功能扩展；
- 2 ~ 3 个 ISA 插槽用于插接 16 位微机的接口卡。

（7）基本配置

从采用 32 位微处理器芯片 80386 的微型计算机开始，Windows 操作系统开始使用。除了键盘和显示器，鼠标也成了微机的基本外设配置。但由于 386 机型的速度和内存等技术指标的限制，Windows 操作系统到了 Pentium 时代才真正发挥其图形操作系统的强大威力，真正在微型计算机上使用开来。

## 1.2.3　微型计算机的软件系统

微型计算机的软件系统是工作在硬件之上的计算机不可缺少的组成部分。完整的微型计算机软件系统的层次结构可用图 1-13 表示。软件按照其完成的功能分为系统软件和应用软件。

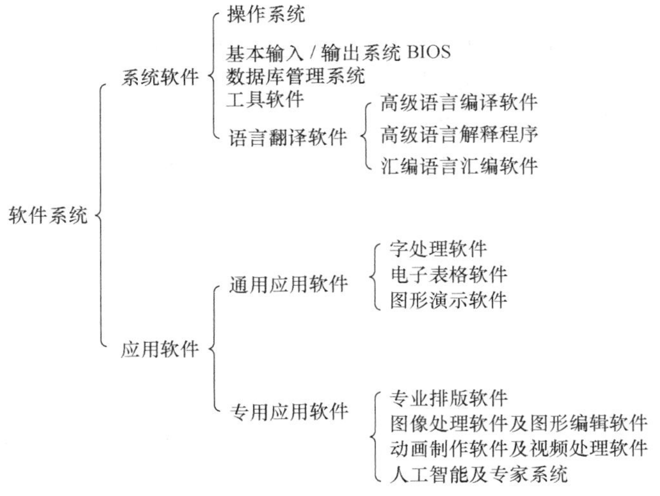


图 1-13　微型计算机软件系统的层次结构

### 1. 系统软件

系统软件是一组专门为计算机系统正常运行、为用户提供操作和使用环境、为软件开发人员提供开发环境、为应用软件提供运行环境的软件。系统软件通常由计算机制造商和专门的软件开发公司编制。系统软件主要包括操作系统、基本输入/输出系统（BOIS）、工具软件、语言处理程序、数据库管理系统等。

（1）操作系统

在“大学计算机基础”课程中，已经给出了操作系统（Operating System， OS）的基本概念和使用方法，在这里我们只给出操作系统一个简单的概括和总结：操作系统是计算机最重要的系统软件，它管理和控制计算机的硬件和软件资源，合理组织计算机工作流程并方便用户使用。计算机系统不能缺少操作系统，操作系统的性能在很大程度上直接决定了整个计算机系统的性能。操作系统的主要目标就是对计算机系统的资源进行高效的管理，并向用户提供一个方便、易用的计算机操作环境。从资源管理的观点来看，操作系统的主要功能可分为以下 5 项。

① 处理器管理：也就是进程管理，操作系统通过对进程的管理和调度来有效地提高处理器的效率，实现多道程序的并发执行。

② 存储器管理：即内存资源管理，包括内存的分配、回收、程序的分隔、数据的共享，以及将逻辑地址转换为物理地址等功能。当运行较大的程序时，还要解决内存的自动扩充——创建虚拟存储器的问题。

③ 输入/输出设备管理：简称设备管理。负责组织和管理系统中的各种 I/O 设备，有效地处理用户对这些设备的使用请求，并完成实际的 I/O 操作。当用户为计算机接入新的设备时，操作系统自动选择与之对应的设备驱动程序并安装之。如果系统没有找到相应的设备驱动程序，会给出安装设备驱动程序的提示。

④ 文件管理：计算机中所有的信息都是以文件的形式存放在外存上，使用时装入内存。文件管理就是采用统一、标准的方法对文件进行管理，使其能方便地存储、检索、更新、共享和保护，并为用户提供操作和使用的方法。

⑤ 用户和程序接口：操作系统为用户提供了命令接口和程序接口。

- 命令接口供用户通过交互命令方式直接或间接地对计算机进行操作，如用户可以通过直接使用键盘命令或利用鼠标单击窗口中的图标执行相应的应用程序。
- 程序接口即系统调用接口，供程序员编程时使用，也称为应用程序编程接口（Application Programming Interface，API）。程序员在编写应用程序时，只要按照系统提供的调用命令编写相应的系统调用语句，就可在应用程序中调用操作系统的内部功能模块。

除了上述 5 项主要功能之外，操作系统还具有帮助、错误处理、安全与保护等功能，以协助用户掌握系统的操作使用，保证系统正常运行，防止系统及用户资源受到有意或无意的破坏。另外，由于网络技术的引入及应用，现代操作系统还应该具备网络功能。

所以说，操作系统是用户操作使用计算机的平台，计算机通过操作系统管理其内部资源。微软公司的 Windows 操作系统、苹果公司的 Mac OS 操作系统是微型计算机最著名的操作系统。

（2）基本输入/输出系统 BOIS

由于主存（RAM）是一种掉电信息就会丢失的存储器，所以操作系统总是在开机时由 ROM 中的 BIOS（Basic Input/Output System）将其调入内存，而 BIOS 是存在 ROM 中的固化程序，计算机启动时第一条程序从 BIOS 开始执行。BIOS 主要有以下功能。

- 系统开机自检 POST（Power On Self Test）。每次开机时打开微机电源开关后，POST 程序首先要对 CPU、内存、ROM、I/O 接口、外存储器、键盘鼠标等所有硬件设备进行测试。一旦在自检中发现问题，系统就会给出提示信息或鸣笛警告。
- 安装启动操作系统。完成 POST 自检后，ROM BIOS 就首先按照系统 CMOS 设置中保存的启动顺序搜寻软硬盘驱动器及 CD-ROM、网络服务器等有效地启动驱动器，读入操作系统引导程序，然后将控制权交给引导程序，并由引导程序将操作系统从外存装入内存（安装操作系统）。当操作系统装入内存后，就可以运行了（启动操作系统），计算机就可以在 Windows 环境中开始正常工作了。

- 设备驱动程序（Device Drivers）的管理和安装调度。连入计算机的每一个外设，无论是键盘、鼠标，还是显示器或打印机，都有一个专用的程序与之对应，这就是设备驱动程序。设备驱动程序是一组常驻内存的程序，只要计算机一启动，就将其载入内存。

（3）语言翻译软件

高级语言的编译软件和解释程序在“大学计算机基础”这门课中都有基本的讲解。编译软件是那种可以将源程序代码转换成目标代码的软件，现在的绝大多数高级语言都是具有编译功能的软件系统。而解释程序则是一种称为“边吞边吐”的源程序边转换成指令代码边执行的工作方式，解释方式不生成目标代码，源程序每次执行都要进行转换，执行完毕指令就被丢弃了。

机器语言是计算机可直接执行的二进制指令代码，但难以记忆，学习和掌握很不方便。为了克服机器语言的缺点，人们采用便于记忆、并能描述指令功能的符号来表示机器指令。表示指令操作码的符号称为指令助记符，或简称助记符，一般就是表明指令功能的英语单词或其缩写。指令操作数同样也可以用易于记忆的符号表示。用助记符表示的指令就是汇编格式指令。汇编格式指令以及使用它们编写程序的规则就形成汇编语言（Assembly Language）。用汇编语言书写的程序就是汇编语言程序，或称汇编语言源程序。汇编语言源程序要翻译成机器语言程序才可以由处理器执行。这个翻译的过程称为“汇编”，完成汇编工作的程序就是汇编程序（Assembler）。

汇编语言本质上就是机器语言，它可以直接、有效地控制计算机硬件，因而容易产生运行速度快、指令序列短小的高效率目标程序。这些优点使得汇编语言在程序设计中占有重要的位置，是不可被取代的。但相对于高级语言的简单和易学，汇编语言的缺点也是明显的。它与处理器密切相关，要求程序员比较熟悉计算机硬件系统，考虑许多细节问题，导致编写程序烦琐，调试、维护、交流和移植程序困难。因此，有时可以采用高级语言和汇编语言混合编程的方法，互相取长补短，更好地解决实际问题。

（4）工具软件

工具软件是一种辅助性软件，它可以帮助人们解决使用计算机时出现的问题，或提高计算机的使用效率，或方便计算机的操作等。现在有成千上万种不同的工具软件，最常见的有以下几种。

- 错误诊断/故障处理软件：用于识别和纠正系统运行时出现的问题。
- 反病毒软件：为了计算机系统的安全，保护计算机不受病毒的攻击和破坏性程序的侵袭。
- 文件备份软件。为了防止文件的丢失做的文件副本。
- 文件压缩软件。为了网上传输，将大容量文件进行压缩使其尺寸变小。
- 卸载软件。帮助用户将不用的程序从系统中安全的去除掉。

目前，常见的工具软件以工具软件包的形式出现，它组合了一组相关的工具软件提供给用户使用，如诺顿反病毒软件（Norton AntiVirus）。

（5）数据库管理系统

数据库管理系统是用来对数据库管理的软件。使用数据库系统，用户可以建立、修改、删除数据库，也可以对数据库中的数据进行查询、增加、修改、删除、统计、输出等操作。常用的数据库系统有 Oracle、SQL Server、Access、Visual Foxpro 等。

### 2. 应用软件

应用软件可以描述为最终用户软件，是为解决某个具体问题而设计的程序及其文档。根据所解决问题的难易，应用软件的大小也不尽相同，大到用于处理某专业领域问题的程序，小的完成一个非常具体工作的程序。应用软件的数量和种类远远多于系统软件。可以把应用软件分为两大类，通用应用软件和专用应用软件。通用应用软件是那些用于所有领域和行业的应用软件，包括文字处理软件、数据表格软件、图形演示软件等。专用应用软件是那些数以万计的应用于特殊领域或行业的专用软件。

（1）通用应用软件

微软公司的集成 Office 办公系统软件包是典型的通用应用软件，主要的应用程序有 MS Word、MS Excel、MS PowerPoint 等。以 Office 办公软件为例，通常一组集成的通用软件有如下一些特征：

- 统一的操作界面：无论用户进入的是字处理软件还是表格处理软件，其菜单栏和工具栏的设计风格一致、操作方法相同，这样便于用户掌握，方便用户使用。
- 专用的工作窗口：应用软件窗口和用户工作窗口是两个不同的窗口，这样方便用户文件的使用和应用程序的管理。
- 用图标表示操作对象，可以形象的帮助用户使用和操作应用软件。例如，用打印机的图标表示打印，用户无须记忆，甚至不需要学习就可掌握该软件的使用。
- 键盘鼠标的操作手法与操作系统一致，便于用户掌握。

（2）专用应用软件

专用应用软件是那些用于特定的专业领域的应用软件，例如：

- 图像处理软件：用于生成、编辑、处理具有专业水平、可用于出版的图文并茂的出版物。
- 音频和视频处理软件：用于生成、编辑和播放音乐和视频。
- 多媒体软件：用于生成动态交互的演示软件。
- 网页制作软件：用于生成、编辑和设计网页。
- 人工智能软件：包括虚拟现实、知识系统和机器人。

这些都是一些典型的应用，只要是针对某一特殊用途开发的软件就都是应用软件。

## 习 题 一

### 一、单选题

1. 计算机的三类总线中，不包括（　　）。

   A. 控制总线　　B. 地址总线　　C. 传输总线　　D. 数据总线

2. 总线中的控制总线是（　　）的信息通道。

   A. 微处理器向外存储器传送的命令信号
   B. 外界向微处理器传送的状态信号
   C. 微处理器向 I/O 接口传送的命令信号
   D. 以上都正确

3. 系统总线是用于连接（　　）。

   A. 存储器各个模块　　B. CPU、存储器和 I/O 设备
   C. 主机与 I/O 设备　　D. 计算机与计算机

4．计算机可以直接执行的语言是（　　）。

A．高级语言　　B．汇编语言

C．机器语言　　D．机器语言和汇编语言

5．一个完整的计算机系统由（　　）组成。

A．软件系统和硬件系统　　B．主机和外设

C．主存和 CPU　　D．程序和 CPU

6．计算机的软件系统由（　　）组成。

A．系统软件和应用软件　　B．操作系统和数据库系统

C．通用应用软件和专用应用软件　　D．应用软件和工具软件

## 二、填空题

1. 8086 的数据总线为__________位，地址总线为__________位，时钟频率 __________MHz，支持____________________ 容量主存空间。

2．计算机的运算和控制核心称为处理器，英文为________________，微型计算机中的处理器常采用一块大规模集成电路芯片，称为______________________。

3．微型计算机系统可分为 3 个层次：______________、______________和______________。

4．微型计算机按体积的大小可分为：台式计算机，英文为______________；______________，英文为______________；______________，英文为______________；______________，英文为______________。

5．处理器的性能用______________、______________、______________等基本的技术参数来衡量。

6．指令流水是指将完成一条指令的全过程分解为多个______________，每个子过程于其他子过程______________。

7．软件按照其完成的功能分为________________和________________。应用软件是为解决________________而设计的程序及其________________。

8．可以把应用软件分为两大类，即______________和______________。通用应用软件用于______________，如文字处理软件。专用应用软件用于______________。

## 三、简答题

1．数值协处理器和浮点处理单元是什么关系？

2．总线信号分成哪 3 组信号？

3．在计算机技术中，人工智能包括哪些内容？

4．Cache 是什么意思？

5．ROM BIOS 是什么？

6．中断是什么？

7．32 位 PC 主板的芯片组是什么？

# 第 2 章 计算机基本数值运算

计算机作为处理信息的工具，对信息进行的运算分为算术运算和逻辑运算两大类。算术运算处理的是数值信息，可进行加、减、乘、除、算术移位等运算；逻辑运算处理的是非数值信息，可进行与、或、非、异或、逻辑移位等运算。本章主要讲述数值型数据的编码、表示和运算。

## 2.1 带符号数的编码

由于在计算机中具有两种状态的电子元件只能表示 0 和 1 两种数码，这就要求在计算机中表示一个数时，数的符号也要数码化，即用 0 和 1 表示。这种在计算机中使用的连同符号一起数码化的数叫机器码，也叫机器数。

### 2.1.1 原码、补码和反码

机器码是为了解决负数在计算机中的表示问题而设计的，机器码的最高位为符号位，一般用 0 表示正数、1 表示负数，数值部分则要按某种规律编码，根据编码规律的不同，分成原码、反码和补码等机器码。相对于机器码而言，在计算机技术中，将用“+”、“−”号加上数的绝对值表示的数称为真值。

**1. 原码**

原码的编码规律可概括为：正数的符号位用 0 表示，负数的符号位用 1 表示，数位部分则和真值的数位部分完全一样。

例如：当 $X= +101010$　　　　则$[X]_{原}=0101010$

　　　当 $X= -101010$　　　　则$[X]_{原}=1101010$

左边的数称为真值。用原码表示数很简单，只要将真值的符号用数码表示即可。但若是两个异号数相加，或两个同号数相减，就要作减法。为了把减法运算转变为加法运算，又引入了反码和补码。

**2. 补码**

补码的运算规则比较简单，是可以化“减”为“加”的一种机器码，只要对负数的表示做适当的变换，就可以实现这一目的。

（1）补码的基本概念

在日常生活中，有许多化“减”为“加”的例子。例如，时钟是逢 12 进位，12 点也可以看作 0 点。当将时针从 10 点调整到 5 点时有以下两种方法：

一种方法是时针逆时针方向拨 5 格，相当于做减法：

$$10-5=5$$

另一种方法是时针顺时针方向拨 7 格，相当于做加法：

$$10+7=12+5=5 \quad (\mathrm{MOD}\ 12)$$

这是由于时钟以 12 为模，在这个前提下，当和超过 12 时，可将 12 舍去。于是，减 5 相当于加 7。同理，减 4 可表示成加 8，减 3 可表示成加 9。由于计算机的字长是一定的，表示的数的范围也是一定的，因而属于有模运算。当运算结果超出模时，超出部分会自动舍掉，保留下的部分仍能正确表示运算结果。

（2）补码的编码规律

如果是正数，则其补码和原码相同；如果是负数，则其补码除了符号位为 1 外，其他的数位，凡是 1 就转换为 0，0 就转换为 1，在最末尾再加上 1。

例如：当 $X=+101010$　　则$[X]_{补}=0101010$

　　　当 $X=-101010$　　则$[X]_{补}=1010110$

（3）将补码转换为真值

已知一个数的补码求真值是经常遇到的问题，从正数的补码求真值不必计算，可以直接写出；从负数的补码求真值，和从真值求负数的补码方法一样，可将补码的各数位按位变反，末位加 1，然后加上数符“–”。例如：

$[X]_{补}=01101$，$[Y]_{补}=10110$，则 $X$ 和 $Y$ 的真值为：$X=1101$，$Y=-1010$

**3. 反码**

一个数的反码比补码更容易求。如果是正数，则其反码和原码相同；如果是负数，则其反码除符号位为 1 外，其他的数位，凡是 1 就转换为 0，0 就转换为 1。

例如：当 $X=+101010$　　则$[X]_{反}=0101010$

　　　当 $X=-101010$　　则$[X]_{反}=1010101$

## 2.1.2 无符号数和各编码的比较

表 2-1 所示为用 8 位二进制数码表示的无符号数、原码、补码和反码。从表 2-1 中可以看出，8 位二进制数码，表示无符号数的范围为 0 ~ 255；表示原码的范围为−127 ~ +127；表示补码的范围为 −128 ~ +127；表示反码的范围为−127 ~ +127。

对原码、补码和反码进行比较，可以看出它们之间既有共同点，又有不同之处：

① 对于正数，原码、补码、反码的表示形式一样；对于负数，原码、补码、反码的表示形式不一样。

② 几种机器码的最高位都是符号位，原码、补码、反码用 0 表示正数、1 表示负数。

③ 根据定义，原码和反码各有两种 0 的表示形式，而补码表示 0 有唯一的形式。在字长为 8 位的整数表示中，几种机器码的 0 有如下的表示形式：

$[+0]_{原}=00\cdots00$　　（8 个 0）

$[-0]_{原}=10\cdots00$　　（7 个 0）

$[+0]_{反}=00\cdots00$　　（8 个 0）

$[-0]_{反}=11\cdots11$　　（8 个 1）

$[+0]_{补}=[-0]_{补}=00\cdots00$　　（8 个 0）

④ 原码和反码表示的数的范围是相对于 0 对称的，表示的范围也相同。而补码表示的数的范

围相对于 0 是不对称的，表示的范围和原码、反码也不同。这是由于当字长为 $n$ 位时，它们都可以有 $2^n$ 个编码，但原码和反码表示 0 用了两个编码，而补码表示 0 只用了一个编码。于是，同样字长的编码，补码可以多表示一个负数，这个负数在原码和反码中是不能表示的。

表 2-1　　八位二进制数码和无符号数、原码、反码、补码真值的对应关系

| 八位二进制数码 | 表示无符号数时的真值 | 表示原码时的真值 | 表示补码时的真值 | 表示反码时的真值 |
| --- | --- | --- | --- | --- |
| 00000000 | 0 | +0 | +0 | +0 |
| 00000001 | 1 | +1 | +1 | +1 |
| 00000010 | 2 | +2 | +2 | +2 |
| ⋮ | ⋮ | ⋮ | ⋮ | ⋮ |
| 01111100 | 124 | +124 | +124 | +124 |
| 01111101 | 125 | +125 | +125 | +125 |
| 01111110 | 126 | +126 | +126 | +126 |
| 01111111 | 127 | +127 | +127 | +127 |
| 10000000 | 128 | −0 | −128 | −127 |
| 10000001 | 129 | −1 | −127 | −126 |
| 10000010 | 130 | −2 | −126 | −125 |
| ⋮ | ⋮ | ⋮ | ⋮ | ⋮ |
| 11111100 | 252 | −124 | −4 | −3 |
| 11111101 | 253 | −125 | −3 | −2 |
| 11111110 | 254 | −126 | −2 | −1 |
| 11111111 | 255 | −127 | −1 | −0 |

# 2.2　定点数与浮点数

数据表示是指计算机硬件可以识别的数据类型，常用的数值型数据表示分为定点数据表示和浮点数据表示两大类。

## 2.2.1　定点数据表示

定点数是小数点位置固定的数，也是计算机中最简单、最基本的一种数据表示。根据小数点固定的位置不同，又可分成定点整数、定点小数和无符号数。定点整数和定点小数的表示在本质上是一样的，可以通过除以或乘以一个常数因子，从一种定点数转换到另一种定点数，而无符号数是定点整数的特例，是一种不带符号位的正整数表示。高级语言中的各种整型数据经编译系统处理后就转换为计算机中的定点数据表示。

### 1．定点整数表示

定点整数表示是将小数点位置固定在最低有效数位后面的定点数。定点整数是纯整数，对字长为 $n$ 位的机器，定点整数表示的格式如图 2-1 所示。

在定点整数表示中，最高位 $X_{n-1}$ 为符号位，用来表示数的正负。$X_{n-2}X_{n-3}\cdots X_1X_0$ 是数值部分，$X_{n-2}$ 是最高有效数位，$X_0$ 是最低有效数位。小数点位于最低有效数位 $X_0$ 的后面，但表示是隐含规定的，在机器中并不用专门的硬件表示。

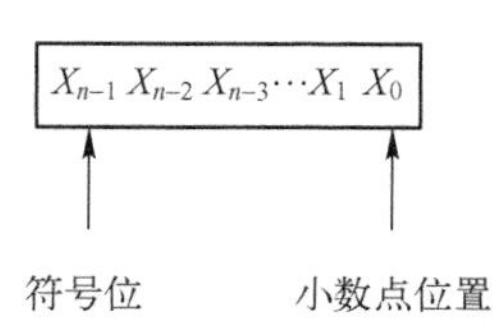

图 2-1　定点整数表示的格式

计算机中的整数分为两类：一类是不带符号的整数（Unsigned Integer），这类整数一定是正整数；另一类是带符号的整数（Signed

Integer），这类整数既可表示正整数，又可表示负整数。

不带符号的整数常用于表示地址等正整数，它们可以是 8 位、16 位甚至是 32 位。8 个二进制数位表示的正整数的取值范围是 0 ~ 255（$2^8-1$），16 个二进制数位表示的正整数的取值范围是 0 ~ 65 535（$2^{16}-1$），32 个二进制数位表示的正整数的取值范围是 0 ~ $2^{32}-1$。

带符号的整数必须使用一个二进制数位作为其符号位，一般总是最高位（最左面一位），“0”表示“+”（正数），“1”表示“-”（负数），其余各位则用来表示数值的大小，通常采用补码表示。

例如：$[+43]_{补}$= 00101011

$[-43]_{补}$= 11010101

8 个二进制数位表示的带符号整数的取值范围是-128 ~ +127（$-2^7$ ~ $+2^7-1$），16 个二进制数位表示的带符号整数的取值范围是-32 768 ~ +32 767（$-2^{15}$ ~ $+2^{15}-1$），32 个二进制数位表示的带符号整数的取值范围是$-2^{31}$ ~ $+2^{31}-1$，64 个二进制数位表示的带符号整数的取值范围也可以类似地推算出来。

**2. 定点小数表示**

定点小数表示是将小数点固定在最高有效数位和符号位之间的定点数。定点小数是纯小数，字长为 $n$ 位的定点小数表示格式如图 2-2 所示。在定点小数表示中，最高位 $X_0$ 是符号位，用来表示数的正负。$X_1X_2\cdots X_{n-2}X_{n-1}$ 是数值部分，$X_1$ 是最高有效数位，$X_{n-1}$ 是最低有效数位，小数点位于 $X_0$ 和 $X_1$ 之间，也是隐含表示的。一个定点小数可以是原码表示，也可以是反码和补码表示，具体情况视机器而定。

当把一个真值表示成定点小数形式时，如果真值的位数小于机器的字长，应在末位后面补足 0 再转换，或者完成转换后，除负数的反码末位后面补 1 外，其余的都补 0。如果真值的位数多于机器的字长，还需对其低位进行舍入处理。

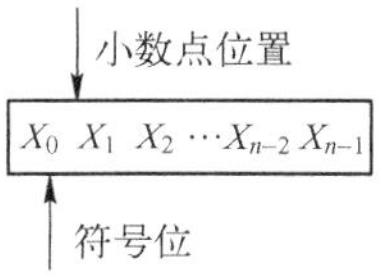

小数点位置

$X_0\ X_1\ X_2\cdots X_{n-2}\ X_{n-1}$

符号位

图 2-2　定点小数格式

例如：设机器字长 $n$=16，最高位是符号位

当　X =0.11011101　则　$[X]_{原}=[X]_{补}=[X]_{反}$ = 0.110111010000000

当　X =- 0.11011101　则

$[X]_{原}$ = 1.110111010000000　$[X]_{反}$ = 1.001000101111111　$[X]_{补}$=1.001000110000000

## 2.2.2　浮点数据表示

浮点数是小数点位置不固定的数，对应高级语言中的实型数。由于计算机处理的数不可能全是纯整数或纯小数，当用定点数来表示这些既有整数部分又有小数部分的数时，必须用软件的方法设置比例因子，将所有的数缩小或扩大，处理完后再按相同的比例恢复，这将明显地降低计算机的工作效率，还使软件的设计变得复杂。此外，在科学计算和工程设计中，常常会遇到非常大或非常小的数，如太阳的质量是 $2\times10^{30}$kg，电子的质量是 $9\times10^{-31}$kg，太阳的质量大约是电子质量的 $2.22\times10^{60}$ 倍。如此巨大的数，在定点数表示中是很难实现的。为此，在计算机中引入了浮点数据表示。在有浮点数表示的计算机中，编译程序可以直接将实型数转换成浮点数，既简化了软件的设计，又提高了计算机的工作效率。

一个浮点数由两个定点数组成，这两个定点数可以采用相同的机器码，也可采用不同的机器码，在不同的计算机中，规定是不同的。浮点数由阶符、阶码、数符、尾数 4 部分组成，常见的浮点数格式为：

| 阶符 | 阶码 | 数符 | 尾数 |
| --- | --- | --- | --- |

在浮点数表示中，阶符和数符一般各占一位，阶码和尾数的位数则和具体的机器有关，但一个浮点数的位数总是字节的整倍数。浮点数的小数点位置不固定，随阶码的大小、正负变化。浮点数表示相当于数学中的科学计数法，即带指数的数。浮点数的阶码相当于指数部分，尾数相当于有效数字部分，指数的底在浮点数中叫基数。

例如，在科学计数法中，数 0.00003192 可写成 $0.3192 \times 10^{-4}$，其中 0.3192 为有效数字部分，4 为指数部分，10 为指数的底。在计算机中，数是以二进制形式表示的，浮点数用来表示如下形式的数：

$$N= 0.11110001 \times 2^{-0101}$$

其中，0.11110001 将转换成尾数，0101 将转换成阶码，基数 2 则是隐含表示。在字长 $n$=16，阶符、数符各占 1 位，阶码占 6 位，尾数占 8 位的浮点数格式中，浮点数 $N$ 在机器中的表示形式为（阶码和尾数采用补码表示）：

$$[N]_{补} = 1111011,0.11110001$$

其中，逗号和小数点是为了阅读方便加上的，在实际机器中并不存在。例如：

$X=-2^7\times29/32$　设浮点数的阶码和尾数均采用补码表示，且位数分别为 5 位和 11 位（均含 1 位符号位）。

由于：$X=(-2^7\times29/32)_{10}=(-2^7\times(29\times2^{-5}))_{10}=(-2^{111}\times0.11101)_2$

所以，该数的浮点数格式为：　$[X]_{补}$ = 00111,1.0001100000

# 2.3　补码运算及溢出判断

定点数的加减运算是计算机算术运算的基础，定点乘法和除法运算及浮点运算都是在此基础上实现的。由于补码的加减运算简单、方便、容易实现，在计算机中，定点数的加减运算都是采用补码进行的。

## 2.3.1　补码运算

### 1. 补码加法运算

两个带符号的补码可以直接相加，和就是两个数和的补码。

例如：当计算机字长 8 位时

（1）$X$=9，$Y$=13，计算$[X+Y]_{补}=[X]_{补}+[Y]_{补}$=00010110。

**求解过程**：$X=(9)_{10}=(1001)_2$，$[X]_{补}$ =00001001，$Y=(13)_{10}=(1101)_2$，$[Y]_{补}$ =00001101

$$\begin{array}{r} 0\ 0001001 \\ +\ 0\ 0001101 \\ \hline 0\ 0010110 \end{array}$$

（2）$X$=－9，$Y$=－13，计算$[X+Y]_{补}=[X]_{补}+[Y]_{补}$=11101010。

**求解过程**：$X=(-9)_{10}=(-1001)_2$，$[X]_{补}$ =11110111，$Y=(-13)_{10}=(-1101)_2$，$[Y]_{补}$ =11110011

$$\begin{array}{r} 1\ 1110111 \\ +\ 1\ 1110011 \\ \hline 1\ 1101010 \end{array}$$

做加法时，符号位产生的进位受字长的限制，自动丢失，但会将标志寄存器中的进位标志位置 1。

**2. 补码减法运算**

根据补码加法运算的公式很容易得出补码减法运算的公式：

$$[X-Y]_{补}=[X+(-Y)]_{补}=[X]_{补}+[-Y]_{补}$$

求两个数差的补码，可以用被减数的补码加上和减数符号相反数的补码实现。这样，采用补码运算，就可以化减为加，计算机的运算器中只需要设计加法器，减法器就不需要了。

**例如：**计算机字长 8 位

当$[X]_{补}$=00001010　　　则$[-X]_{补}$=11110110

当$[Y]_{补}$=11111101　　　则$[-Y]_{补}$=00000011

**例如：**$X$=1111，$Y$=1010，计算$[X-Y]_{补}=[X]_{补}+[-Y]_{补}$=00000101。

**求解过程：**$[X]_{补}$=00001111，$[Y]_{补}$=00001010，$[-Y]_{补}$ =11110110

$$\begin{array}{r} 0\ 0001111 \\ +1\ 1110110 \\ \hline 0\ 0000101 \end{array}$$

以上例子说明，不管操作数是正数还是负数，利用补码减法公式计算，结果都是正确的。

## 2.3.2　溢出判断

在做加法和减法运算时，如果运算结果超出了数的表示范围，就会发生溢出，计算机需要将状态或标志寄存器的溢出标志位置 1。由于同号相加或异号相减，是数的绝对值相加，有可能溢出，而异号相加或同号相减是绝对值相减，不会发生溢出。又由于减法可以化作加法来做，所以只讨论同号数的加法运算来判断溢出就可以了。计算机中判断溢出的方法有多种，下面介绍常用的一种方法，利用运算时符号位和最高数位的进位判断溢出。

采用单符号运算时，如果两个正数相加，符号位是不应产生进位的，如果最高数位产生了向符号位的进位，会使结果符号位成为 1，显然结果就不对了。因为正数相加，结果只能是正的，结果是负数则说明运算结果溢出了。

同理，如果两个负数相加，符号位必然产生进位，如果最高数位不产生向符号位的进位，会使结果符号位成为 0，显然结果就不对了。因为负数相加，结果只能是负的，结果是正数则说明运算结果溢出了。

对以上的讨论进行概括，可得出结论：如果运算时符号位和最高数位产生的进位不一致，则发生溢出，运算时符号位和最高数位产生的进位一致，则不发生溢出。可以证明，异号数相加时，符号位和最高数位产生的进位是一致的，这里就不多说了。

设运算时符号位产生的进位是 $C_n$，最高数位产生的进位是 $C_{n-1}$，则运算溢出的条件是：$C_n \oplus C_{n-1}=1$，可以用一个异或门电路实现溢出判断。

**例如：**计算机字长 8 位，采用单符号运算。

（1）$X$=126，$Y$=3，计算$[X+Y]_{补}=[X]_{补}+[Y]_{补}$=01111110+00000011=10000001。

**求解过程：**$X=(126)_{10}=(1111110)_2$，$[X]_{补}$=01111110，$Y=(3)_{10}=(11)_2$，$[Y]_{补}$=000000011

$$\begin{array}{r} 0\ 1111110 \\ +\ 0_1 0000011 \\ \hline 1\ 0000001 \end{array}$$

因为运算时最高数位有进位，符号位没有进位，说明运算溢出。这是由于正确的结果是 129，大于 127，发生了溢出。

（2）$X=-96$，$Y=-40$，计算$[X+Y]_{补}=[X]_{补}+[Y]_{补}$=10100000+11011000 = 01111000。

**求解过程**：$X=(-96)_{10}=(-1100000)_2$，$[X]_{补}$=10100000，$Y=(-40)_{10}=(-101000)_2$，$[Y]_{补}$=11011000

$$
\begin{array}{r}
1\,0100000 \\
+\ {}_1 1_0 1011000 \\
\hline
0\,1111000
\end{array}
$$

因为运算时最高数位没有进位，符号位有进位，说明运算溢出。这是由于正确的和应该是–136，小于–127，发生了溢出。

# 2.4 移位运算

移位运算也是计算机中的基本运算，分为算术移位和逻辑移位两大类，可用移位寄存器等部件实现。算术移位可改变数值的大小，逻辑移位只改变代码的位置。

## 2.4.1 算术移位

算术移位左移相当于乘以 2，右移相当于除以 2，和加减运算配合，可实现计算机中的乘除运算。但左移时不应改变数的符号位，如果符号位改变，结果就不正确了。

**1. 原码移位**

原码的移位规则是符号位不参加移位，左移数值位高位移出，末位补 0；右移数值位低位移出，高位补 0。当最高数位是 1 时，左移会丢失数的高位，出现错误；当最低数位是 1 时，右移会损失数的精度。

例如：

当 $[X]_{原}$ = 00000010　　$[Y]_{原}$ = 10000011　　$[X]_{原}$ 和$[Y]_{原}$ 左移两位后：

则 $[X]_{原}$ = 00001000　　$[Y]_{原}$ = 10001100

当 $[X]_{原}$ = 00000100　　$[Y]_{原}$ = 10011000　　$[X]_{原}$ 和$[Y]_{原}$ 右移两位后：

则 $[X]_{原}$ = 00000001　　$[Y]_{原}$ = 10000110

**2. 补码移位**

补码的移位规则是符号位参加移位，左移数的末位补 0，符号位移出，最高数位会移到符号位；右移数的符号不变，数值位高位补符号位，末位移出。当正数补码的最高数位是 1 或负数补码的最高数位是 0 时，左移会改变数的符号，同时丢失数的高位；当最低数位是 1 时，右移会损失数的精度。

例如：

当 $[X]_{补}$= 00000011　　$[Y]_{补}$ = 11110101　　$[X]_{补}$ 和$[Y]_{补}$ 左移两位：

则 $[X]_{补}$= 00001100　　$[Y]_{补}$ = 11010100

当 $[X]_{补}$= 00011100　　$[Y]_{补}$= 11111100　　$[X]_{补}$和$[Y]_{补}$ 右移两位：

则 $[X]_{补}$= 00000111　　$[Y]_{补}$ = 11111111

### 2.4.2 逻辑移位

逻辑移位将移位的数看成一串二进制代码，没有大小和正负之分，所有的数位都参加移位，可用于实现数的串行和并行之间的转换等功能。逻辑移位有左移、右移、循环左移、循环右移等几种。

**1. 逻辑左移和右移**

逻辑左移规则是高位移出，末位补 0；逻辑右移的规则是高位补 0，低位移出。

例如：

当 $X$=10101010　　$Y$=01010101　　将 $X$ 和 $Y$ 左移两位：

则 $X$=10101000　　$Y$=01010100

当 $X$=11110000　　$Y$=00001111　　将 $X$ 和 $Y$ 右移两位：

则 $X$=00111100　　$Y$=00000011

**2. 循环左移和右移**

循环移位是将移位的数首尾相连进行移位，循环左移的规则是将移出的高位补到最低位，循环右移的规则是将移出的低位补到最高位。

例如：

当 $X$= 11010101　　$Y$= 00101010　　$X$ 和 $Y$ 循环左移两位：

则 $X$= 01010111　　$Y$= 10101000

当 $X$= 01110001　　$Y$= 10001110　　$X$ 和 $Y$ 循环右移两位：

则 $X$= 01011100　　$Y$= 10100011

在许多计算机中，移位还可以带进位位进行，移位时移出的位移到进位位，带进位循环移位还将进位位看成数的一部分参加移位。

## 习 题 二

**一、选择题**

1．在字长为 8 位的定点小数表示中，−1 的补码是（　　）。

A．1.0000001　　B．1.0000000　　C．1.1111110　　D．1.1111111

2．在定点数表示中，下列说法正确的是（　　）。

A．0 的原码表示唯一

B．0 的反码表示唯一

C．0 的补码表示唯一

D．字长相同，原码、反码和补码表示的数的个数一样

3．在定点整数表示中，下列说法正确的是（　　）。

A．原码和补码表示范围相同

B．补码和反码表示范围相同

C．原码和反码表示范围相同

D．对于负数，补码和反码表示符号相反，数值位相同

4．在字长为 8 位的定点整数补码表示中，能表示的最小数和最大数是（　　）。

A．–128 和 128　　B．–127 和 127　　C．–127 和 128　　D．–128 和 127

5．在字长为 8 位的无符号数表示中，能表示的最大数是（　　）。

A．127　　B．128　　C．255　　D．256

6．在算术移位中，下列说法错误的是（　　）。

A．原码左移末位补 0　　B．原码右移数值位高位补 0

C．补码左移末位补 0　　D．补码右移高位补 1

7．在逻辑移位中，下列说法错误的是（　　）。

A．左移末位补 0　　B．右移高位补 0

C．循环左移末位补 0　　D．循环左移末位补最高位

8．采用补码做加减运算，当运算结果的符号位的进位和最高位的进位为（　　）时，正溢出（大于所能表示的最大正整数）。

A．0、0　　B．0、1　　C．1、0　　D．1、1

9．已知$[X]_{补}$=10001，则 $X$ 的真值和$[-X]_{补}$是（　　）。

A．00001、00001　　B．– 00001、01111

C．– 01111、01111　　D．– 01111、11111

10．在 8 位寄存器中存放补码表示的数 0FEH，算术左移一位后，其十六进制代码是（　　）。

A．0FFH　　B．0FCH　　C．7CH　　D．7EH

**二、计算题**

1．字长 5 位，含 1 位符号位，计算$[X]_{补}-[Y]_{补}$，并判断是否溢出。

（1）$[X]_{补}$=10101　　$[Y]_{补}$=11010　　（2）$[X]_{补}$ =01010　　$[Y]_{补}$=01110

（3）$[X]_{补}$=00011　　$[Y]_{补}$=11101　　（4）$[X]_{补}$ =01110　　$[Y]_{补}$=10110

2．采用定点整数表示，字长 8 位，最高位为符号位，写出下列各数的原码、反码和补码：1010，0101，0010，1111，–1000，–101 1，–1001，–0001，–0

3．采用定点小数表示，字长 8 位，含 1 位符号位，写出下列各数的原码、反码、补码：0.1011，0.1101，0.0100，0.1110，–0.0110，–0.0011，–0.0111

4．字长 16 位，采用定点整数补码表示，写出能表示的最大数、最小数、最大非 0 负数、最小非 0 正数的二进制代码序列和十进制真值。

5．字长 5 位，含 1 位符号位，计算$[X]_{补}+[Y]_{补}$，并判断是否溢出。

（1）$[X]_{补}$=10001　　$[Y]_{补}$=11001　　（2）$[X]_{补}$ =01001　　$[Y]_{补}$=00111

（3）$[X]_{补}$=10011　　$[Y]_{补}$=01101　　（4）$[X]_{补}$ =01110　　$[Y]_{补}$=11010

# 第 3 章 微处理器

微处理器即中央处理单元（Central Processing Unit，CPU）。微型计算机系统的硬件系统以微处理器为核心，将控制器、运算器、寄存器等通过内部总线连接，集成在一块独立的芯片上，其主要特性由指令集结构（Instruction Set Architecture，ISA）反映。本章主要介绍 8086 处理器的功能结构、常用寄存器、存储器组织、引脚信号和总线时序，同时也简要地介绍 Pentium32 位微处理器的结构特点。

## 3.1　8086 微处理器的工作原理

在了解微处理器的工作原理之前，首先需要清楚微处理器的功能结构。所谓微处理器的功能结构是指微处理器内部在应用中的功能部件的组成，如 8086 的执行单元 EU，总线接口单元 BIU。

### 3.1.1　微处理器的基本结构

低端微处理器（如典型的 8 位微处理器）一般是由算术逻辑单元、寄存器和指令处理单元组成的，如图 3-1 所示。

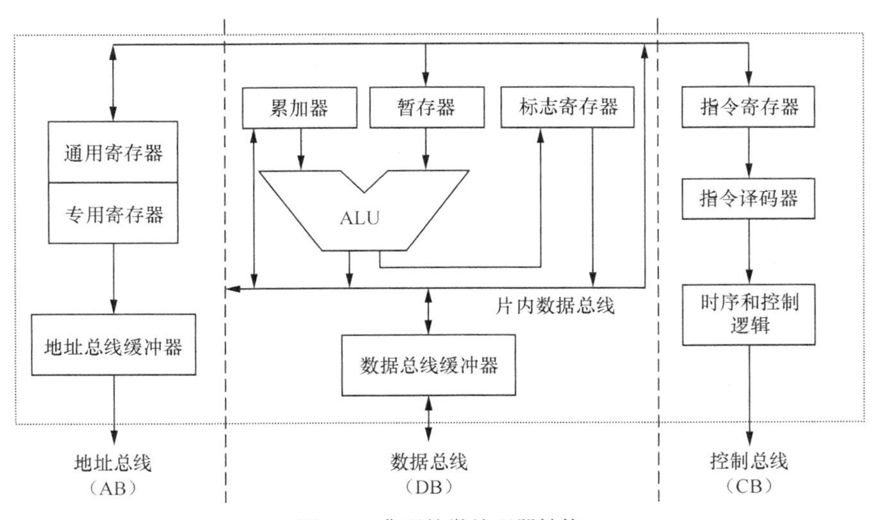


图 3-1　典型的微处理器结构

图中用两条虚线将 CPU 按其功能分为 3 大部分，右边是控制器，两条虚线中间是算术逻辑单元（即运算器），左边是寄存器组。这 3 部分之间的信息交换是采用总线结构来实现的，总线是各组件之间信息传输的公共通路，这里的总线称为“内部总线”（或“片内总线”）。

算术逻辑单元（Arithmetic Logic Unit，ALU）是计算机最基本的运算器，负责微处理器所能进行的各种运算，即算术运算和逻辑运算。算术逻辑单元是 CPU 的执行单元，是所有 CPU 的核心组成部分。ALU 的基本逻辑结构是加法器，运算的操作数来自通用寄存器或主存，参加运算的操作数经过累加器和数据缓冲器提供给 ALU 部件，在算术单元中运算后，结果返回到累加器中，最终向主存或寄存器输出。在运算的过程中有关运算的辅助信息，如产生进位或借位、产生溢出、运算结果为零、运算结果为负数等都被记录在标志寄存器中，程序可以根据标志的状况来判定下一步程序运行的方向以及微处理器的工作方式等。

寄存器是具有有限存储容量的高速存储单元，处理器中包含几十个甚至上百个“寄存器”，用来临时存放指令、数据和地址。由于其在计算机中的作用不同而具有不同的功能。例如，在 CPU 的控制部件中，包含的寄存器有指令寄存器和程序计数器；在 CPU 的算术及逻辑部件中，包含的寄存器有累加器。

寄存器由专用寄存器和通用寄存器组成。专用寄存器的作用是固定的，只用于特定目的。例如，标志寄存器用来存储处理和运算过程中的标志位变化状态；指令指针寄存器用来记录下一条要执行指令的主存地址。通用寄存器可以由编程者根据需要规定其用途，如存放指令需要的操作数，要访问的主存或 I/O 端口的地址等。

指令处理单元就是微处理器的控制器，负责执行指令和实现指令的功能。通常一条指令先从主存中取出，通过总线传输到微处理器内部的指令寄存器当中（这个过程称为读取指令），然后通过指令译码器译码获得该指令的功能，同时由时序和控制逻辑按一定的时间顺序发出和接收相应的信号，以便控制微机系统完成指令所要求的操作（这个过程称为执行指令）。

### 3.1.2 8086 微处理器内部结构

Intel 8086 是 16 位处理器的典型代表，也是 Intel 80x86 系列处理器的第一个产品。高端微处理器的功能结构和指令系统都与 8086 处理器兼容。为了提高程序的执行速度，充分使用总线，英特尔公司将 8086 的 ALU、寄存器和指令处理 3 个基本单元设计为两个独立的功能部件：总线接口单元和执行单元，如图 3-2 所示。

总线接口单元（Bus Interface Unit，BIU）管理着 8086 与系统总线的接口，负责处理器对存储器和外设的访问。执行单元（Execution Unit，EU）负责指令译码、数据运算和指令执行。

**1. 总线接口单元**

总线接口单元见图 3-2 的右半部分，它由下列几部分组成。

① 4 个段地址寄存器，即：

CS——16 位代码段寄存器；

DS——16 位数据段寄存器；

ES——16 位附加段寄存器；

SS——16 位堆栈段寄存器。

② 16 位指令指针寄存器 IP。

③ 地址形成逻辑（20 位的地址加法器）。

④ 6 字节的指令队列。

⑤ 总线控制逻辑。

BIU 负责微处理器与存储器和外设之间的数据传送，管理 8086 与系统总线的接口。例如，从主存指定区域取出指令送到指令队列中排队；执行指令时所需要的操作数（主存操作数或 I/O 操作数）也由 BIU 从相应的主存区域或 I/O 端口取出，传送给执行单元；执行指令的结果如果需要送入内存（或 I/O 端口），也由 BIU 写入相应的主存区域（或 I/O 端口）。

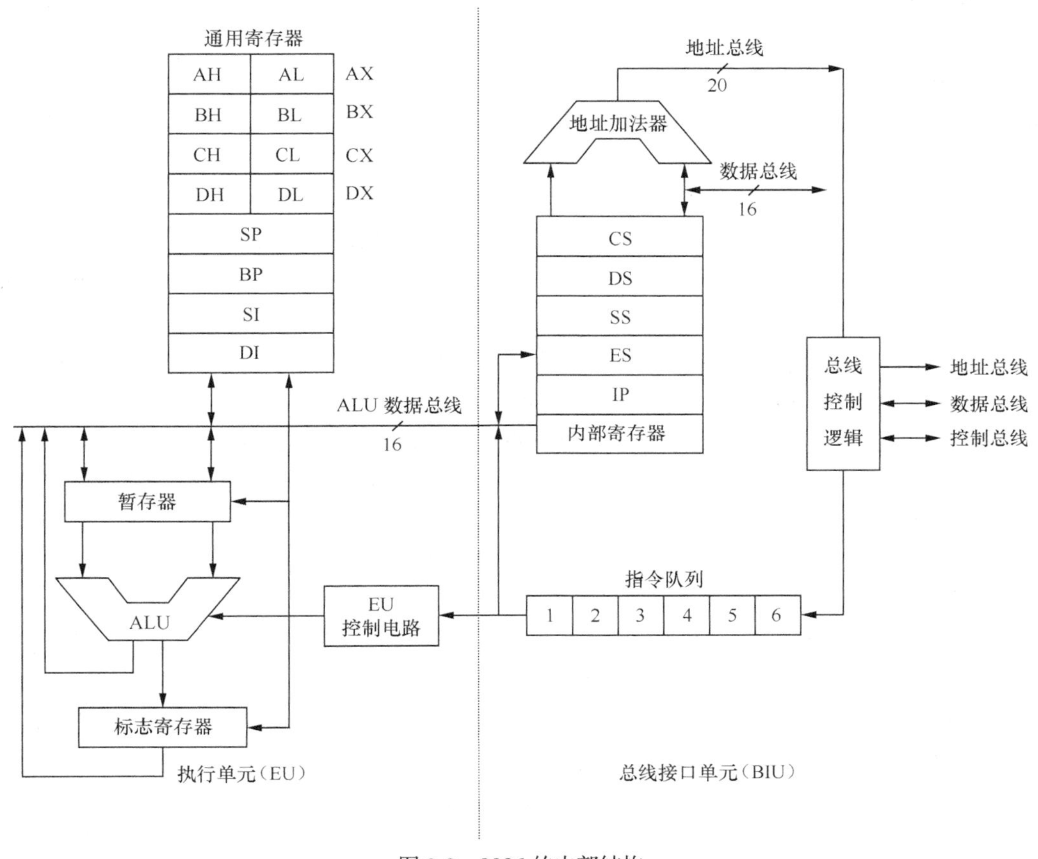


图 3-2　8086 的内部结构

### 2. 执行单元

执行单元见图 3-2 的左半部分，它由下列几部分组成。

① 4 个通用寄存器，即累加器（AX），基址寄存器（BX），计数寄存器（CX），数据寄存器（DX）。

② 4 个专用寄存器，即基数指针寄存器（BP），栈顶指针寄存器（SP），源变址寄存器（SI），目的变址寄存器（DI）。

③ 标志寄存器（FLAGS）。

④ 算术逻辑部件（ALU）。

⑤ EU 的控制系统。

EU 负责从 BIU 的指令队列中获取指令，将指令译码，然后执行该指令。EU 利用内部的寄存器和 ALU 对数据进行所需的处理，完成指令所规定的操作。EU 除负责全部指令的执行外，还进行内存有效地址的计算，向 BIU 提供所需访问数据的内存或 I/O 端口的偏移地址，并对通用寄存器、标志寄存器和指令操作数进行管理。

#### 3. 指令执行过程

构成程序的指令在微处理器中的执行一般是通过重复如下步骤来完成的，即从内存储器中取出一条指令→分析指令操作码→读出一个操作数（如果指令需要操作数）→执行指令→将结果写入内存储器（如果指令需要）。

其中取指和执行为主要的两个阶段。取指是指从主存取出指令到微处理器内部；执行是将指令代码译码成要执行的动作。在 8 位微处理器中，上述步骤大部分是一个接一个串行地完成的。处理器在取操作码、取操作数和存储操作数时要占用总线，而在分析操作码和执行指令时不占用总线。由于微处理器以串行方式工作，在执行指令的过程中，总线会出现空闲时间，指令执行时间就较长。

而在 8086 中，总线接口单元和执行单元并不是同步工作的，它们按以下流水线技术原则工作。

① 8086 有 6 个字节的指令预取队列，该队列按照“先进先出”（First In First Out，FIFO）的方式进行工作。每当 8086 的指令队列中有两个空字节时，总线接口单元就会自动把指令取到指令队列中。

② 每当执行单元准备执行一条指令时，它会从总线接口单元的指令队列前部取出指令的代码，然后用几个时钟周期去执行指令。在执行指令的过程中，如果必须访问存储器或者输入/输出接口，那么，执行单元就会请求总线接口单元，进入总线周期，完成访问内存或者输入/输出端口的操作；如果此时总线接口单元正好处于空闲状态，那么，会立即响应执行单元的总线请求。但有时会遇到这样的情况，执行单元请求总线接口单元访问总线时，总线接口单元正在将某个指令字节取到指令队列中，此时总线接口单元将首先完成这个取指令的总线周期，然后再去响应执行单元发出的访问总线的请求。

③ 当指令队列已满，而且执行单元又没有总线访问时，总线接口单元便进入空闲状态。

④ 在执行转移指令、调用指令和返回指令时，下面要执行的指令往往就不是在程序中紧接着的那条指令了，而总线接口单元往指令队列装入指令时，总是按顺序进行的，这样，指令队列中已经装入了的指令就没有用了。遇到这种情况，指令队列中的原有内容被自动消除，总线接口单元会接着往指令队列中装入所需的另一个程序段中的指令。

由于 EU 和 BIU 这两个功能部件能相互独立地工作，并在大多数情况下，能使大部分的取指令和执行指令重叠进行。这样 EU 执行的是 BIU 在前一时刻取回的指令，与此同时，BIU 又会取出 EU 在下一时刻将要执行的指令。所以，在大多数情况下，取指令所需的时间“消失”了（隐含在上一指令的执行之中），大大减少了等待取指令所需的时间，提高了微处理器的利用率和整个系统的执行速度。

#### 4. 存储器的组织

微处理器在进行数据存取时，可以对存储器进行 8 位、16 位、32 位和 64 位，甚至多字数据的访问。了解系统对内存的组织和管理方式有助于理解 CPU 的工作原理。

计算机中的信息的基本单位是二进制位（bit），在存储器中，信息是按字节编址的，即以字节为单位存储信息，并按顺序存放，每个字节对应唯一的一个物理地址，如果存放两个字节（一个字）时，高字节（高 8 位）存放在高地址，低字节（低 8 位）存放在低地址，以最低字节的地址作为该字的地址。存放双字或多字也遵循同样的原则。例如，存放数据 1234H 到从物理地址 21000H 开始的单元，存放的方式如图 3-3 所示，如果访问的是从 21000H 开始的字节单元，其内容为 34H；如果访问的是从 21000H 开始的字单元，其内容为 1234H；如果访问的是从 21000H 开始的双字单元，其内容为 56781234H。

8086 微处理器使用 20 位地址来寻址 1MB 主存空间，但其内部存放地址的寄存器是 16 位的，不能直接寻址 1MB 的主存空间，因此采用分段管理的方式管理内存。

8086 将 1MB 的主存划分成若干个存储区域，每个区域称为一个逻辑段（每个段都在一个连续的存储区域内，容量最大 $2^{16}$B=64KB），段与段之间可以部分重叠、完全重叠、连续排列、断续排列，非常灵活，如图 3-4 所示。

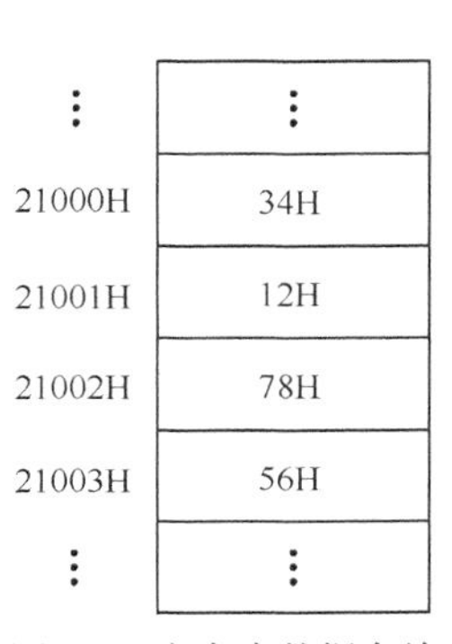


图 3-3 主存中数据存放

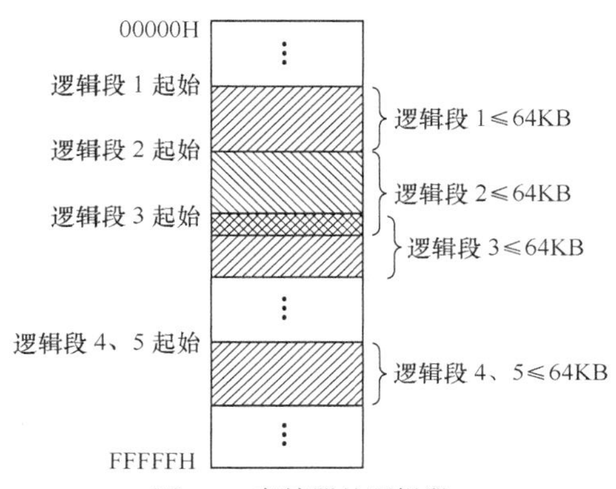


图 3-4 存储器的逻辑段

8086 规定每个段的段起始地址必须能被 16 整除，其特征是：20 位段起始地址的最低 4 位为 0（用 16 进制表示为××××0H）。暂时忽略段起始地址的低 4 位，其高 16 位（称段基址）可存放在 16 位的段寄存器中。段基址可确定某个段在内存中的起始位置，而段中某个单元在该段中的位置则可由该单元在段内相对于段起始地址的偏移量（称偏移地址，也为 16 位）来决定。也就是说，内存中某单元的位置可用 16 位的段基址和 16 位的偏移地址来确定，其表示范围都是 0000H ~ FFFFH。

CPU 访问存储单元时候所使用的是物理地址，程序员编程时使用逻辑地址。8086 内存的物理地址的范围为 00000H ~ FFFFFH，逻辑地址采用“段地址：偏移地址”的形式，物理地址先由段寄存器提供存储单元所在段的段基址，然后段基址被左移 4 位（乘 16），即恢复段起始地址，再与待访问存储单元的偏移地址相加，可得到该单元的 20 位物理地址（由 BIU 部件的地址加法器来实现）。这样，CPU 寻址范围可达 1MB。物理地址和逻辑地址的计算公式如下：

物理地址=（段寄存器 × 16）+偏移地址

或 物理地址=（段寄存器 × 10H）+偏移地址

例如，逻辑地址 2000H:1000H，其物理地址是 21000H。注意同一个物理地址可以有不同的逻辑地址形式，如逻辑地址 1800H:9000H，其物理地址也是 21000H。不管是物理地址，还是逻辑地址，都是为了便于对存储器进行管理和应用而给的编号，只不过是编号的方法不同而已。物理地址和逻辑地址的关系如图 3-5 所示。

一般情况下，各段在存储器中的分配是由操作系统负责的。尽管 CPU 在某一时刻最多只能同时访问 4 个段，但用户在程序中可根据需要定义多个这样的段。若 CPU 要访问 4 个段以外的其他段，只要改变相应段寄存器的内容即可。

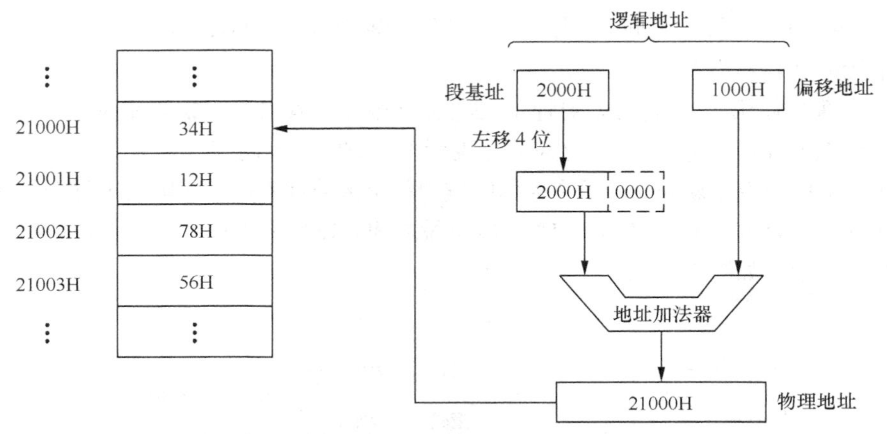


图 3-5　物理地址和逻辑地址的关系

### 3.1.3　8086 的引脚功能

要了解微处理器与外部存储器或 I/O 端口间的协同工作过程，首先需要弄清楚处理器对外的引脚。为了尽可能适应各种使用场合，在设计 8086CPU 芯片时，有最小模式和最大模式两种工作模式。

所谓最小模式是指系统中只有 8086 一个微处理器，所有的总线控制信号都直接由 8086 产生。因此，系统中的总线控制逻辑电路被减到最少。

最大模式是相对最小模式而言，它是指在系统中包含两个或两个以上微处理器，其中只有一个 8086 主处理器，其他为协助主处理器工作的协处理器。和 8086 配合的协处理器有数值运算协处理器 8087，输入/输出协处理器 8089。

8086 的工作模式完全是由硬件决定的。当 CPU 处于不同的工作模式时，其部分引脚的功能是不同的。从下面的引脚说明可以看到，为了使 8086 处于不同的工作模式，除了用专门的 MN / $\overline{\text{MX}}$ 引脚控制外，还对 24 ~ 31 引脚进行了重新定义（图 3-6 中括号内是最大模式的定义）。

8086 采用 40 根引脚双列直插式封装（Dual In-Line Package，DIP），8086 的引脚信号如图 3-6 所示。微处理器通过这些引脚和存储器、I/O 接口、外部控制管理部件，以及其他微处理器相互进行信息交换。

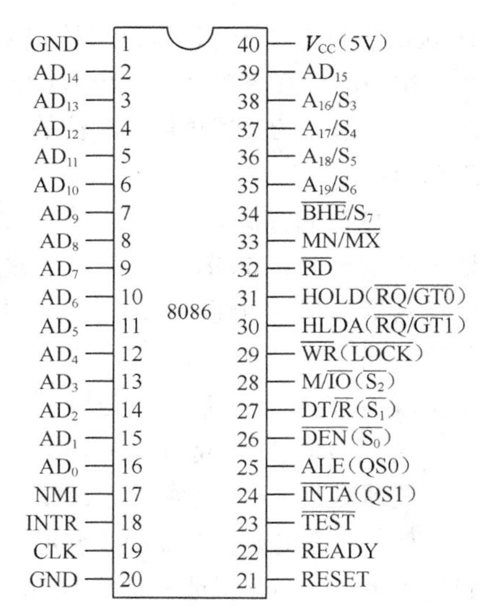


图 3-6　8086 的引脚信号

为了解决芯片引脚比较紧张的问题，8086 的引脚采用分时复用的方式，即同一引脚在不同时刻具有不同的功能。对 8086 的引脚按照其功能划分为以下几种类型来介绍。

**1. 地址/数据复用线 $AD_{15} \sim AD_0$（Address/Data）共 16 根（双向工作）**

这 16 根引脚用来输出地址信息时是单向输出信号，用来输入/输出数据信息是双向信号。总线周期中，在第一时钟周期输出存储器或 I/O 端口的地址 $A_{15} \sim A_0$，其他时间则作为传送数据 $D_{15} \sim D_0$ 使用。

**2. 地址/状态复用线 $A_{19}/S_6 \sim A_{16}/S_3$（Address/Status）共 4 根（输出）**

在总线周期的第一时钟周期，这 4 根引脚用来输出地址信息 $A_{19} \sim A_{16}$，提供访问存储器的高位地址，其他时间则用来输出状态信息 $S_6 \sim S_3$。状态信息的含义为：$S_6$ 为 0，用来表示 8086 当前与总线相连；$S_5$ 表明中断允许标志 IF 的当前设置，为 1 表示当前允许可屏蔽中断请求，为 0 则禁止一切可屏蔽中断；$S_4$、$S_3$ 合起来指出当前正在使用哪一个段寄存器。$S_4$、$S_3$ 的组合及对应段寄存器的情况如表 3-1 所示。

表 3-1　　$S_4$、$S_3$ 的组合及对应段寄存器

| $S_4$ | $S_3$ | 性　能 | 对应段寄存器 |
|---|---|---|---|
| 0 | 0 | 数据交换 | ES |
| 0 | 1 | 堆栈 | SS |
| 1 | 0 | 代码或不用 | CS 或未用段寄存器 |
| 1 | 1 | 数据 | DS |

**3. 高 8 位数据总线允许/状态复用引脚 $\overline{BHE}/S_7$（Byte High Enable/Status）（输出）**

在总线访问存储器或 I/O 的第一时钟周期输出低电平有效信号，表示使用高 8 位 $D_{15} \sim D_8$ 传送数据；若输出高电平信号，则表示不使用数据总线的高 8 位，仅传送低 8 位数据，其他时间输出状态信号 $S_7$，但是，该状态在设计芯片时，未赋予实际意义。

**4. 读/写控制线共 7 根**

（1）地址锁存允许信号 ALE（Address Latch Enable）（输出）

在最小模式下 ALE 为地址锁存允许信号输出端，高电平有效。在任何一个总线周期的第一时钟周期，ALE 输出有效电平，以表示当前在地址/数据复用总线上输出的是地址信息，由于地址在复用引脚上出现的时间很短暂，系统利用 ALE 对地址信息进行锁存。要注意 ALE 端不能被浮空。

（2）数据允许信号 $\overline{DEN}$（Data Enable）（输出）

在最小模式下作为数据允许信号输出端，低电平有效。$\overline{DEN}$ 有效表示 CPU 当前准备发送或接收一个数据。

（3）数据收发信号 $DT/\overline{R}$（Data Transmit/Receive）（输出）

$DT/\overline{R}$ 信号用来控制数据传送方向。如果 $DT/\overline{R}$ 为高电平，则进行数据发送；如果 $DT/\overline{R}$ 为低电平，则进行数据接收。

（4）读信号 $\overline{RD}$（Read）（输出）

读信号为低电平有效。$\overline{RD}$ 信号有效时，指出将要执行一个对主存或 I/O 端口的读操作。

（5）写信号 $\overline{WR}$（Write）（输出）

写信号为低电平有效。$\overline{WR}$ 有效时，表示 CPU 当前正在进行存储器写或 I/O 写操作。

（6）存储器/输入输出控制信号 $M/\overline{IO}$（Memory/Input and Output）（输出）

此信号若为高电平，表示 CPU 和存储器之间进行数据传输，此时 $A_{19} \sim A_0$ 提供 20 位存储器物理地址；若为低电平，表示 CPU 和输入/输出端口之间进行数据传输，此时 $A_{15} \sim A_0$ 提供 16 位的 I/O 地址。

（7）等待状态控制信号 READY（Ready）（输入）

READY 准备就绪信号用来实现 CPU 与存储器或 I/O 接口之间的时序匹配，高电平有效。READY 信号有效时，表示 CPU 要访问的内存或 I/O 设备就绪，马上就可进行一次数据传输；否

则进入等待状态，这时 CPU 需要插入若干个等待状态 Tw，直到 READY 信号为有效电平才进行读写操作。

5. **中断信号线共 3 根**

（1）不可屏蔽中断信号 NMI（Non-Maskable Interrupt）（输入）

不可屏蔽中断信号是一个利用由低到高的上升沿有效的输入信号。由此引入的中断不受中断标志 IF 的影响，也不能用软件进行屏蔽。该引脚信号有效时，表示外部向 CPU 请求不可屏蔽中断，CPU 就会在立即结束当前指令，进入不可屏蔽中断处理程序。常用于发生故障等紧急情况。

（2）可屏蔽中断请求信号 INTR（Interrupt Request）（输入）

可屏蔽中断请求信号为高电平有效，CPU 在执行完每条指令的最后一个时钟周期后，会对 INTR 信号进行采样，如果 CPU 中的中断允许标志为 1，并且又接收到 INTR 信号，那么，CPU 就会在结束当前指令后响应中断请求，进入一个中断处理子程序。

（3）可屏蔽中断响应信号 $\overline{\text{INTA}}$（Interrupt Acknowledge）（输出）

在最小模式下，低电平有效的输出信号，用来对外设的可屏蔽中断请求 INTR 作出响应。

6. **总线控制线共 2 根**

（1）总线保持请求信号 HOLD（Hold Requester）（输入）

该总线请求信号为高电平有效的输入信号。该引脚信号有效时，表示系统中 CPU 之外的另一个主控模块（具有总线控制能力的部件）向 CPU 申请使用原来由 CPU 控制的总线。在总线占有部件用完总线之后，会把 HOLD 信号变为低电平，通知 CPU 收回对总线的控制权，这样，CPU 又获得了地址/数据总线和控制状态线的占有权。

（2）总线保持响应信号 HLDA（HOLD Acknowledge）（输出）

该总线响应信号为高电平有效的输出信号。该引脚信号有效时，表示 CPU 对其他主控模块的总线请求作出响应，与此同时，所有与三态门相连接的 CPU 引脚（地址总线、数据总线及具有三态输出能力的控制总线）呈现高阻抗，从而让出了总线给总线请求设备；请求信号 HOLD 转为无效时，响应信号 HLDA 也随之转为无效，CPU 重新获得总线的管理权。

7. **其他信号共 7 根**

（1）时钟引脚 CLK（Clock）（输入）

时钟信号为 CPU 和总线控制逻辑电路提供了定时手段。

（2）复位信号引脚 RESET（Reset）（输入）

复位信号是一个高电平有效的输入信号。该引脚有效时，将触发 CPU 复位到初始状态并对标志寄存器、IP、DS、SS、ES 及指令队列清零，而将 CS 设置为 FFFFH；当它由有效转为无效时，CPU 从 FFFF0H 开始执行程序，使系统在启动时，能自动进入系统程序。

（3）测试信号引脚 $\overline{\text{TEST}}$（Test）（输入）

测试信号为低电平有效的输入信号。该信号是和指令 WAIT 结合起来使用的，在 CPU 执行 WAIT 指令时，CPU 处于空转状态进行等待，此后，CPU 每隔 5 个时钟周期采样 $\overline{\text{TEST}}$ 引脚；当 8086 的 $\overline{\text{TEST}}$ 信号有效时，等待状态结束，CPU 继续往下执行被暂停的指令。

（4）最小/最大模式控制信号引脚 MN / $\overline{\text{MX}}$（Minimum/maximum Mode control）（输入）

该信号是最大模式及最小模式的选择控制端。此引脚固定接+5V 时，CPU 工作于最小模式；如果接地，则 CPU 工作于最大模式。

（5）GND 地和 $V_{cc}$ 电源引脚

8086/8088 均用单一+5V 电源供电。

### 3.1.4　8086 的总线周期

在微机系统中进行任何任务的执行，都是通过时钟信号的统一协调来完成的。一条指令从取出到执行完毕所需的时间称为指令周期，指令周期由若干个机器周期组成。机器周期是指完成一个独立操作所需要的时间，一个机器周期由若干个时钟周期组成。时钟周期是微处理器的最小定时单位（即基本时间计量单位），它由计算机主频决定，时钟周期是时钟频率的倒数。例如，8086 的主频为 10MHz，一个时钟周期就是 100ns。

微处理器访问存储器或 I/O 端口时，是需要各引脚信号的配合才能实现的。为了理解处理器通过总线进行的读/写操作，提出总线周期的概念。总线周期是指完成一次总线操作（访问存储器或 I/O）所需的时间，通常用总线时钟周期及系统时钟周期的个数来表示。在 8086 中，一个最基本的总线周期由 4 个时钟周期组成，每个时钟周期进行不同的具体操作，处于不同的操作状态，分别称为 $T_1$ 状态、$T_2$ 状态、$T_3$ 状态、$T_4$ 状态。所以，一个时钟周期也被称为一个 T 状态，是微处理器的基本工作节拍。若在完成一个总线周期后不发生任何总线操作，则填入空闲状态时钟周期（$T_i$）；若存储器或 I/O 端口在数据传送中不能以足够快的速度作出响应， 则在 $T_3$ 与 $T_4$ 间插入一个或若干个等待周期（$T_w$）。典型的 8086 总线周期序列见图 3-7（图中 $T_1$ ~ $T_4$ 表示了一个总线周期）。

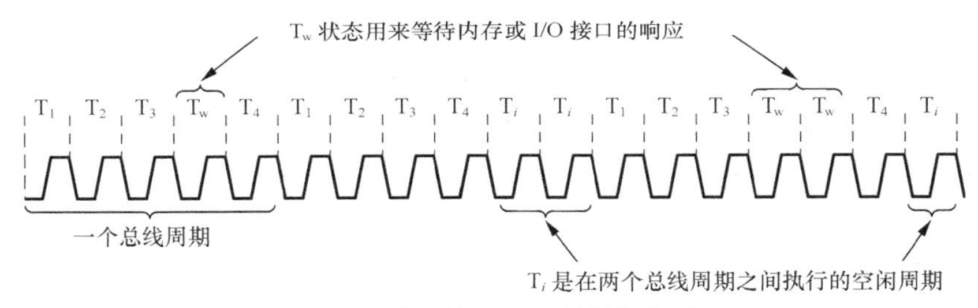


图 3-7　典型的 8086 总线周期序列

时序（Timing）描述了各信号随时间的变化规律及相互间的因果关系。总线时序描述 CPU 引脚如何实现总线操作，CPU 时序决定系统各部件间的同步和定时。

8086CPU 中各单元之间以及与外设之间的数据交换，都是通过总线来进行的。按照数据传送方向把总线操作分为两种情况，即总线读操作和总线写操作。总线读操作指 CPU 从存储器或外设端口读取数据。总线写操作指 CPU 把数据写入存储器或外设端口。下面采用时序图形象化地表现 8086 在最小模式下的总线读操作及总线写操作。

**1. 最小工作模式下的总线读时序**

图 3-8 所示为 8086 在最小工作模式下的读时序。$T_1$ 状态时，CPU 往分时（地址/数据）复用总线上发出地址信息（$A_{19}/S_6$ ~ $A_{16}/S_3$ 和 $AD_{15}$ ~ $AD_0$），以指出要读出数据的存储单元或外设端口的地址，此时 $M/\overline{IO}$ 有效，若为高电平，表示访问存储器；而为低电平，则表示访问 I/O 端口。该信号一直保持到本次总线周期的结束即 $T_4$ 状态。地址锁存信号 ALE 利用其后沿（即下降沿）来锁存复用总线上的地址信息，以保证在其他时间内（$T_2$ ~ $T_4$）对该地址的访问。此时，高字节允许信号 $\overline{BHE}$ 有效，表示高 8 位数据总线上的信息可以使用，且系统中若有总线收发器时，还要用到 $DT/\overline{R}$ 和 $\overline{DEN}$ 作为控制信号。显然，在读周期，$DT/\overline{R}$ 应该为低电平，并一直保持到 $T_4$ 状态。

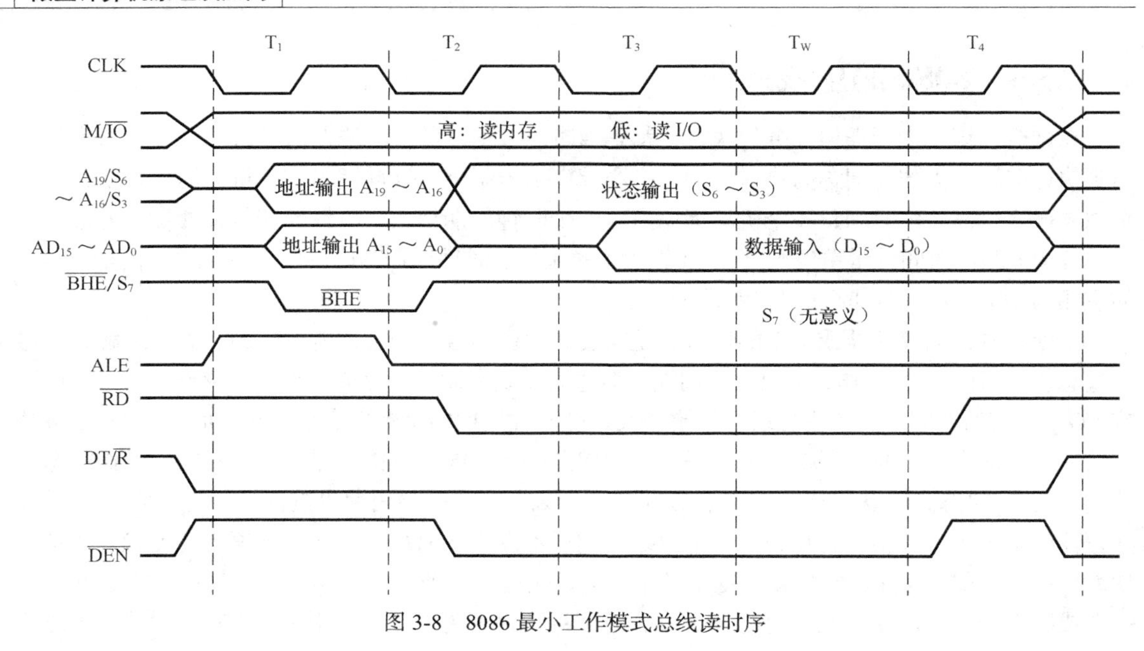


图 3-8　8086 最小工作模式总线读时序

$T_2$状态，CPU 从总线上撤销地址，而使总线的低 16 位浮置成高阻状态，为传输数据做准备。$AD_{19}/S_6 \sim A_{16}/S_3$及$\overline{BHE}/S_7$引脚上输出本总线周期的状态信息$S_7 \sim S_3$，并一直保持到$T_4$状态。此外，$\overline{DEN}$和$\overline{RD}$信号也在$T_2$状态变为低电平，它们分别作为数据收发器的允许信号和读控制信号。

$T_3$状态，多路总线的高 4 位继续提供状态信息，而低 16 位（8088 则为低 8 位）上出现 CPU 从存储器或端口读入的数据。内存单元或 I/O 端口的数据在无等待情况下已经稳定出现在数据总线上，CPU 通过$AD_{15} \sim AD_0$接收数据。

但是，当系统中的存储器或 I/O 设备速度较慢时，被读取数据的外设或存储器不能及时地配合 CPU 传送数据，就需要在$T_3$状态后插入等待周期$T_W$。为此，CPU 会在$T_3$的后沿（下降沿处）对 READY 信号采样，如果检测到 READY 信号为高电平，则无须插入等待周期，直接进入$T_4$状态。否则，如果 READY 信号为低电平，则说明外部没有准备好，CPU 自动插入等待周期$T_w$，直到检测到有效的 READY 信号，执行完当前$T_w$后进入$T_4$状态。

$T_4$状态与前一个状态交界的下降沿，CPU 从数据总线取走数据，结束本次总线操作。$T_4$状态为结束状态。

只有在 CPU 和内存或 I/O 接口之间传输数据，以及填充指令队列时，CPU 才执行总线周期。可见，如果在一个总线周期之后，不立即执行下一个总线周期，那么系统总线就处在空闲状态，此时，执行空闲周期$T_i$。在空闲周期中，可以包含一个或多个时钟周期。

**2. 最小工作模式下的总线写时序**

图 3-9 所示为 8086 在最小工作模式下的写时序。不难看出，写时序与读时序非常类似。不同的只是从$T_1$状态开始，DT/$\overline{R}$为高电平，表示通过 8086 发送数据即写操作，并一直保持到$T_4$状态。此外，从$T_2$状态开始不是$\overline{RD}$信号变为低电平，而是$\overline{WR}$信号变为低电平，并一直保持到$T_4$状态，作为写控制信号。进入$T_4$状态后，CPU 认为存储器或 I/O 已经完成数据的写入，因而，数据从数据总线上撤销，其他控制信号和状态信号也进入无效状态，于是本次总线操作结束。

最大模式下 8086 的读写总线操作和最小模式下的读写总线操作在逻辑上是完全一样的，只不过在分析具体时序时，最大模式下需要考虑微处理器和总线控制器两者产生的信号。

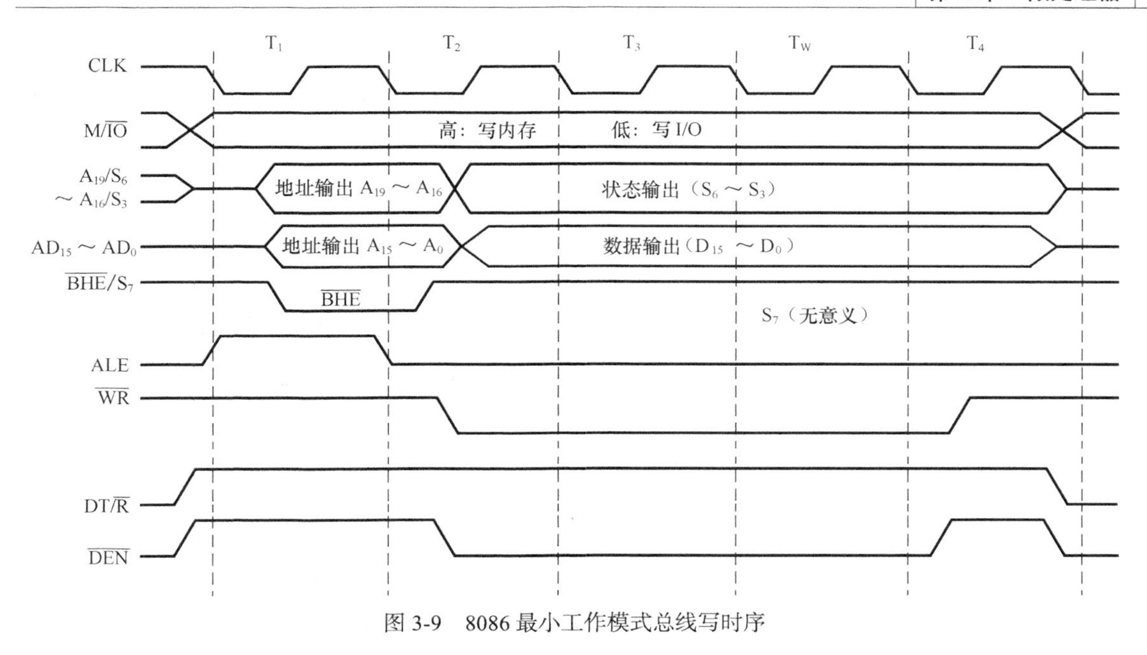


图 3-9　8086 最小工作模式总线写时序

# 3.2　80x86 微处理器

80x86 微处理器是 Intel 公司的系列产品，IA-32（Intel Architecture）属于 80x86 体系结构的 32 位版本，即具有 32 位内存地址和 32 位数据操作数的处理器体系结构，其中 Pentium 微处理器是 Intel 公司于 1993 年推出的 IA-32 架构的微处理器，主要通过对体系结构的革新增强其性能。

## 3.2.1　Pentium 微处理器

Pentium 内部 ALU 和通用寄存器均为 32 位，但它同主存进行数据交换的外部数据总线采用 64 位，Pentium 微处理器是由总线接口单元、指令 Cache、数据 Cache、指令预取部件（指令预取缓冲器）与分支目标缓冲器、整数及浮点数寄存器组、指令译码部件、两条流水线的整数处理部件（U 流水线和 V 流水线，它们各自有自己的 ALU、地址生成逻辑和 Cache 接口）、乘除部件和浮点处理部件 FPU 等组成。

其内部数据总线为 64 位，同时可传输或处理 8 字节的数据。Pentium 微处理器的功能结构如图 3-10 所示。

Pentium 微处理器的性能主要体现在以下几个方面。

**1. 超标量流水线结构**

在微处理器内含有一条以上的流水线，一个以上的指令执行单元，并且每时钟周期内可以完成一条以上的指令，这种设计就叫超标量体系结构。Pentium 微处理器是一种双 ALU 流水线工作的 CPU，由于它有两组算术逻辑单元（ALU）、两条流水线、每个时钟周期能同时执行两条指令。显然 Pentium 微处理器具有超标量结构的。

Pentium 微处理器的整数部件一次取两条整数指令并译码，然后检测能否并行执行这两条指令。如果指令是所谓的简单指令，并且第二条指令的执行并不依赖于前一条指令的执行结果（即两条指令之间没有数据依赖性），则 Pentium 微处理器将把这两条指令分别释放到两条独立的且具有自己的 ALU 的 U 流水线和 V 流水线。这样，只要两条指令满足一定条件，Pentium 微处理器就能同时执行。

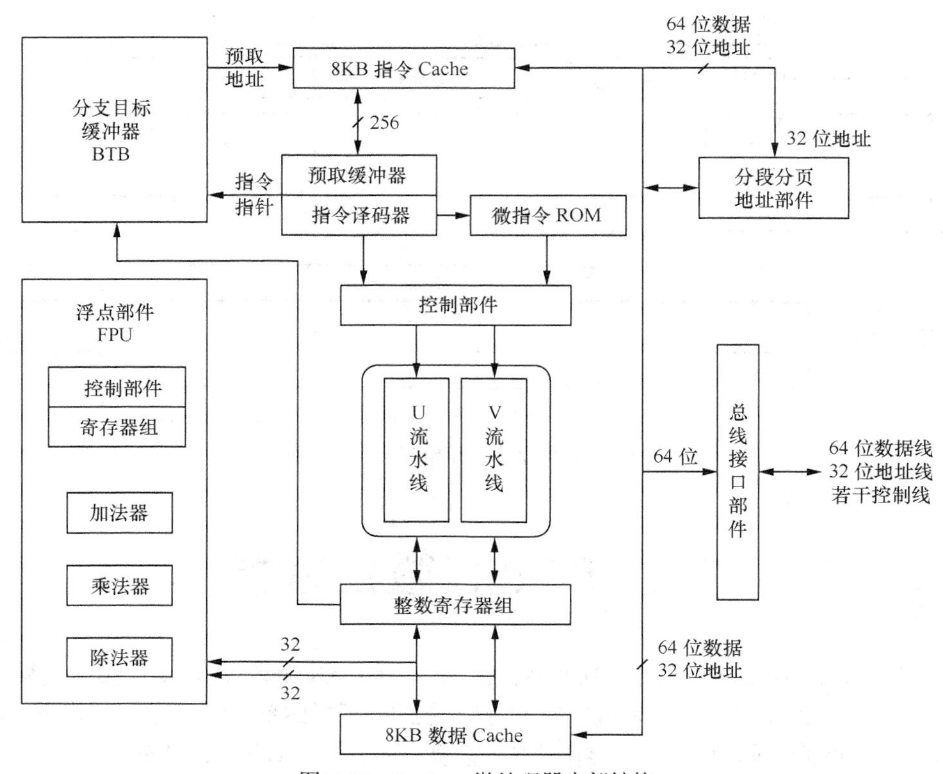


图 3-10　Pentium 微处理器内部结构

Pentium 微处理器中的两条流水线并行发出两条指令的过程称“配对”。要说明的是，当指令配对时，发到“V”流水线的指令总是发到“U”流水线这条指令后边紧接着的一条指令。

Pentium 整数处理部件中的两条流水线并不完全相同。其中 U 流水线比 V 流水线多一个用于位（bit）级操纵的桶形移位器，因此，U 流水线可以执行 80x86CPU 指令集中的所有指令，而 V 流水线执行的只是简单的指令。所谓简单指令是指完全由硬件实现，不需任何代码（即微代码）控制的指令。通常是在一个时钟周期内执行完一条整数指令。此外，浮点指令在移至 FPU 之前的一个阶段也是在 U 流水线中执行的，并且执行指令时所产生的标志也都由 U 流水线中的指令进行设置。

### 2. 分离型 Cache

Pentium 的超标量整数处理部件虽然使整数单元的潜在处理能力增加了一倍，但同时也要求处理器进行双倍的指令与数据存取，从而造成频繁的数据流动，甚至会出现存取之间的相互冲突。因此，Intel 公司在 Pentium 微处理器中将 80486 上 8KB 的统一 Cache 分成两个独立的双路相联的 8KB 指令 Cache 和 8KB 数据 Cache，即分离型 Cache，从而减少了等待和搬移数据的次数和时间，大大提高了芯片的整体性能。

Pentium 的数据 Cache 有两个 32 位数据接口，分别与 U 和 V 两条流水线相连，以便能在相同时刻向两个独立工作的流水线进行数据交换。当向已被占满的数据 Cache 写数据时，将移走一部分当前使用频率最低的数据，并同时将其写回内存，这种技术称为 Cache 回写技术。由于 CPU 向 Cache 写数据和将 Cache 释放的数据写回内存是同时进行的，所以，采用 Cache 回写技术将节省处理时间。

显然，为了提高访问 Cache 所获得的命中率，Cache 的容量越大越好。但是考虑到制造成本，一个比较可行的方法是在片外设计容量较大的所谓二级高速缓存（即 L2 Cache），而原来的片内 Cache 则称为一级高速缓存（L1 Cache）。随着 Pentium 微处理器的不断升级，L1 Cache 和 L2 Cache 也在不断地扩大并提高其性能。这些 Cache 对应用软件透明以维持与 80x86 CPU 结构的兼容性。

**3. 动态分支预测**

Pentium 微处理器提供一个分支目标缓冲器（Branch Target Buffer，BTB）用于存储转移指令的执行情况，并进行动态预测。当某条指令导致程序分支时，BTB 记下该条指令和分支目标地址，并利用这些信息预测该条指令再次产生分支时的路径，预先从该处预取，保证流水线的指令预取步骤不会空置。这样可以减少由于程序分支对程序执行效率的影响，从而提高指令流水线的性能，使得所需的代码几乎总是在它执行之前能预取到。

**4. 性能增强的流水线浮点处理部件**

Pentium 浮点部件（Floating Point Unit，FPU）最重要的进步是拥有专用的加法器、乘法器和除法器。此外，Pentium 浮点部件不仅支持传统的单精度（32 位）、双精度（64 位）和 80 位的浮点运算，而且还配置了直接支持 3 倍精度的浮点运算部件，从而大大提高了浮点部件的性能。

**5. 改进的指令执行时间**

Pentium 将一些常用指令如 Mov、Push、Pop、Inc、Dec、Jmp 等改用硬件逻辑来实现，而不是使用微操作（微指令和微程序），对于复杂指令的微操作算法也进行了改进，加快了指令的执行速度。

**6. 其他**

Pentium 微处理器内部的数据线和地址线的宽度都为 32 位，但 CPU 和主存进行数据交换的外部总线是 64 位，提高了读写存储器的速度，使得一个总线周期内的数据传输量提高了一倍。例如，在主频为 66MHz 内部 64 位总线的 CPU，与主存可一次传送 8 个字节的数据，这样 Pentium 传送数据的速度达 528MB/s（8 字节×66MHz）。

在存储管理中，Pentium 的页面大小除了可采用 80386、80486 的 4KB 页面外，还可以选用高达 4MB 的页面。页面容量的增加使需要操作大量数据的应用程序可以避免频繁的换页操作，从而加快了访问主存的速度。

Pentium 还加入了 80386SL 具有的节能特性，设计有系统管理方式，电源电压可以是 3.3V，这些都降低了处理器的功耗。

## 3.2.2　80x86 的寄存器

"寄存"就是数据的暂时保存。微处理器中的寄存器是程序员通过编写程序可以直接管理和使用的。8086 的寄存器组是 80x86 寄存器组的一个子集。

8086 处理器中包含如下常用寄存器：4 个 16 位通用的寄存器（AX、BX、CX、DX），4 个 16 位指针和变址寄存器（SP、BP、SI、DI），4 个 16 位段寄存器（CS、DS、SS、ES），1 个 16 位标志寄存器（FLAGS）和 1 个 16 位指令指针寄存器（IP）。图 3-11 所示为 8086 微处理器中可以直接被程序使用的寄存器组。

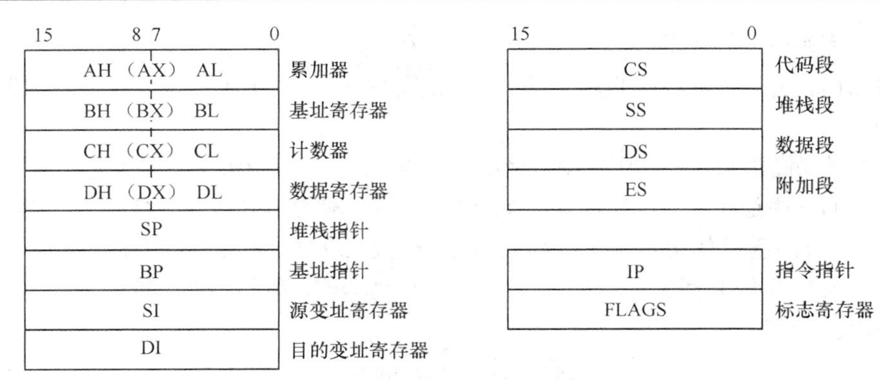


图 3-11　8086 微处理器的寄存器组

### 1. 通用寄存器

通用寄存器（General-Purpose Register，GPR）一般是指处理器最常使用的整数通用寄存器，可用于保存整数数据、地址等。8086 处理器只有 4 个通用寄存器，数量不多，但每个通用寄存器又有它们各自的特定作用，并因而得名。我们首先需要记住名字区别它们，按照它们的个性使用它们，发挥各自的特长。

通用寄存器可用于传送和暂存数据，也可参与算术逻辑运算，并保存运算结果。除此之外，它们还各自具有一些特殊功能。

① AX——累加器（Accumulator），是使用频率最高的寄存器，用于算术、逻辑运算以及与外设传送信息等。

② BX——基址寄存器（Base），用于存放数据段主存空间的基地址。

③ CX——计数寄存器（Counter），用于循环操作和字串处理的计数控制。

④ DX——数据寄存器（Data），用于存放数据，其中低 16 位 DX 可用于在与外设操作时提供端口地址。

4 个通用寄存器 AX、BX、CX 和 DX 还可以进一步分成高字节 H（High）和低字节 L（Low）两部分，这样又有了 8 个 8 位通用寄存器：AH 和 AL、BH 和 BL、CH 和 CL、DH 和 DL。

IA-32 微处理器的寄存器实际上是 8086 内部寄存器的增强与扩充，不同的只是寄存器从 16 位扩展到 32 位（段寄存器仍为 16 位），其中通用寄存器包括 EAX、EBX、ECX、EDX 和 ESP、EBP、ESI、EDI，其名称和 8086 中的寄存器基本类似，只是在每一个的前面增加了一个字母 E，表示是相应的寄存器的扩展。这样，EAX、EBX、ECX 和 EDX 可以作为 32 位（$D_0 \sim D_{31}$）、16 位（$D_0 \sim D_{15}$）或 8 位（$D_0 \sim D_7$）和（$D_8 \sim D_{15}$）寄存器使用，此外，这类寄存器使用起来比 8086 中的寄存器更加灵活，它们不仅可以存放逻辑操作数或算术运算所使用的操作数，而且可以存放计算地址的操作数（但不能用 ESP 进行变址操作）。

### 2. 指针和变址寄存器

8086 中的指针和变址寄存器是用来参与地址运算的，主要用来存放地址的偏移量（即相对于段起始地址的距离），以便与左移 4 位后的段寄存器内容相加产生 20 位的物理地址。

① SI——源变址寄存器（Source Index），用于指向字符串或数组的源操作数。源操作数是指被传送或参与运算的操作数。

② DI——目的变址寄存器（Destination Index），用于指向字符串或数组的目的操作数。目的操作数是指保存传送结果或运算结果的操作数。

③ BP——基址指针寄存器（Base Pointer），默认情况下指向程序堆栈段的数据。

④ SP——堆栈指针寄存器（Stack Pointer），指向程序堆栈段顶部的数据。

IA-32 的 8 个通用寄存器中 ESI、EDI、ESP、EBP 也是从 8086 的 16 位扩展到 32 位的，因此同 EAX、EBX、ECX 和 EDX 寄存器一样，可以作为 16 位寄存器 SP、BP、SI、DI 或 32 位寄存器 ESP、EBP、ESI、EDI 使用。

### 3. 段寄存器

在微机系统的主存中通常存放着 3 类信息，即：

① 代码（Code）——程序的指令代码，指示微处理器执行何种操作；

② 数据（Data）——程序处理的对象；

③ 堆栈信息（Stack）——主存中保存的返回地址和中间结果。堆栈（Stack）是在主存中的一段特殊区域，它采用“先进后出（First In Last Out，FILO）”或者“后进先出（Last In First Out，LIFO）”的原则进行存取。它主要用于调用子程序时暂存数据，也可以用于临时保存数据。堆栈指针会随着处理器执行指令的状况自动递增或递减。

8086 系统把可直接寻址的主存空间分为称作“段”的逻辑区域，为了方便对同一类信息的访问，通常编程时将这 3 类信息分别存放在对应的逻辑段当中，即存储系统的不同存储段。8086 中的 4 个段寄存器为：

① CS——代码段寄存器（Code Segment），指向当前的代码段，指令由此段中取出；

② DS——数据段寄存器（Data Segment），指向当前的数据段，通常用来存放程序运行所需要的数据（存储器操作数）；

③ ES——附加段寄存器（Extra Segment），指向当前的附加段，通常也用来存放数据；

④ SS——堆栈段寄存器（Stack Segment），指向当前的堆栈段，堆栈操作的对象就是该段中存储单元的内容。

IA-32 比 8086 增加了两个 16 位的段寄存器 FS 和 GS，用于程序中数据的存放，同 ES 一样，也是数据段，一般串操作指令必须使用附加段作为其目的操作数的存放区域。根据工作方式的不同，段寄存器的内容也有所不同，但都用来确定该段在主存中的起始地址，简称段地址或段基址。

8086 ~ Pentium 微处理器中，段寄存器和偏移地址寄存器组合有一定的规则，如表 3-2 和表 3-3 所示。通常 CS:IP 给出下一条要执行的指令；SS:SP 给出堆栈中要操作的数据；DS 存放当前数据段的段基址，存储器中操作数的偏移地址则是由各种主存寻址方式得到，必要时可以设置 ES 等附加段的段地址，它们的偏移地址也由主存的寻址方式得到。如果需要可通过程序改变段寄存器和偏移寄存器的缺省组合。

### 4. 指令指针寄存器

指令指针寄存器（Instruction Pointer，IP）用来存放 CS 段中下一条要执行的指令的段内地址偏移量，换句话说就是存放执行的指令在主存中的位置。在程序执行过程中，由于该寄存器指向下一条要取的指令，从而可以控制程序的执行流程。它的内容由 BIU 来修改，用户不能通过指令预置或修改 IP 的内容，但有些指令的执行如转移指令、返回指令以及中断处理可以修改它的内容，也可以将其内容压入堆栈或由堆栈弹出。

在 IA-32 微处理器中，32 位的 EIP 对应于程序计数器。注意，EIP 的值又称偏移地址（Offset Address）或有效地址（Effective Address，EA）。在 80x86 的 16 位实地址工作方式，保存程序代码的一个区域不超过 64KB，该区域中的指令位置只需要 16 位就可以表达，因而只使用指令指针寄存器 EIP 的低 16 位 IP，高 16 位必须是 0。

表 3-2 默认 16 位段和偏移寻址的组合

| 段寄存器 | 偏移寄存器 | 主要用途 |
|---|---|---|
| CS | IP | 指令寻址 |
| SS | SP 或 BP | 堆栈寻址 |
| DS | BX，DI，SI 或 16 位数 | 数据寻址 |
| ES | DI | 目标串寻址 |

表 3-3 默认 32 位段和偏移寻址的组合

| 段寄存器 | 偏移寄存器 | 主要用途 |
|---|---|---|
| CS | EIP | 指令寻址 |
| SS | ESP 或 EBP | 堆栈寻址 |
| DS | EAX，EBX，ECX，EDS，EDI，ESI 或 32 位数 | 数据寻址 |
| ES | DI | 目标串寻址 |
| FS、GS | 不默认 | 一般寻址 |

### 5. 标志寄存器

处理器设计的标志（Flag）用于反映指令执行结果或控制指令执行形式。在指令执行的过程中，大多会对标志位产生影响，有些指令的执行也要利用标志位，当然也有的指令不会影响到标志位。8086 是 16 位的标志寄存器 FLAGS，Pentium 是 32 位的标志寄存器 EFLAGS，IA-32 标志寄存器用一个或多个二进制位来表示一种标志，其取值 0 或 1 的不同组合表示标志的不同状态，它包含一组状态标志、控制标志和系统标志，如图 3-12 所示。

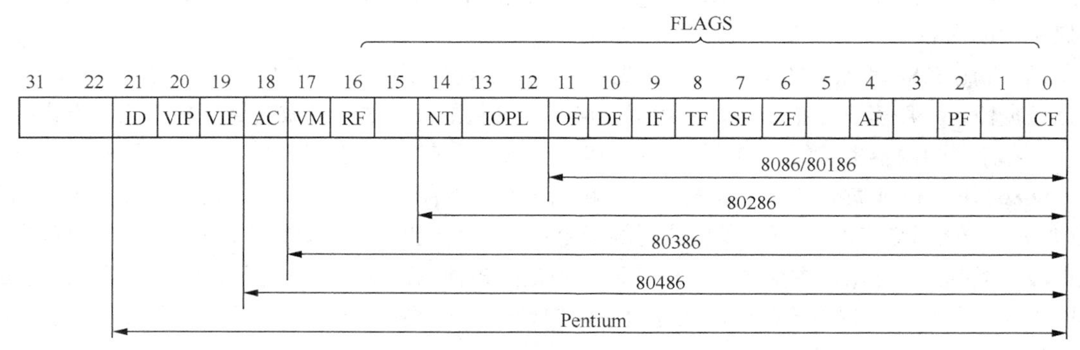


图 3-12 IA-32 的标志寄存器 EFLAGS

（1）状态标志

状态标志是最基本的标志，用来记录指令执行结果的辅助信息。标志寄存器中基本的 6 个状态标志是今后使用分支指令判编写分支程序的基础。

① CF（Carry Flag）——进位标志，当加减运算结果的最高有效位有进位（加法）或借位（减法）时，将设置进位标志为 1，即 CF＝1；如果没有进位或借位，则设置进位标志为 0，即 CF＝0。

② PF（Parity Flag）——奇偶标志，反映运算结果的低 8 位中所含的“1”的个数的情况。若为偶数，则 PF=1，否则 PF=0。主要在数据通信中用来检查数据传送有无错误。

③ AF（Auxiliary Carry Flag）——辅助进位标志，反映指令执行后，一个 8 位量的低 4 位向

高 4 位是否产生进位或借位，若产生进位或借位，则 AF=1，否则 AF=0。这个标志主要由微处理器内部使用，一般在 BCD 码运算中作为是否进行十进制调整的判断依据。

④ ZF（Zero Flag）——零标志，反映当前的运算结果是否为零的情况。若运算结果为 0，则 ZF=1，否则 ZF=0。

⑤ SF（Sign Flag）——符号标志，反映带符号数运算结果符号位的情况，结果为负，则 SF=1，否则 SF=0，SF 的取值与运算结果的最高位（字节操作为 D7，字操作为 D15）相同，当数据用补码表示时，负数的最高位为 1，所以符号标志表示运算执行后的结果是正还是负。通常利用最高位作为区别正数或负数的符号位，就称为有符号的整数。

⑥ OF（Overflow Flag）——溢出标志，反映带符号数运算结果是否超过机器所能表示的数值范围的情况，当运算结果超出机器所能表示的范围，置 OF=1，否则 OF=0。

处理器内部以二进制补码表示带符号整数，8 个二进制位表示的整数范围是–128～+127；16 位表示的整数范围是–32 768～+32 767；32 位表示的整数范围是$-2^{31}$～$+2^{31}-1$。如果字节运算的结果或者字运算的结果超出了范围时就产生溢出。

需要特别注意溢出标志 OF 和进位标志 CF 是具有不同意义的标志。进位标志针对的是无符号整数运算，运算结果超出范围后加上进位或借位，运算结果仍然正确；而溢出标志针对的是有符号整数运算，运算结果如果超出范围（溢出），运算结果是错误的，只有在没有溢出情况下才是正确的。

计算机进行加法运算时，判断出低位向最高有效位产生进位，而最高有效位向前无进位，便置 OF=1；或者相反，当判断出低位向最高位无进位，而最高位向前有进位，也置 OF=1。在减法运算时，当最高位需要借位，而低位并不向最高位借位时，OF 置 1；或者相反，当最高位不需要借位，而低位从最高位有借位时，OF 置 1。处理器按照无符号整数求得结果，同时设置进位标志和溢出标志。应该利用哪个标志，程序员说了算（也就是根据实际问题确定）。一般来说，如果参与运算的操作数认为是无符号数，应该关注进位；认为是带符号数，则关注溢出。

判断运算结果是否溢出的一个简单规则是：当两个相同符号数相加（或两个不同符号数相减），而运算结果的符号与原来数据符号相反时，产生溢出，因为此时的运算结果显然不正确。其他情况下，则不会产生溢出。

例如，进行两个字节数据的相加：01000101+01001010，运算结果为 10001111，即十进制数 69+74=143。如果认为是无符号数，运算结果 143，没有超出范围 0～255，没有产生进位，故 CF=0；如果认为是带符号数，则超出范围–128～+127，这时产生溢出，OF=1。另外，ZF=0，SF=1，PF=0。

（2）控制标志

控制标志可以由程序根据需要通过指令来设置，用于控制处理器执行指令的方式。

① DF（Direction Flag）——方向标志，仅用于串操作指令中。在进行字符串操作时，每执行一条串操作指令，对源操作数或目的操作数的地址要进行一次调整（对字节操作加 1 或者减 1，对字操作加 2 或者减 2），由 DF 决定地址是递增还是递减。若 DF=0，为递增，即从低地址向高地址方向进行；若 DF=1，为递减，即从高地址向低地址方向进行。该标志可用 STD 和 CLD 指令分别置 1 和清 0。

② IF（Interrupt Enable Flag）——中断允许标志，用来控制对中断的响应，表示系统是否允许响应外部的可屏蔽中断。若 IF=0，CPU 不能对可屏蔽中断请求作出响应；若 IF=1，CPU 可以接受可屏蔽中断请求。IF 对不可屏蔽中断请求以及内部中断不起作用。该标志可用 STI 和 CLI 指

令分别置 1 和清 0。

③ TF（Trap Flag）——陷阱标志，用来控制单步操作。当 TF=1 时，微处理器每执行完一条指令便自动产生一个内部中断，转去执行一个中断服务程序，可以借助中断服务程序来检查每条指令的执行情况，称为“单步工作方式”，常用于程序的调试。该标志没有对应的指令操作，只能通过堆栈操作改变它的状态。

（3）EFLAGS 其他标志

在 8086 的基础上，IA-32 的标志寄存器 EFLAGS 的标志位有了进一步的扩展，如 80286 中 IOPL 表示 I/O 特权级别标志、NT 嵌套任务标志；80386 中 RF 恢复标志、VM 虚拟 86 方式标志；80486AC 对准检查标志；Pentium 中 VIF 虚拟中断标志、VIP 虚拟中断位、ID 标识标志。

**6. 其他寄存器**

通常，80x86 系统的应用程序主要涉及通用寄存器和专用寄存器的指令指针寄存器、段寄存器和标志寄存器，只有系统程序才会用到各类寄存器，包括其他专用寄存器：控制寄存器、系统地址寄存器、调试寄存器和测试寄存器。它们保存操作系统所需要的保护信息和地址转移信息以及对存储器的管理等。通过专用指令可以对这些寄存器进行装载和保存。

### 3.2.3 IA–32 的工作方式

从操作系统的角度看，IA-32 微处理器有两种主要的工作方式：实地址模式和保护模式。当 CPU 复位后，系统自动进入实地址模式。通过控制寄存器标志位的设置来进行模式之间的转换。

**1. 实地址模式**

实地址模式是最基本的工作方式，相当于高性能的 16 位 8086 微处理器，但进行了功能扩充，能够使用 8086 所没有的寻址方式、32 位通用寄存器以及 IA-32 大部分指令，可进行 32 位操作。但因不具有保护机制，不能使用部分特权指令。

实地址模式下只允许微处理器寻址第一个 1MB 存储空间，只有 20 条地址线有效。此时存储器的管理方式与 8086 微处理器完全相同。

**2. 保护模式**

保护模式引入了虚拟存储器的概念，可以使用附加的指令集，充分发挥 IA-32 微处理器的存储管理功能和硬件支持的保护机制，为多任务操作系统设计提供支持。在保护模式下每个任务的存储空间为 4GB。

保护模式和实地址模式的不同之处在于存储器地址空间扩大，以及存储管理机制差别。

在保护模式下还具有一种子模式——虚拟 8086 模式（V86 模式），可以在保护模式的多任务环境中以类似实模式的方式运行 16 位 8086 软件。

## 习 题 三

**一、选择题**

1. 某微型计算机具有 16MB 的内存空间，其 CPU 的地址总线应有（　　）条。

A．26　　B．28　　C．20　　D．24

2. 当 RESET 引脚进入高电平状态时，8086CPU 的（　　）寄存器初始化为 FFFFH。

A．SS　　B．DS　　C．ES　　D．CS

3．8086CPU 与慢速的存储器或 I/O 接口之间，为了使传送速度能匹配，有时要在（　　）状态之间插入等待周期。

A．$T_1$ 和 $T_2$　　B．$T_2$ 和 $T_3$　　C．$T_3$ 和 $T_4$　　D．随即

4．8086CPU 采用（　　）管理内存。

A．分段方式　　B．分页方式　　C．分段加分页方式　　D．保护地址方式

5．8086 的基本总线周期由（　　）个时钟周期组成。

A．2　　B．4　　C．5　　D．6

6．8086 指令队列的作用是（　　）。

A．暂存操作数地址　　B．暂存指令地址

C．暂存预取指令　　D．暂存操作数

7．8086 微处理器运算结果为 0，则设置的标志是（　　）。

A．CF=1　　B．ZF=1　　C．SF=1　　D．ZF=0

8．8086 有两种工作模式，即最小模式和最大模式，它由（　　）决定。

A．$\overline{BHE}$　　B．INTR　　C．$M/\overline{IO}$　　D．$MN/\overline{MX}$

**二、填空题**

1．8086CPU 在总线周期的 $T_1$，$A_{19}/S_6 \sim A_{16}/S_3$ 用来输出__________位地址信息的最高__________，而在其他时钟周期则用来输出__________信息。

2．8086 的输入信号 Ready 为低电平的作用是说明__________。

3．8086 系统中若某一存储单元的逻辑地址为 7FFFH:5020H，则其物理地址为__________。

4．8086CPU 中可以有__________个段起始地址，任意相邻的两个段地址相距__________存储单元。

5．8086 微处理器有__________条地址线，1MB 内存的地址编号为__________至__________。

6．用段基址及偏移量来指明内存单元地址的方式称为__________。

7．8086CPU 复位后，从__________单元开始读取指令字节，一般这个单元在 ROM 区，在其中设置一条跳转指令，使 CPU 对系统进行初始化。

**三、简答题**

1．8086CPU 分为哪两个部分？各部分主要由什么组成？

2．8086CPU 由哪些寄存器组成？各有什么用途？

3．8086 的标志寄存器中包含哪些标志位？说明各标志位的作用。

4．存储器为什么要分段？试举例说明。

5．简述时钟周期、总线周期和指令周期之间的关系。

6．已知当前段寄存器的值（DS）=021FH，（ES）=0A32H，（CS）=234EH，上述各段在存储器空间中物理地址的首地址和末地址号是什么？

7．8086CPU 工作在最小模式时，① 当 CPU 访问存储器时，要利用哪些信号？② 当 CPU 访问外设时，要利用哪些信号？③ 当 HOLD 信号有效并得到响应时，CPU 的哪些信号置高阻？

8．简要说明 Pentium CPU 的结构特点。

# 第4章 8086微处理器的指令系统

指令系统是微处理器所能执行的各种指令的集合，它指出该型号的计算机硬件所能完成的基本操作，各计算机执行的指令系统不仅决定了机器所要求的能力，而且也决定了指令的格式和机器的结构。它是提供给使用者编制程序的基本依据，也是进行计算机逻辑设计的基本依据。本章介绍 8086 CPU 的指令系统，包括数据传送类指令、算术运算类指令、逻辑运算和移位操作类指令、串操作指令和控制转移类指令。

首先来了解一下指令的基本格式，以及数据寻址方式。

## 4.1 指令格式

8086 汇编语言的指令代码的格式如下：

[标号：] [前缀] 助记符 [操作数] [；注释]

标号：是指令语句的标识符，即指令所在地址的名称。它可以缺省（凡是用[ ]表示的项是可供选择的项）。标号可以由英文 26 个大小写字母、数字 0 ~ 9 及一些特殊符号（？、_）组成，但第一个字符只能是字母，且字符总数不超过 31 个（一般取 1 ~ 8 个字符）。标号后一定有冒号与后面的助记符分隔开。一般跳转指令的目标语句或子程序的首语句必须设置标号。

前缀：用于指令之前，来实现扩展指令的功能，可以缺省。例如，段超越前缀指令用于明确指示数据所在的段（CS、DS、ES、SS），串操作指令重复执行的重复前缀指令 REP、REPE/REPZ、REPNE/REPNZ 用于控制处理器总线产生锁定操作的 LOCK 前缀（使用后在指令执行的过程中，不允许其他处理器访问共享存储器中的数据）等。

助记符：即指令的操作码，用来表征指令的操作类型和功能，通常用英文缩写字母来表示。所有指令语句都必须有操作码。

操作数：对于不同的指令，可以有 0 ~ 2 个操作数。一般来说，存放操作结果的操作数为目的操作数，通常是指令的第一个操作数；其他操作数为源操作数，其值在指令执行后保持不变。在有些单操作数的指令中，操作数既是目的操作数又是源操作数。通常目的操作数紧靠操作码。若指令中含有多个操作数，那么操作数之间以逗号隔开，而操作数与助记符之间必须以空格分隔。

分号（;）：从分号开始是指令的注释区，用来说明指令语句及程序功能，可以缺省。例如：

```
inc ax              ;单操作数指令,将 ax 寄存器的内容加 1
mov ax,bx           ;双操作数指令,将 bx 中的内容传入 ax
hlt                 ;零操作数指令,停机
```

# 4.2　数据寻址方式

除了控制类指令，微处理器指令的操作对象是数据，即操作数。而指令的操作数（数据）可以有 4 种存放位置：操作数就在指令中，操作数在 CPU 的内部寄存器中，操作数在内存中，操作数在 I/O 端口中。数据寻址方式是指指令对操作数的访问方式，因此指令中寻找数据的方式可以分为立即数寻址、寄存器寻址、存储器寻址和 I/O 端口寻址。

## 4.2.1　立即数寻址方式

立即数（Immediate）是以常数形式表示的操作数，该操作数跟在操作码（指令字节）之后，随着处理器的取指令操作由内存调入指令寄存器，这样其实立即数寻址也就不需要寻址，指令需要的数据就在指令中了，所以立即数寻址方式的显著特点就是速度快。

通常采用立即数寻址的方式是给寄存器或存储单元赋值。例如：

```
mov al, 80h        ;将十六进制数 80h 送入 al
mov ax, 1090h      ;将十六进制数 1090h 送入 ax，ah 中为 10h，al 中为 90h
```

立即数只能作为源操作数出现。“mov ax，1090h”的执行过程如图 4-1 所示，1090h 为指令的源操作数，ax 为指令的目的操作数，故该指令执行后 ax=1090h。

立即数的类型由另一个操作数或指令决定，也可以采用 PTR 指定。

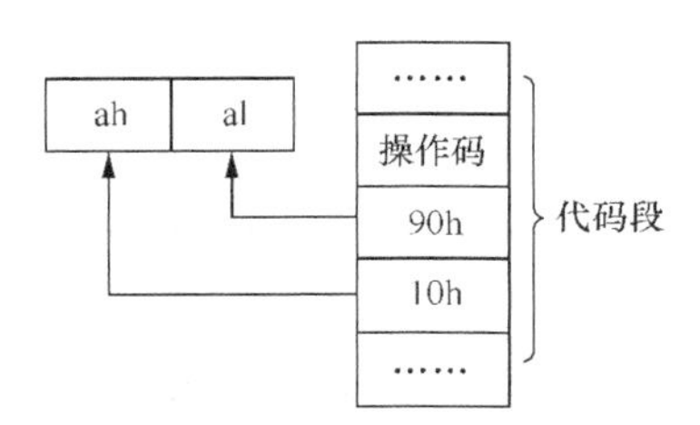


图 4-1　立即数寻址方式

## 4.2.2　寄存器寻址方式

在寄存器寻址方式中，操作数保存在 CPU 内部的寄存器里，对数据的访问通过对寄存器名的访问来实现。例如：

```
inc  cl            ;将寄存器 cl 内容加 1
mov ax,bx          ;将寄存器 bx 内容送入寄存器 ax
```

指令“mov ax，bx”如果在执行前（ax）= 6789H，（bx）= 0000H；则执行后，（ax）= 0000H，（bx）保持不变（见图 4-2）。这种寻址方式大多用于寄存器之间的数据传送。

采用立即数寻址方式和寄存器寻址方式的指令，在执行时操作数就在 CPU 内部，避免了需要通过总线到内存或外设去获取数据，因此，执行速度快。

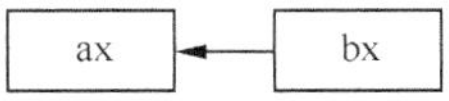

ax ← bx

图 4-2　寄存器寻址方式

在一条指令中，可以对源操作数采用寄存器寻址方式，也可以对目的操作数采用寄存器寻址方式，还可以两个操作数都用寄存器寻址方式。

### 4.2.3 存储器寻址方式

实际上指令执行中所需的数据大多数是位于存储器中的，指令中给出的是数据所在存储器单元的地址或产生存储器单元地址的信息。这类的寻址方式可统称为存储器寻址方式。

用存储器寻址的指令，其操作数一般位于存储器中代码段之外的数据段、堆栈段、附加段，对 8086 指令中所包含的内存单元地址都由段基地址和段内偏移地址(也称为段内偏移量或有效地址 EA）组成。

存储器寻址时，段地址如没有显式说明，那么数据就在默认的逻辑段中，一般 DS 段寄存器指向数据段；SS 段寄存器指向堆栈段（采用 BP 或 SP 作为基地址指针）。如果不使用默认的段寄存器，则需要添加段超越指令前缀显式说明。段超越指令前缀只能用于采用存储器寻址的指令，其助记符是段寄存器名后跟英文冒号，即 CS:、SS:、ES:。

指令操作数部分给出的地址是段内的偏移地址，段内偏移地址可由基址寄存器、变址寄存器和位移量按照一定的规则计算而得。通常基址寄存器、变址寄存器指出当前数据段内数据存放的存储器区域的首地址；位移量为一个常数值。这几者组合计算有效地址的公式为：

EA=[基址寄存器]+[变址寄存器]+位移量

对于不同位数的操作数寻址，有效地址 EA 的使用规则有所区别，表 4-1 所示为存储器各种寻址方式下有效地址的组合规则。

表 4-1　　存储器各种寻址方式下有效地址的组合规则

| 有效地址分量 | 16 位寻址方式 |
|---|---|
| 基址寄存器 | BX，BP |
| 变址寄存器 | SI，DI |
| 位移量 | 0/8/16 位 |

**1. 直接寻址方式**

在直接寻址方式中，存储单元的有效地址（即偏移地址 EA）由指令直接指出，所以直接寻址是对存储器进行访问时可采用的最简单的方式。例如：

```
mov    ax,[1070h]        ;将 DS 段的 1070h 和 1071h 两个单元的内容取到 ax 中
```

方括号“[]”指明是存储器操作数，括号内的内容作为存储单元的有效地址 EA。指令 mov ax,[1070h]中的源操作数采用直接寻址方式，给出有效地址 1070h。要注意的是，如果指令没有用段超越前缀，则默认段寄存器就是数据段寄存器 DS，否则必须用段超越前缀指出段寄存器名。例如：

```
mov    ax,es:[1070h]    ;将 ES 段的 1070h 和 1071h 两个单元的内容取到 ax 中
```

这样由指令给出的有效地址(偏移地址)和段地址一起构成操作数所在存储单元的物理地址，指令 mov　ax,es:[1070h]执行完成后就将逻辑地址 ES:1070h 和 ES:1071h 单元的内容送至 ax 中，其中高字节到 ah 中，低字节到 al 中，如图 4-3 所示。假设 ES=2000H，则执行过程是将绝对地址为 21070H 和 21071H 两单元的内容取出送 AX。

直接寻址允许用符号地址来代替数值地址，如 mov ax，data，变量 data 为存放操作数的存储单元的符号地址。直接寻址适用于处理单个变量。

**2. 寄存器间接寻址方式**

采用寄存器间接寻址方式时，操作数一定在存储器中，存储单元的有效地址由寄存器指出。

16 位有效地址只能使用 BX、BP、SI 和 DI 进行寄存器间接寻址。

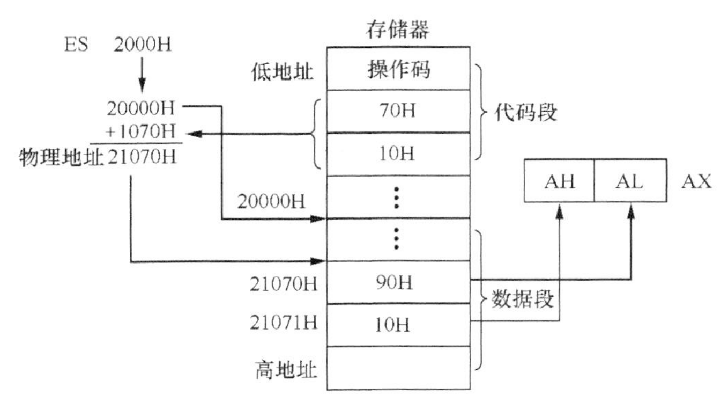


图 4-3　mov ax，es: [1070h]指令的直接寻址过程

如果指令中指定的寄存器是 BX、SI 和 DI，则操作数在数据段中，段基址在 DS 中；如果指令中指定的寄存器是 BP，则操作数在堆栈中，段基址在 SS 中。例如：

```
mov ax, [bx]            ;字传送,将有效地址为 bx 和 bx+1 的存储单元中内容传送给 ax,段基址在 DS
mov ax, [bp]            ;字传送,将有效地址为 bp 和 bp+1 的存储单元中内容传送给 ax,段基址在 SS
mov [bx], cx            ;字传送,将 ch 和 cl 内容传送给有效地址为 bx 和 bx+1 的存储单元
mov [si], dx            ;字传送,将 dx 内容传送给有效地址为 si、si+1 的存储单元
```

### 3. 寄存器相对寻址方式

寄存器相对寻址的有效地址是通过将寄存器的内容与 8 位或 16 位位移量相加来得到的。例如：

```
mov ax,[si+09h]         ;将段地址 DS 有效地址为 si+09h 和 si+1+09h 两个存储单元内容传送给 ax
mov ax,[bp+09h]         ;将段地址 SS 有效地址为 bp+09h 和 bp+1+09h 两个存储单元内容传送给 ax
mov ax,count[bp]        ;将段地址 SS 有效地址为 bp+count 和 bp+count+1 两个存储单元内容传送给 ax
```

mov ax,count[bp]中 count 为 16 位的位移量，假设指令执行前，SS 的内容是 2000H，BP 是 3000H，count 为 1070H，ax 为 1234H，那么指令的执行过程如图 4-4 所示，执行完成后 ax 的内容更新为 1090H。

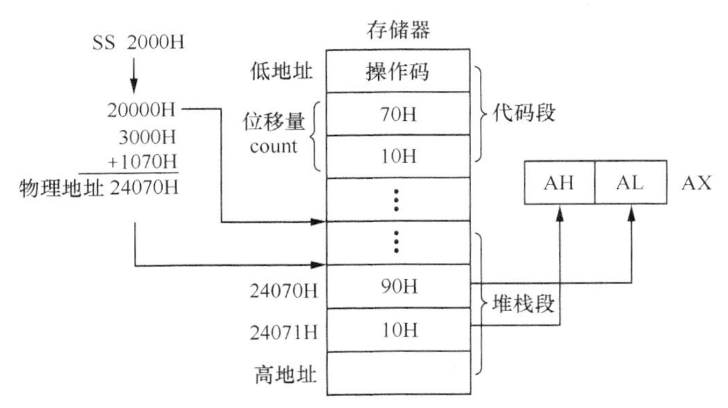


图 4-4　mov ax，count[bp]指令的寄存器相对寻址过程

### 4. 基址加变址寻址方式

基址加变址寻址的有效地址是将基址寄存器（BX、BP）的内容加上变址寄存器（SI、DI）的内容来得到的。注意基址寄存器和变址寄存器默认的段寄存器不同，一般以基址寄存器决定段

寄存器。例如:

```
mov ax,[bx+si]          ;将段地址 DS 有效地址 bx+si 和 bx+si+1 存储单元的内容传送给 ax
mov ax,[bp+si]          ;将段地址 SS 有效地址 bp+si 和 bp+si+1 存储单元的内容传送给 ax
```

**5. 相对基址加变址寻址方式**

相对基址加变址寻址是在基址加变址的寻址方式的基础上,再加上一个8位或16位的位移量。例如:

```
mov ax,[bp+si+06h]      ;将段地址 SS 有效地址 bp+si+06h 和 bp+si+1+06h 存储单元内容传送给 ax
mov [ax+si+1070h],dh    ;将 dh 的内容传送给段地址 DS 有效地址 ax+si+1070h 的存储单元
```

以上格式也可以书写为:

```
mov ax,06h[bp+si]
mov ax,06h[bp][si]
```

# 4.3 数据传送类指令

数据传送指令主要用于数据的运算、保存及交换等场合，这类指令是将数据从一处移往另一处，它是计算机中最基本的操作指令。例如，将数据从内存送入寄存器的取数指令，把运算结果从寄存器送入内存的存数指令等。这类指令的共同特点是不影响标志寄存器的内容。

## 4.3.1 通用数据传送指令

**1. 传送指令 MOV**

MOV 指令是形式最简单、用得最多的指令。指令的基本格式为:

```
mov dest, src      ;将源操作数 src 传送给目的操作数 dest
```

数据传送的方向如图 4-5 所示。源操作数可以是 8 位或 16 位寄存器，也可以是存储器中的字节/字，或者 8 位/16 位立即数。目的操作数不允许是立即数，其他同源操作数。例如:

```
mov al, bl         ;bl 中的 8 位数据送 al
mov es, dx         ;dx 中的 16 位数据送 es
mov ax, [bx]       ;bx 和 bx+1 所指的两个单元的内容送 ax
mov [di], ax       ;累加器的内容送 di 和 di+1 所指的单元
mov cx, [1000]     ;将 1000 和 1001 两个单元所指的内容送 cx
mov bl, 40         ;立即数 40 送 bl
mov dx, 5040       ;立即数 5040 送 dx
mov word ptr[si], 6070  ;立即数 6070 送到 si 和 si+1 所指的两个单元，这里的 ptr 是一个汇编操作符，与前面的 word 一起，意思是往 si 开始的地址中写一个字，而不是一个字节
```

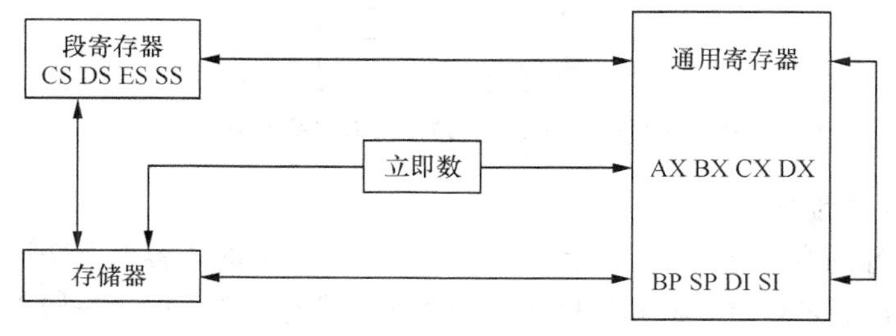


图 4-5 数据传送方向示意图

使用中注意以下几点。

① 两个段寄存器之间不能直接进行数据传送，并且立即数也不能直接传送到段寄存器，如指令 mov ds, cs 和 mov ds, 1234h 是错误的，前者应改为 mov ax, cs 及 mov ds, ax，即借助 ax 来实现段寄存器之间的数据传送；后者应改为 mov ax, 1234h 及 mov ds, ax，即借助 ax 来实现立即数与段寄存器之间的数据传送。还应注意 CS 和 IP 不能作为目的操作数。

② 两个存储单元之间不能直接进行数据传送，如指令 mov data2, data1，应改为 mov ax, data1 及 mov data2, ax，即借助 ax 来实现存储单元之间的数据传送。

③ 操作数的类型和长度必须一致，如指令 mov bl, 28ah，应改为 mov bx, 28ah。需要时使用类型操作符 PTR 来说明操作数的明确类型，如指令 mov [bx+si], 255，应改为 mov byte ptr [bx+si], 255。

### 2. 堆栈操作指令 PUSH/POP

在子程序调用和中断处理过程中，分别要保存返回地址和断点地址，在进入子程序和中断处理后，还需要保存通用寄存器的值；子程序返回和中断处理返回时，则要恢复通用寄存器的值，并分别将返回地址或断点地址恢复到指令指针寄存器中。这些都要通过堆栈来实现，其中寄存器的保存和恢复需要由堆栈指令来完成。

堆栈是主存中开辟出来的一块特殊存储单元，它采用“先进后出（FILO）”的方式进行工作。数据压入堆栈时使用入栈操作指令 PUSH，数据弹出堆栈时使用出栈操作指令 POP。堆栈建立在主存逻辑段中，使用堆栈段寄存器 SS 指向段起始地址，堆栈段的范围由栈顶指针寄存器 SP 的初值确定，这个位置就是堆栈底部（不再变化）。堆栈只有一个数据出入口，即当前栈顶（不断变化），由栈顶指针寄存器 SP 的当前值指定栈顶的偏移地址。随着数据进入堆栈，SP 逐渐减小；数据依次弹出，SP 逐渐增大。当然，如果进入堆栈的数据超出了堆栈范围（即 SP 减小到 0），或者无数据弹出（即 SP 增大到栈底），就会产生堆栈溢出错误。

在执行 PUSH 指令时，首先将 SP 减小作为当前栈顶，然后将立即数、通用寄存器、段寄存器等的内容或存储器操作数传送至当前栈顶。由于目的位置就是栈顶（SP 指定），PUSH 指令只有一个源操作数。

在 8086 指令系统中，用堆栈存取数据只能以字为单位，即 16 位二进制数。数据进栈时，SP 向低地址方向移动 2 个字节单元（即减 2）指向当前栈顶；然后数据以“低对低，高对高”的方式存放在堆栈顶部，如图 4-6（a）所示。

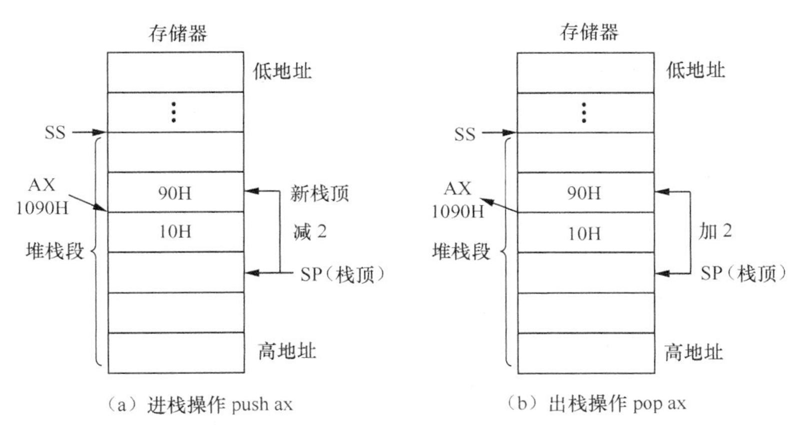


（a）进栈操作 push ax　　（b）出栈操作 pop ax

图 4-6　堆栈操作示意图

出栈指令 POP 的执行过程正好与 PUSH 指令相反，它把栈顶的数据传送到通用寄存器、存储单元或段寄存器中，然后 SP 增加，指向新的栈顶。同样，由于源操作数在栈顶，由 SP 指定，POP 指令只有目的操作数。数据出栈时，SP 向高地址方向移动 2 个字节单元（即加 2）指向当前栈顶；然后数据仍然以“低对低，高对高”的方式从堆栈顶部向目的位置传送，如图 4-6（b）所示。

例如，ax=2000h，bx=1234h，cx=15，现执行如下程序：

```
push ax
push bx
push cx
pop ax
pop bx
pop cx
```

前面 3 个 push 指令压入字量数据 2000h、1234h 和 000Fh，SP 每次减 2。接下来 pop 指令先将数据弹出到 ax，使 ax=000Fh，后两个 pop 指令使 bx 和 cx 的内容也发生了更改，如图 4-7 所示。

由于堆栈的栈顶和内容随着程序的执行在不断变化，所以编程时要注意入栈和出栈的数据要成对，对于 80x86 的 IA-32 指令系统，还要注意保持堆栈的平衡。

指令中的操作数不允许 CS 寄存器作为目的操作数使用。这是因为，一旦改变了代码段寄存器 CS 的内容，使程序有了新的当前代码段，就会导致 CPU 从新的 CS 和 IP 给出的毫无意义的地址中去取下一条指令，使程序错误运行。

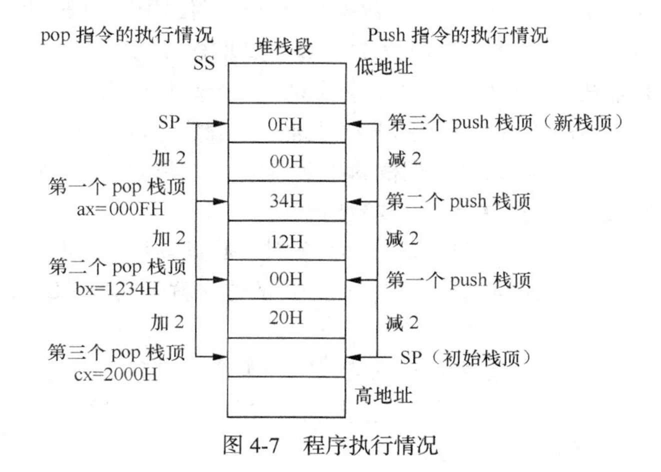


图 4-7　程序执行情况

### 3. 交换指令 XCHG

交换指令 XCHG（Exchange）用来实现源操作数和目的操作数内容的交换，可以在通用寄存器与通用寄存器或通用寄存器与存储器之间交换数据，但不可以在存储器之间进行数据交换。例如：

```
XCHG    AL,BL         ;AL 和 BL 之间进行字节交换
XCHG    BX,CX         ;BX 和 CX 之间进行字交换
XCHG    [2530],CX     ;CX 中的内容和 2530,2531 两存储单元的内容交换
```

### 4. 换码指令 XLAT

换码指令 XLAT 是一条完成翻译功能的指令（也就是将一种代码翻译成另一种代码）。假设，将预翻译成的代码按顺序存放在主存中的一个区域，并将该区域称为缓冲区，使用前需要将 BX 指向该缓冲区代码表的首地址，AL 赋值为距离首地址的位移量，指令执行时将缓冲区该位移量位置的数据取出赋予 AL，即 AL ← [BX + AL]。由于 XLAT 指令隐含使用 BX 和 AL，所以其助记符无须写出操作数，默认该缓冲区在 DS 数据段。

例如，将十进制数字（0～9）翻译成 7 段显示码，在执行 XLAT 指令前，先在主存中建立一个字节表格的译码表，如表 4-2 所示。表格的首地址存放在 BX 寄存器中，待转换的十进制数字存在 AL 寄存器中，要求被转换的数字应是相对表格首地址的位移量。设置完成后，执行 XLAT 指令，就将 AL 寄存器的内容转换为目的代码。

例如，假设这段数据存放在偏移地址为 2000H 开始的内存中，取出"3"所对应的 7 段码，用如下几条指令即可完成。

```
mov     bx,2000h
mov     al,3
xlat
```

表 4-2　　　十进制数的 7 段显示码

| 十进制数字 | 7 段显示码 | | | | | | | |
|---|---|---|---|---|---|---|---|---|
| | | g | f | e | d | c | b | a |
| 0 | 0 | 1 | 0 | 0 | 0 | 0 | 0 | 0 |
| 1 | 0 | 1 | 1 | 1 | 1 | 0 | 0 | 1 |
| 2 | 0 | 0 | 1 | 0 | 0 | 1 | 0 | 0 |
| 3 | 0 | 0 | 1 | 1 | 0 | 0 | 0 | 0 |
| 4 | 0 | 0 | 0 | 1 | 1 | 0 | 0 | 1 |
| 5 | 0 | 0 | 0 | 1 | 0 | 0 | 1 | 0 |
| 6 | 0 | 0 | 0 | 0 | 0 | 0 | 1 | 0 |
| 7 | 0 | 1 | 1 | 1 | 1 | 0 | 0 | 0 |
| 8 | 0 | 0 | 0 | 0 | 0 | 0 | 0 | 0 |
| 9 | 0 | 0 | 0 | 1 | 0 | 0 | 0 | 0 |

## 4.3.2　其他数据传送指令

### 1．目标地址传送指令

地址传送指令是一类专用于传送操作数地址的指令，可用来传送操作数的段地址或偏移地址到指定的寄存器中。

（1）取有效地址指令 LEA

取有效地址指令 LEA 的功能是将存储器地址送到一个寄存器。LEA 的格式为：

```
lea reg, mem            ;将存储单元 mem 的地址送到一个 16 位的寄存器中
```

在 lea 指令格式中，源操作数为存储器操作数 mem 的有效地址 EA（即主存单元的偏移地址），目的操作数 reg 必须为一个 16 位的通用寄存器。该指令的作用相当于汇编程序 MASM 的地址操作符 OFFSET，但 lea 指令在指令执行时计算出偏移地址，OFFSET 是在汇编阶段取得变量的偏移地址，后者的执行速度更快。通常对于汇编阶段无法确定的偏移地址，就只能利用 lea 获取。例如：

```
lea ax, [2728]          ;将 2728 单元的偏移量送 AX,指令执行后,AX 中为 2728
lea bx, [bp+si]         ;指令执行后,BX 中的内容为 BP+SI 的值
lea sp, [0482]          ;使堆栈指针 SP 为 482
```

（2）将地址指针装到 DS（或 ES）和另一个寄存器的指令 LDS/LES

将连续 4 个字节存储单元中的内容送到两个目的寄存器，其中高位的 2 个字节传送给 DS 或 ES，而低位的 2 个字节作为偏移地址传送给指令中 16 位专用寄存器。指令格式为：

```
lds/les reg, mem        ;将主存单元的内容传送到 ds/es 和 16 位通用寄存器
```

例如，在 2130H～2133H 这 4 个单元中存放着一个地址，其中 2130H 和 2131 中为地址的偏

移量，2132H 和 2133H 中为地址的段基值，执行指令：

```
lds di, [2130h]
```

使 2130H 和 2131H 中的偏移量送到 DI，2132H 和 2133H 中的段基值送到 DS。

指令中指定的寄存器不能使用段寄存器，且源操作数必须使用存储器寻址方式。

### 2. 标志位传送指令

这是一类专门用于对标志寄存器进行操作的数据传送指令。

（1）读取标志指令 LAHF

读取标志指令 LAHF 被执行时，将标志寄存器中的低 8 位传送到 AH 中，如图 4-8 所示。

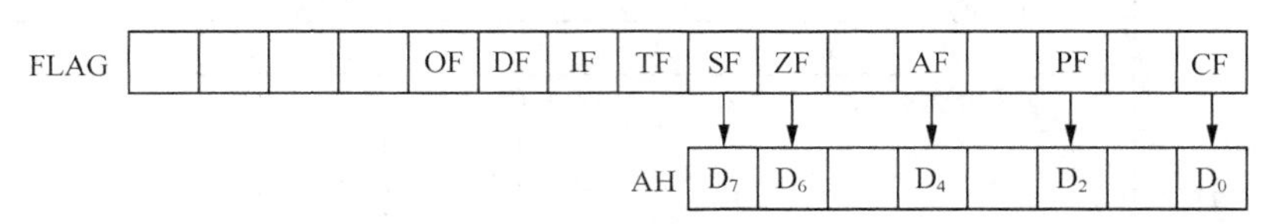


图 4-8　LAHF 指令的功能

（2）设置标志指令 SAHF

设置标志指令 SAHF 被执行时，将 AH 寄存器的相应位传送到标志寄存器的低 8 位。用图表示，就是将图 4-8 中的 5 个箭头方向反过来。

（3）对标志寄存器的压入堆栈指令和弹出堆栈指令

PUSHF 指令将标志寄存器的值压入堆栈顶部，同时，栈顶指针 SP 的值减 2。此指令在执行时标志寄存器的值不变。POPF 指令的功能正好相反，此指令在执行时从堆栈中弹出一个字送到标志寄存器中，同时栈顶指针 SP 的值加 2。

PUSHF 和 POPF 指令一般用在子程序和中断处理程序的首尾，起保存主程序标志和恢复主程序标志的作用。其中 SAHF 和 POPF 将直接影响标志寄存器的内容。利用这一特性，可以非常方便地改变标志寄存器中指定位的状态。

### 3. 输入/输出数据传送指令

输入/输出指令用来完成 AX/AL 寄存器与 I/O 端口之间的数据传送功能，这里输入/输出端口地址的寻址方式有直接寻址和 DX 寄存器间接寻址两种。8086 微处理器采用独立编址的 I/O 端口，可有 64K 个字节端口。

输入指令允许把一个字节或一个字数据由指令指定的输入端口传送到 AL 或 AX，输入指令的格式如下：

```
in al, port      ;将端口 port 字节内容读入 al,其中 port 为 8 位的端口地址号（00H～FFH）
in ax, port      ;将端口 port+1 和端口 port 内容读入 ax,低位端口内容读入到 al,高位读入 ah
in al, dx        ;从寄存器 dx 所指的端口中读取一个字节到 al
in ax, dx        ;从端口 dx+1 和端口 dx 读取一个字,低位端口的值到 AL,高位端口中的值到 AH
```

输出指令把预先存放在 AL 中的一个字节数据或 AX 中的一个字数据传送到指令指定的输出端口，输出指令的格式如下：

```
out port, al     ;将 al 内容中的一个字节输出到端口 port
out port, ax     ;将 ax 内容输出到端口 port+1 和端口 port,al 中的值输出到低位,ah 的值到高位
out dx, al       ;将 al 中的字节输出到 dx 所指的端口
```

```
out dx, ax          ;将 ax 内容输出到 dx+1 和 dx 所指的端口
```

输入/输出指令只能在累加器 AL/AX 与 I/O 端口之间进行数据传送，而不能使用其他寄存器代替。在 IBM PC 中，所有 I/O 端口与 CPU 之间的数据传送都是由 IN 和 OUT 指令来完成的。当端口地址号<256 时（00H ~ FFH），可采用直接寻址方式，在指令中指定端口地址；而当端口地址≥256 时，则应采用间接寻址方式，预先把端口地址放到 DX 寄存器中，然后再用 IN 或 OUT 指令实现输入/输出操作。因 DX 为 16 位寄存器，故端口号范围是 0000 ~ FFFFH，这类似于存储器间接寻址，但不同的是，间接寻址端口的寄存器只能使用 DX，而且 16 位的端口地址必须预置在 DX 中。例如：

```
mov dx, 1000h       ;将端口号 1000h 放入 dx
out dx, ax          ;将 ax 中的 16 位数据输出到(dx), (dx+1)所指的 1000h 和 1001h 两个端口中
```

在汇编语言程序中，直接端口地址可用两位十六进制数值表示，但不能理解为立即数。

# 4.4　运算类指令

运算类指令包括算术运算类指令、逻辑运算类指令和移位指令，这些指令在执行过程中会对标志寄存器中的状态标志位产生影响，如加减运算，在得到运算结果的同时，有进位或借位、溢出等。

## 4.4.1　算术运算指令

进行加、减、乘、除四则运算的指令是最基本的算数运算指令。

**1. 加法指令**

加法运算类指令包括 ADD、ADC 和 INC。这些指令在运行后除了 INC 不影响进位标志 CF 外，对全部的状态标志位都会产生影响。

（1）不带进位位的加法指令 ADD

ADD 指令用来实现两个数相加，一个加数放在源操作数的位置，另一个加数位于目的操作数，ADD 指令完成后，相加的结果放在原来存放目的操作数的地方，指令的格式为：

```
ADD  dest, src          ;加法运算，dest+src 结果在 dest
```

它支持寄存器与立即数、寄存器、存储单元之间，以及存储单元与立即数之间的加法运算，按照定义影响状态标志位。例如：

```
mov ax, 1234h           ;ax=1234h
add al, 50h             ;ax=1284h,cf=0,of=0,sf=1,zf=0,pf=1
add ax, 1fffh           ;ax=3283h,cf=0,of=0,sf=0,zf=0,pf=0
add ax, 8000h           ;ax=b283h,cf=0,of=0,sf=1,zf=0,pf=0
```

（2）带进位位的加法指令 ADC

ADC 指令在形式上和功能上都和 ADD 指令类似，只有一点区别，就是 ADC 指令被执行时，将进位标志 CF 的值加在和中。例如：

```
adc ax,si               ;将 ax+si+cf 的值相加,结果放在 ax 中
adc dx,[si]             ;si 和 si+1 所指的存储单元内容和 dx 的内容以及 cf 的值相加,结果放在 dx 中
```

ADC 指令主要用于与 ADD 指令相结合实现多精度数的加法。

（3）增量指令 INC

INC 指令只有一个操作数，指令在执行时，将操作数的内容加 1，再送回该操作数。操作数是寄存器或存储单元，格式如下：

```
INC reg/mem          ;reg/mem 加 1 传回 reg/mem
```

这条指令一般用在循环程序中修改指针和统计循环次数，它影响除进位标志 CF 以外的其他状态标志。例如：

```
inc al               ;将 al 的内容加 1
inc cx               ;将 cx 的内容加 1
inc byte ptr[bx+di+500]    ;将 bx+di+500 所指的字节存储单元的内容加 1
```

**2. 减法指令**

减法指令包括 SUB、SBB、DEC、NEG 和 CMP 指令，除了 DEC 不影响进位标志 CF 外，其他按定义影响到全部状态标志位。

（1）不带借位的减法指令 SUB

SUB 指令将目的操作数减去源操作数，结果存入目的操作数，源操作数中的内容不变，指令格式为：

```
SUB dest, src            ;dest 减去 src，结果放在 dest 中
```

SUB 指令的状态标志受影响的情况以及对操作数的要求与加法指令相同。例如：

```
mov ax, 5678h            ;ax=5678h
sub al, 50h              ;ax=5628h,cf=0,of=0,sf=0,zf=0,pf=1
sub ax, 1fffh            ;ax=3629h,cf=0,of=0,sf=0,zf=0,pf=0
sub ax, 0f000h           ;ax=4629h,cf=1,of=0,sf=0,zf=0,pf=0
```

（2）带借位的减法指令 SBB

SBB 指令在形式上和功能上都和 SUB 指令类似，只是 SBB 指令在执行减法运算时，还要减去 CF 的值。在减法运算中，CF 的值就是两数相减时，向高位产生的借位，所以，SBB 在执行减法运算时，是用被减数减去减数，并减去低位字节相减时产生的借位。SBB 指令按照定义会影响到全部状态标志。

和带进位位的加法指令类似，SBB 主要用在与 SUB 相结合实现多精度数的减法运算中。多于 16 位数据的减法需要先将两个操作数的低 16 位相减（使用 SUB 指令），然后再减高位部分，并从高位减去借位（使用 SBB 指令）。

（3）减量指令 DEC

DEC 指令只有 1 个操作数，执行时，将目的操作数的值减 1，再将结果送回该操作数。除进位标志 CF 不受影响外，其他状态标志位都会受影响。指令的格式为：

```
DEC  reg/mem         ;reg/mem 减 1 传回 reg/mem
```

（4）取补指令 NEG

NEG 指令是单操作数指令，用来对指令中给出的操作数取补码，即用 0 减去此操作数，结果将送回该操作数。指令格式为：

```
NEG  reg/mem         ;0 减 reg/mem,结果送回 reg/mem
```

NEG 指令对标志的影响与用零作减法的 SUB 指令一样，可用于求补码或由补码求其绝对值。例如：

```
mov ax, 0ff64h
neg al               ;ax=ff9ch,of=0,sf=1,zf=0,pf=1,cf=1
```

```
sub al, 9dh        ;ax=ffffh,of=0,sf=1,zf=0,pf=1,cf=1
neg ax             ;ax=0001h,of=0,sf=0,zf=0,pf=0,cf=1
dec al             ;ax=0000h,of=0,sf=0,zf=1,pf=1,cf=1
neg ax             ;ax=0000h,of=0,sf=0,zf=1,pf=1,cf=0
```

（5）比较指令 CMP

CMP 指令也是执行两个数的相减操作（目的操作数减去源操作数），但不送回相减的结果，两个操作数保持原值不变，只是使结果影响标志位，其余同 SUB 指令。指令格式为：

```
CMP dest, src      ;dest 减去 src,结果不返回 dest
```

CMP 指令按照减法结果影响状态标志，根据标志状态可以获知两个操作数的大小关系。一般情况，CMP 指令后面经常会有一条条件转移指令，用来检查标志位的状态是否满足了某种关系，从而决定是否转移，CMP 指令对标志位的影响如表 4-3 所示。

表 4-3　CMP 指令执行后标志位的状态

| | 目的操作数与源操作数的关系 | CF | ZF | SF | OF |
|---|---|---|---|---|---|
| 带符号位的操作数 | 目的操作数 等于 源操作数 | 0 | 1 | 0 | 0 |
| | 目的操作数 小于 源操作数 | - | 0 | 1 | 0 |
| | 目的操作数 小于 源操作数 | - | 0 | 0 | 1(太小了) |
| | 目的操作数 大于 源操作数 | - | 0 | 0 | 0 |
| | 目的操作数 大于 源操作数 | - | 0 | 1 | 1(太大了) |
| 不带符号位的操作数 | 目的操作数 等于 源操作数 | 0 | 1 | 0 | 0 |
| | 目的操作数 低于 源操作数 | 1 | 0 | - | - |
| | 目的操作数 高于 源操作数 | 0 | 0 | - | - |

## 3. 乘法指令

乘法运算是双操作数运算，但是基本的乘法运算在指令中只指定一个源操作数 src，另一个目的操作数是隐含规定的，乘法运算规则如图 4-9 所示。指令给出的操作数可以是寄存器操作数或存储器操作数，而隐含的为 AL 或 AX。若源操作数 src 是 8 位，则 AL 与 src 相乘，其结果 16 位数存入 AX；若源操作数 src 是 16 位，则 AX 与 src 相乘，其结果为 32 位数，高 16 位存入 DX，低 16 位存入 AX。

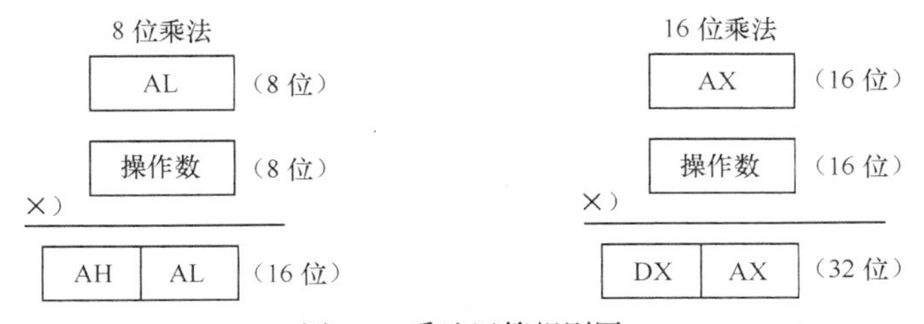

图 4-9　乘法运算规则图

乘法指令分为无符号数的乘法指令 MUL 和带符号数的乘法指令 IMUL。同一个二进制编码代表无符号数和有符号数时，真值的大小却是不同的。例如，（AL）=0B4H，（BL）=11H，执行指令 MUL BL 后，（AX）= 0BF4H，即十进制数 3060；而执行指令 IMUL BL 后，（AX）=0FAF4H，即十进制数–1292。这是因为（AL）=0B4H 的无符号数和有符号数分别为十进制数 180 和–76，（BL）=11H 的无符号数和有符号数均为十进制数 17。可见，执行 MUL 和 IMUL 指令时，虽然操作数的代码一样，但产生的结果是不同的。注意，加减指令只进行无符号数运算，程序员利用 CF 和 OF 区别结果。

基本的乘法指令对标志位的影响为：若乘积的高一半是低一半的符号位扩展，说明高一半不含有效数值，则 OF=CF=0；否则均为 1，表示乘积高一半有效。但是，乘法指令对其他状态标志位没有定义，标志位也就是任意的，不可预测。

**4. 除法指令**

除法指令也是双操作数，指令中给出源操作数 src，隐含使用目的操作数，如图 4-10 所示。其中的操作数规定与乘法指令相同。在除法运算中，如果除数是 8 位的，则要求被除数是 16 位的；如果除数是 16 位的，则要求被除数是 32 位的。如果被除数的位数不够。则应在进行除法运算以前，预先将被除数扩展到所需要的位数。对于带符号数，这种扩展应该保持被扩展数的值（包括符号位）不变，因此应该是带符号位的扩展。例如，0111 0000B 应扩展成 0000 0000 0111 0000B，1111 0000B 应扩展成 1111 1111 1111 0000B。

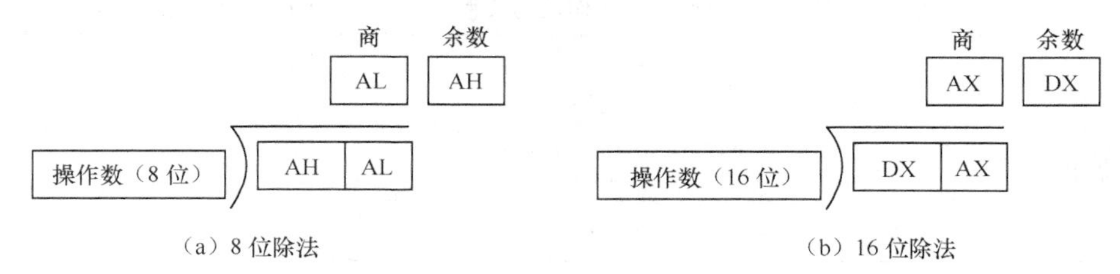


图 4-10　除法运算规则图

除法指令也分成无符号数的除法指令 DIV 和带符号数的除法指令 IDIV。带符号除法，余数的符号始终与被除数相同。与乘法指令类似，对同一个二进制编码，分别采用 DIV 和 IDIV 指令后，商和余数也会不同。

除法指令使状态标志没有定义，但是却可能产生除法溢出。对 DIV 指令，除数为 0，或者在字节除时商超过 8 位，在字除时商超过 16 位，则发生除法溢出。对 IDIV 指令，除数为 0，或者在字节除时商不在−128 ~ 127 范围内，在字除时商不在−32 768 ~ 32 767 范围内，则发生除法溢出。

**5. 符号扩展指令**

CBW 和 CWD 是两条符号扩展指令，其中 CBW 是将 AL 中数的符号扩展到 AH 寄存器中，而 CWD 是将 AX 中数的符号扩展到 DX 寄存器中。

这两条指令是为了解决不同长度的数据进行算术运算而设计的。不过，位数扩展后数据大小不能因此改变。对于无符号数据，只要在前面加 0 就实现了位数扩展，大小不变，这就是零位扩展；对于带符号数，这种扩展应该保持被扩展数的值（包括符号位）不变，因此应该是带符号位的扩展。

## 4.4.2　逻辑运算指令

计算机中处理数据的基本形式是二进制，在指令系统中设计有以二进制位为基本单位进行数据操作的逻辑指令。逻辑运算指令包括逻辑与指令 AND、逻辑或指令 OR、逻辑非指令 NOT、逻辑异或指令 XOR 和测试指令 TEST。

**1. 逻辑与指令 AND**

逻辑与指令 AND 将两个操作数按位进行逻辑与的运算，结果返回目的操作数，源操作数保持不变。指令格式如下：

```
AND dest, src          ;dest∧src结果传给dest（∧为与运算符）
```

AND 指令中源操作数可以是寄存器、存储器单元或立即数，目的操作数可以是寄存器或存储单元，但两个操作数不能同时为存储单元。它设置 CF=OF=0，根据结果按定义影响 SF、ZF 和 PF。例如：

```
and ax, 1000h          ;ax中的16位数和1000h相与,结果在ax中
and ax, bx             ;ax和bx中的数相与,结果在ax中
and dx, [bx+si]        ;dx和相邻两个存储单元bx+si和bx+si+1的内容相与,结果在dx中
```

在程序设计中，一般用 AND 指令对一个数据的指定位清 0。欲清除的位同“0”相“与”，欲保留的位同“1”相“与”，自身相与其值不变，但 CF 清零。例如，AND AL，0FH 指令就实现将高 4 位清 0，低 4 位被保留。

### 2. 逻辑或指令 OR

逻辑或指令 OR 将两个操作数按位进行逻辑或的运算，结果返回目的操作数，源操作数保持不变。指令格式如下：

```
OR dest, src           ;dest∨src结果传给dest（∨为或运算符）
```

OR 指令中源操作数可以是寄存器、存储单元或立即数，目的操作数可以是寄存器或存储单元，但两个操作数不能同时为存储单元。它设置 CF=OF=0，根据结果按定义影响 SF、ZF 和 PF。例如：

```
or al, 30h             ;al和30h相或,结果在al中
or ax, 00f0h           ;ax和00f0h相或,结果在ax中
```

OR 指令常常用来对一些数的指定位置 1 或进行数的组合。同“0”相“或”，其值不变，同“1”相“或”，则置 1；自身相“或”其值不变，但 CF 清零。例如，指令 OR AL，02H 实现对累加器中的 $D_1$ 位（第 1 位）置 1。

### 3. 逻辑非指令 NOT

逻辑非运算是对一个二进制位进行求反，如原来为 0 的位求反后变为 1，原来为 1 的位求反后变为 0。逻辑非运算也称为逻辑反运算。

逻辑非指令 NOT 是单操作数指令，按位进行逻辑非运算，结果返回目的操作数。指令格式如下：

```
NOT reg/mem            ;reg/mem求反后结果返回到 reg/mem
```

NOT 指令的操作数可以是寄存器或存储单元，它不影响到标志位。例如：

```
not bx                 ;bx内容求反，结果返回bx，若执行前（bx）=0aaah,则执行后（bx）=f555h
not word ptr [1000h]   ;将1000h和1001h两个单元中的内容求反码,再送回这两单元中
```

NOT 指令一般用来将某个数据取成反码，若再加上 1，便可得到补码。

### 4. 逻辑异或指令 XOR

逻辑异或指令 XOR 将两个操作数按位进行逻辑异或的运算，结果返回目的操作数，源操作数保持不变。指令格式如下：

```
XOR dest, src          ;dest⊕src结果传给dest（⊕为异或运算符）
```

XOR 对标志位的影响与 AND 和 OR 指令一样。例如：

```
xor al, 0fh            ;al和0fh相异或,结果在al中
xor ax, ax             ;ax的内容本身进行异或,结果使ax清零
```

XOR 指令可用来将目的操作数中某些位取反或保持不变。同“0”相“异或”，其值不变；同“1”相“异或”，其值取反；自身相“异或”，则清零，且 CF 也清零。XOR 指令常常用在一些程

序的开头使某个寄存器清 0，以配合初始化工作的完成。例如，XOR AX，AX，使累加器清 0。再如：XOR BX，0001H，使 BX 第 0 位的状态被改变。

与直接赋 0 给寄存器不同的是，XOR 指令会置 CF=OF=0，根据结果按定义影响 SF、ZF 和 PF，而前者不会影响到标志位。

#### 5. 测试指令 TEST

TEST 指令和 AND 指令执行同样的操作，但 TEST 指令不送回操作结果，即源操作数和目的操作数在指令执行前和执行后不变，而是仅仅影响标志位。例如：

```
test ax, 8000h          ;如果 ax 的最高位为 1,则 zf=0,否则 zf=1
test al, 01h            ;如果 al 的最低位为 1,则 zf=0,否则 zf=1
```

TEST 指令常用来检测指定位是 1 还是 0，而这个指定位往往对应一个物理量。例如，某一个状态寄存器的最低位反映一种状态，为 1 时，说明状态信号满足要求，于是，就可以先将状态寄存器的内容读到 AL 中，再用 TEST AL，01 指令，此后就可以通过对 ZF 的判断来了解此状态位是否为 1。如果 ZF=1，说明结果为 0，即最低位为 0，条件不满足；如果 ZF=0，说明结果不为 0，即最低位不为 0，而为 1，所以条件满足。一般 TEST 指令后跟有条件转移指令，目的是利用测试条件转向不同的分支。

### 4.4.3 移位指令

这类指令可将寄存器或存储单元的二进制数进行向左或向右的算术移位、逻辑移位或循环移位。在移位过程中，这些指令都把 CF 看成扩展位，用它接受从操作数最左或最右移出的一个二进制位。

#### 1. 非循环移位指令

非循环移位指令分为逻辑移位和算术移位，分别具有左移或右移操作，如图 4-11 所示。

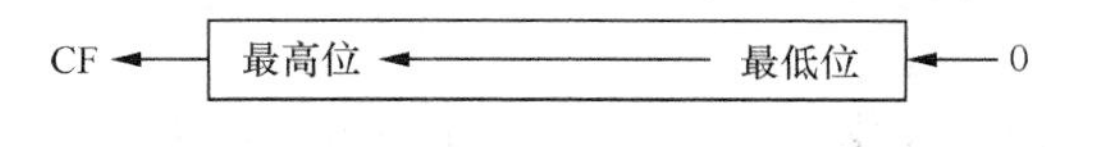


执行前 DX=1110000001110101B
执行的指令 SHL DX，1
执行后 DX=1100000011101010B CF=1，OF=0

（a）逻辑左移指令 SHL 及算术左移指令 SAL

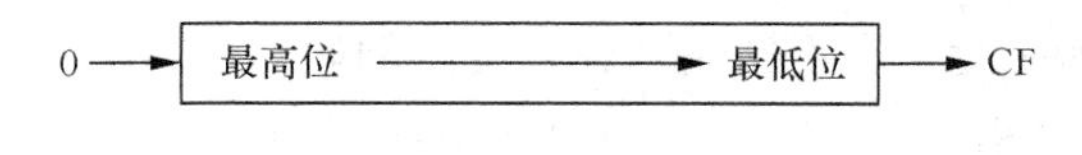


执行前 DX=1100000011101010B
执行的指令 SHR DX，1
执行后 DX=0110000001110101B CF=0，OF=0

（b）逻辑右移指令 SHR

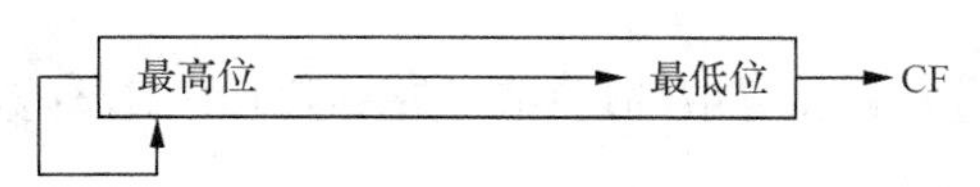


执行前 DX=1110000001110101B
执行的指令 SAR DX，1
执行后 DX=1111000000111010B CF=1，OF=0

（c）算术右移指令 SAR

图 4-11 移位指令的功能示意图

指令格式为：

```
SHL reg/mem, count     ;逻辑左移指令:reg/mem 左移 count 位,最低位补 0,最高位进入 CF
SHR reg/mem,count      ;逻辑右移指令:reg/mem 右移 count 位,最高位补 0,最低位进入 CF
SAL reg/mem, count     ;算术左移指令同 SHL
```

```
SAR reg/mem, count     ;算术右移指令:reg/mem 右移 count 位,最高位不变,最低位进入 CF
```

指令格式规定：目的操作数可以是寄存器或存储单元，后一操作数 count 表示移位位数。在 8086 微处理器中，当移位位数为 1 时，可以直接用 1 作为源操作数指出移动位数；而当移位位数大于 1 时，应该事先在 CL 寄存器中设定，然后把 CL 作为移位指令的源操作数。

所有的移位指令在执行时，都会影响标志位 CF，OF，PF，SF 和 ZF，对 AF 没有定义。如果进行一位移动，则按照操作数的最高符号位是否改变，相应地设置溢出标志 OF：如果移位前的操作数最高位与移位后的操作数最高位不同，则 OF=1，否则 OF=0。当移动次数大于 1 时，OF 不确定。

逻辑移位指令在执行时，实际上是把操作数看成无符号数来进行移位的，而算术移位指令在执行时，则将操作数看成有符号数来进行移位，所以 SAR 和 SHR 的功能不同。SHR 指令在执行时是逻辑右移，最高位添 0；而 SAR 指令在执行时是算数右移，要保持最高位的值不变，这里的最高位就是符号位，右移 1 位完成带符号数除 2 向下取整操作。

SHL 和 SAL 这两条指令的功能完全一样，因为对一个无符号数乘以 2 和对一个有符号数乘以 2 没有什么区别，每移动一位，最低位补 0，最高位进入 CF。在左移位数为 1 的情况下，移位后，如果最高位和 CF 不同，则溢出标志 OF 置 1，这样，对于有符号的数来说，可以由此判断移位后的符号位和移位前的符号位是否相同。

### 2. 循环移位指令

所谓循环是指二进制位从一端移出后进入到另一端，构成一个封闭的环。循环移位指令分为带进位循环移位和不带进位的循环移位，一共包含 4 条指令：不带进位位的循环左移指令 ROL、不带进位位的循环右移指令 ROR、带进位位的循环左移指令 RCL、带进位位的循环右移指令 RCR。循环移位指令的操作数形式与移位指令相同，按指令功能设置进位标志 CF，但不影响 SF、ZF、PF、AF 标志。对 OF 标志的影响，循环移位指令与移位指令一样，当移位计数值为 1 时 OF 才有意义。

从图 4-12 功能示意图上可以看到，ROL 和 ROR 指令在执行时，没有把 CF 套在循环中，而 RCL 和 RCR 指令在执行时，则连同 CF 一起循环移位。

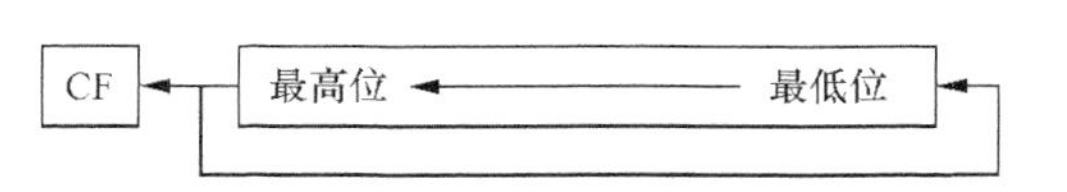


执行前 AL=11100101B
执行的指令 ROL AL，1
执行后 AL=11001011B CF=1，OF=0

（a）左循环移位指令 ROL

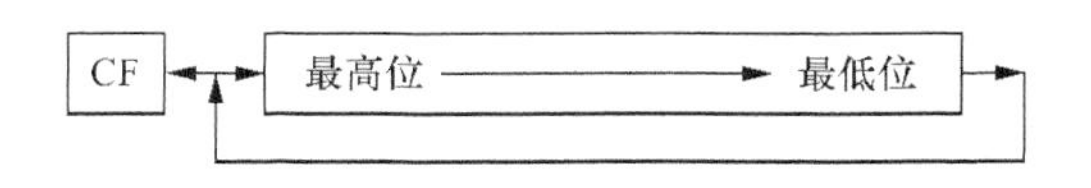


执行前 AL=11100101B，CL=2
执行的指令 ROR AL，CL
执行后 AL=01111001B，CF=0，OF=1

（b）右循环移位指令 ROR

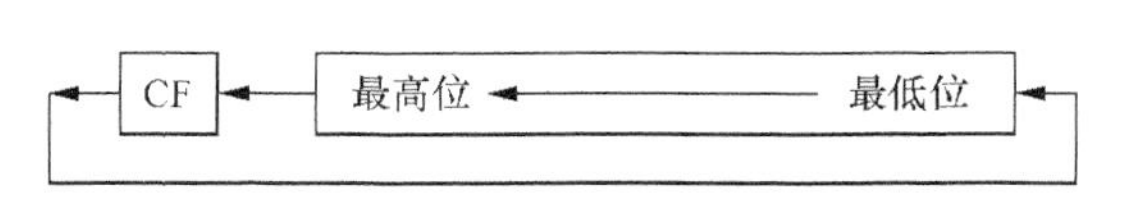


执行前 AL=11100101B，CF=0
执行的指令 RCL AL，1
执行后 AL=11001010B，CF=1，OF=0

（c）带进位左循环移位指令 RCL

执行前 AL=11100101B，CF=0
执行的指令 RCR AL，1
执行后 AL=01110010B，CF=1，OF=1

（d）带进位右循环移位指令 RCR

图 4-12 循环移位指令的功能示意图

这 4 条循环移位指令的操作数可以是寄存器，也可以是存储单元。和非循环移位指令一样，对于 8086/8088 微处理器如果循环移位指令只移动一位，则在指令中直接指出，如果要移动若干位，则必须在 CL 中指定移动位数。

ROL 和 RCL 指令在执行左移一位后，如果操作数的最高位和 CF 不等，则 OF 置 1。因为 CF 是由最高位移入的，而对有符号数来说，最高位即符号位，所以 CF 代表了数据原来的符号。这就是说，如果一个有符号数在左移之后，新的符号位和原来的符号不同了，则会使 OF 为 1，于是，可以根据 OF 的值判断循环左移操作是否造成了溢出。同样，ROR 和 RCR 指令在执行右移一位后，如果使操作数的最高位和次高位不等，则表示移位后的数据符号和原来的符号不同了，此时也会使 OF 为 1。因此，循环移位指令在执行后，标志位 OF 表示数据的符号是否有了改变。

用移位指令时，左移 1 位相当于将操作数乘 2，右移 1 位相当于将操作数除 2。用乘法指令和除法指令来直接执行乘除运算，一般所需要的时间比较长。如果用移位指令来编制一些常用的乘除法程序，由于移位指令速度快，所以常常可以将计算速度提高五六倍之多。

移位指令在汇编语言程序设计中有广泛的应用，如编码之间的相互转换、对二进制数进行 2 的方幂运算、对多字节或字数据进行移位、对二进制数的某些位进行分离等。

# 4.5 其他指令

## 4.5.1 串操作指令

在实际应用中，对于多个存放在连续主存单元中的数据即字符串的处理，如果一个一个来操作，会影响到微处理器的运行效率。串操作指令是一套专门用来对数据串（数组）进行操作的指令，使对大量数据的操作简化，且提高程序执行的速度。串操作指令一般包括字符串传送、字符串比较、字符串搜索、字符串读取、字符串存储等指令。

### 1. 串操作指令的特点

为了能够实现串操作，在程序设计时应掌握以下几个要点。

① 所有的串操作指令的源操作数都用寄存器 SI 进行间接寻址，默认在数据段 DS 中，允许段超越（DS:[SI]）；目的操作数都用寄存器 DI 进行间接寻址，默认在附加段 ES 中，不允许段超越（ES:[DI]）。串操作指令是唯一的一组源操作数和目的操作数都在存储器的指令。

② 执行串操作时，源操作数的指针 SI 和目的操作数的指针 DI 将自动修改。以字节为单位的数据串（指令助记符用 B 结尾），地址指针的修改应为 ±1；以字为单位的数据串（指令助记符用 W 结尾），地址指针的修改应为 ± 2 。

③ 串操作中地址修改的方向是以方向标志 DF 来确定的。当方向标志 DF=1 时，地址指针作自动减量修改，即−1 或−2；当方向标志 DF=0 时，地址指针作自动增量修改，即+1 或+2。其中对于方向标志的设定可以通过指令 CLD 或 STD 来设置。

④ 在同一个段内实现字符串传送时，应该将数据段基址和附加段基址设置成同一数值，即（DS）=（ES），此时，仍由 SI 和 DI 分别指出源串操作数和目的串操作数的偏移地址。

⑤ 串操作指令通常需要重复进行，所以经常配合指令重复前缀，利用计数寄存器 CX 控制重复执行串操作指令的次数。

### 2. 串操作指令

串操作指令有串传送指令 MOVS、串读取指令 LODS、串存储指令 STOS、串比较指令 CMPS、串扫描指令 SCAS，这些指令可以配合重复前缀，除了串比较指令 CMPS 和串扫描指令 SCAS 外，其他指令对标志位没有影响。

（1）串传送指令 MOVS

串传送指令 MOVS 用来实现将数据段中的一个字节或字数据，传送至附加段的存储单元。在使用 MOVS 指令进行字符串传送时，要注意传送方向。

```
MOVS dest, src     ;串传送
```

MOVSB/MOVSW 是 MOVS 的替代符，由于指令助记符中已确定是字节串、字串传送，因此没有操作数。

```
MOVSB|MOVSW        ;串传送:ES:[DI]←DS:[SI];然后 SI←SI±1/2,DI←DI±1/2
```

通常指令前要加上重复前缀 REP，此时要传送的字符个数在 CX 中，每传送完一个元素，CPU 自动修改 CX 内容（做 CX-1），直到 CX=0 为止，从而完成从存储器到存储器的字符串成块传送。

（2）串读取指令 LODS

串读取指令 LODS 将数据段中的一个字节或字数据读到 AL 或 AX 中。指令执行前必须要把取出的数据在存储器中预先定义（DB 或 DW），并设置 SI 初始值。

```
LODS src           ;串读取
```

同样，LODSB/LODSW 确定了是字节串、字串读取，因此也没有操作数。

```
LODSB|LODSW        ;串读取:AL/AX←DS:[SI],然后 SI←SI±1/2
```

因为目标只是一个累加器，所以 LDOS 指令前加重复前缀是没有意义的。

（3）串存储指令 STOS

串存储指令 STOS 将 AL 或 AX 中的内容存入附加段指向的主存单元中。指令执行前必须要把存放的数据先存入 AL 或 AX 中，并设置 DI 初始值。

```
STOS dest          ;串存储
```

同样，STOSB/STOSW 确定了是字节串、字串存储，因此也没有操作数。

```
STOSB|STOSW        ;串存储:ES:[DI]←AL/AX;然后 DI←DI±1/2
```

如果使用了重复前缀 REP，则可以方便地使主存的某一区域初始为某一数值（以字节或字为单位），即可顺利地完成块的填充。

（4）串比较指令 CMPS

串比较指令 CMPS 是用源串中的一个元素减去目标串中相对应的一个元素，不回送结果，只根据结果特征修改标志，并修改 SI 和 DI 内容使它们指向下一个元素，达到进行两个串中对应元素比较的目的。该指令会对标志位产生影响。

```
CMPS src, dest          ;串比较
CMPSB|CMPSW             ;字节串比较:DS:[SI]—ES:[DI];然后 SI←SI±1/2,DI←DI±1/2
```

该指令目的操作数在后，而源操作数在前。

通常在 CMPS 指令前加重复前缀 REPE/REPZ（相等或等于零重复），用来寻找两个串中的第一对不相同数据，或加重复前缀 REPNE/REPNZ（不相等或不等于零重复），用来寻找两个串中的

第一对相同数据。以 REPE/REPZ 为例，仅当 ZF=1（两数相同）且 CX≠0（元素比较未结束）时，才可继续比较，一旦 ZF=0（两数不相等）或 CX=0（元素比较结束）时，则终止指令的执行。

（5）串扫描指令 SCAS

串扫描指令 SCAS 是用 AL 或 AX 中的内容（关键字）减去目的数据串，用来从目标串中查找某个关键字，不回送结果，只根据比较结果修改标志位，并修改 DI 寄存器内容指向下一个元素，用来从目标串中寻找与关键字相同的字符。该指令会对标志位产生影响。

```
SCAS dest          ;串读取
SCASB|SCASW        ;字节串/字串扫描:AL/AX—ES:[DI];然后 DI←DI±1/2
```

通常在 SCAS 指令前加重复前缀 REPNE/REPNZ，可重复进行在目标串中寻找关键字的操作，一直进行到 ZF=1（找到某关键字）或 CX=0（搜索结束未找到）为止；也可以加 REPE/REPZ，用来从目标串中寻找与关键字不同的字符，操作一直进行到 ZF=0 或 CX=0 为止。

**3. 重复前缀**

字符串操作指令本身只进行一个数据的操作，但在很多情形下需要对一个数据块（数组）进行相同的操作，在汇编程序中是通过在指令前加上重复前缀来实现的。常见的重复前缀如表 4-4 所示。

表 4-4　常见的重复前缀与串操作指令

| 重复前缀类型 | 重复前缀格式（助记符） | 可添加的字符串指令 | 说　明 |
|---|---|---|---|
| 无条件重复 | REP | MOVS、LODS、STOS | CX=0 结束，否则 CX←CX-1 |
| 当相等/为零时重复 | REPE/REPZ | CMPS、SCAS | CX=0 或 ZF=0 退出 |
| 当不等/不为零时重复 | REPNE/REPNZ | CMPS、SCAS | CX=0 或 ZF=1 退出 |

（1）无条件重复前缀 REP

无条件重复前缀 REP 在串操作指令 MOVS、LODS、STOS 前使用（因为 MOVS、LODS、STOS 不影响标志，所以这些指令前只能加 REP 重复前缀），利用 CX 保存数据串长度，当 CX≠0 时，即指令对字符串的操作没有结束，则继续执行。

```
REP            ;每执行一次串指令,CX←CX-1;直到 CX=0,重复执行结束
```

（2）重复前缀 REPE/REPZ

重复前缀 REPE/REPZ 在串操作指令 CMPS、SCAS 前使用，利用 CX 保存数据串长度，同时判断比较是否相等，当 CX≠0 时，即指令对字符串的操作没有结束，并且 ZF=1（串相等），则继续执行比较。

```
REPE/REPZ      ;每执行一次串指令,CX←CX-1;只要 CX=0 或 ZF=0,重复执行结束
```

（3）重复前缀 REPNE/REPNZ

重复前缀 REPNE/REPNZ 也在串操作指令 CMPS、SCAS 前使用，利用 CX 保存数据串长度，同时判断比较是否不相等，当 CX≠0 时，即指令对字符串的操作没有结束，并且 ZF=0（串不相等），则继续执行比较。

```
REPNE/REPNZ    ;每执行一次串指令,CX←CX-1;只要 CX=0 或 ZF=1,重复执行结束
```

重复执行结束的条件是“或”的关系，只要满足条件之一就可以。所以指令执行完成，可能数据串还没有比较完，也可能数据串已经比较完。条件重复前缀先判断 CX 是否为 0，为 0 就结束；否则，还要判断 ZF 标志是否符合继续循环的条件。

### 4.5.2　转移及调用指令

转移类指令用于控制程序的流向。指令的执行顺序是由代码段寄存器 CS 和指令指针寄存器 IP 的内容来确定的，CS 和 IP 结合起来给出下一条指令在存储器中的位置。程序转移的范围有段内和段间两种。如果转移的目标地址在当前代码段内，这时指令只修改 IP，就称为段内转移；如果转移的目标地址在其他代码段内，这时指令需要同时修改 IP 和 CS 的内容，以改变程序的正常执行顺序，使程序转移到新的目标地址去继续执行，就称为段间转移。

段内转移也被称为近转移（NEAR），多数的程序转移都是在同一代码段中，大多数的转移范围实际上很短，如果可以用一个字节编码表达，即–128 ~ +127 字节之间则称为短转移（SHORT）；段间转移也被称为远转移（FAR），16 位段中，目标逻辑地址包含 16 位段地址和 16 位偏移地址，即 32 位远转移地址。

转移类指令包括根据对条件的判断改变程序执行顺序的转移指令（条件转移指令），也有无条件转移到指定地址的转移指令（无条件转移指令），还有调用/返回指令、循环控制指令和中断指令。除中断指令外，其他转移指令都不影响状态标志位。

转移类指令中关于转移地址的寻址与前面所讲述的与数据有关的寻址不同，这里的指令转移地址的寻址方式是指通过地址读取转移目标地址（或目的地址或转移地址）的方法。

无论是段内转移还是段间转移，都还有直接和间接转移之分。

① 相对寻址方式：指令代码提供目标地址相对于当前指令指针 IP 的位移量，转移到的目标地址（转移后的 IP 值）就是当前 IP 值加上位移量。相对寻址都是段内转移。

② 直接寻址方式：直接寻址是指令代码直接提供目标地址，也就是转移后的 CS 和 IP 直接来自指令操作码后的操作数。8086 处理器只支持段间的目标地址直接寻址。

③ 间接寻址方式：间接寻址是指令代码指示寄存器或存储单元，目标地址来自寄存器或存储单元、间接获得。当通过寄存器间接转移时，因为寄存器只能是 16 位的，所以只能完成段内间接转移。

#### 1. 无条件转移指令 JMP

无条件转移就是没有任何先决条件就能使程序改变执行顺序，处理器只要执行无条件转移指令 JMP，程序就会转到目标地址所指示的位置开始执行该处的程序指令。JMP 相当于高级语言的 GOTO 语句。

JMP 指令根据目标地址的转移范围和寻址方式，可分为以下 4 种类型。

（1）段内转移、相对寻址

段内相对转移是指利用标号指明目标地址，常被采用。相对寻址的位移量是指紧接着 JMP 指令后的那条指令的偏移地址到目标指令的偏移地址的地址位移。当向地址增大方向转移时，位移量为正；当向地址减小方向转移时，位移量为负（补码表示）。段寄存器 CS 内容不变，而 IP 改变。

（2）段内转移、间接寻址

段内间接转移是指将一个 16 位通用寄存器或主存单元内容送入 IP 寄存器，作为新的指令指针，即偏移地址，但 CS 内容依然不变。

（3）段间转移、直接寻址

段间直接转移是将标号所在段的段地址作为新的 CS 值，标号在该段内的偏移地址作为新的 IP 值。这样，程序跳转到新的代码执行。

（4）段间转移、间接寻址

段间间接转移用存储一个双字的 4 个连续的存储单元表示要跳转的目标地址，采用低 16 位送 IP 寄存器，高 16 位送 CS 寄存器。

汇编程序会根据存储模式和目标地址等信息自动识别是段内还是段间转移，也能够根据位移量大小自动形成短转移或近转移指令。按不同的寻址方法，可分为以下 6 种指令形式：

```
JMP  SHORT DST          ;段内直接短转移,-128～+127 字节范围内相对转移,DST 为标号
JMP  NEAR PTR DST       ;段内直接近转移,±32KB 范围相对转移,DST 为标号
JMP  DST                ;段内间接转移,64KB 范围绝对转移,DST 为寄存器
JMP  WORD PTR DST       ;段内间接转移,64KB 范围绝对转移,DST 为存储单元
JMP  FAR PTR DST        ;段间间接转移,段外绝对转移,DST 为标号
JMP  DWORD PTR DST      ;段间间接转移,段外绝对转移,DST 为存储单元
```

## 2. 条件转移指令 Jxx

条件转移指令 Jxx 根据指定的条件 xx 确定程序是否发生转移。如果满足条件 xx，则程序转移到目标地址去执行程序；不满足条件 xx，则程序将顺序执行下一条指令。其通用格式为：

```
Jxx label               ;条件满足，发生转移；否则，顺序执行
```

这里 xx 表示判断的条件，label 表示目标地址，所有条件转移指令都采用相对转移方式，对标志位无影响。8086 这类指令都是短转移（转移距离为–128～+127）。

条件转移指令利用标志位实现转移，各种条件转移指令所需测试的标志如表 4-5 所示。根据判断的条件可以将条件转移指令分为两类，前 10 个为一类，它们将 5 个常用状态标志作为条件；后 8 个分别将两个无符号数和带符号数的四种关系作为条件。

表 4-5　条件转移指令中的条件 xx

| 助 记 符 | 标 志 位 | 英文含义 | 中文说明 |
|---|---|---|---|
| JZ/JE | ZF=1 | Jump if Zero / Equal | 等于零/相等 |
| JNZ/JNE | ZF=0 | Jump if Not Zero / Not Equal | 不等于零/不相等 |
| JS | SF=1 | Jump if Sign | 符号为负 |
| JNS | SF=0 | Jump if Not Sign | 符号为正 |
| JP/JPE | PF=1 | Jump if Parity/Parity Even | “1”的个数为偶 |
| JNP/JPO | PF=0 | Jump if Not Parity/Parity Odd | “1”的个数为奇 |
| JO | OF=1 | Jump if Overflow | 溢出 |
| JNO | OF=0 | Jump if Not Overflow | 无溢出 |
| JC/JB/JNAE | CF=1 | Jump if Carry / Below / Not Above or Equal | 进位/低于/不高于等于 |
| JNC/JNB/JAE | CF=0 | Jump if Not Carry / Not Below / Above or Equal | 无进位/不低于/高于等于 |
| JBE/JNA | CF=1 或 ZF=1 | Jump if Below / Not Above | 低于等于/不高于 |
| JNBE/JA | CF=0 且 ZF=0 | Jump if Not Below or Equal / Above | 不低于等于/高于 |
| JL/JNGE | SF≠OF | Jump if Less / Not Greater or Equal | 小于/不大于等于 |
| JNL/JGE | SF=OF | Jump if Not Less / Greater or Equal | 不小于/大于等于 |
| JLE/JNG | ZF≠OF 或 ZF=1 | Jump if Less or Equal / Not Greater | 小于等于/不大于 |
| JNLE/JG | SF=OF 且 ZF=0 | Jump if Not Less or Equal / Greater | 不小于等于/大于 |

例如：

（1）单个标志作为条件的条件转移指令

这些指令一般适用于根据运算后某个标志的状态产生程序分支，以便转向不同的处理程序。

① JZ/JE 和 JNZ/JNE 利用零标志位 ZF，判断运算结果是零（相等）还是非零（不等）。

② JS 和 JNS 利用符号标志 SF，判断运算结果是负还是正。

③ JO 和 JNO 利用溢出标志 OF，判断运算结果是溢出还是没有溢出。

④ JP/JPE 和 JNP/JPO 利用奇偶标志 PF，判断运算结果低字节中“1”的个数是偶数个还是奇数个。

⑤ JC/JB/JNAE 和 JNC/JNB/JAE 利用进位标志 CF，判断运算结果是有进位（为 1）还是无进位（为 0）。

例如：

```
        mov ah,1
        int 21h         ;输入一个字符
        xor ah,ah       ;用 ah 寄存器记录字符中含 1 的个数,故先清 0
        mov cx,8        ;ASCII 码有 8 位,进行 8 次循环判断
again:  shl al,1        ;从高位开始
        jnc next        ;不为 1,无需处理
        inc ah          ;为 1,个数加 1
next:   loop again
```

对于从键盘输入的字符统计其 ASCII 码中含有“1”的个数，可以指定顺序（从高位到低位或从低位到高位）逐个判断，是 1 就将统计个数加 1。数据的位数决定了判断和计数操作的次数，所以用逻辑移位指令将要判断的位移入进位标志 CF，通过 JNC 或 JC 指令判断该位为 0 还是为 1，这样就可以对所有的位进行判断和计数了。当然考虑到一些特殊情形，如数据是 0 的情形，就不用再进行统计了，循环将提前结束。

（2）两个数的大小关系作为条件的条件转移指令

两个数大小关系的比较分成两个无符号数大小关系的比较和两个带符号数大小关系的比较，它们根据不同标志位的组合而发生转移，故条件转移指令可进一步分为两组。

两个无符号数的大小关系需要利用所产生的状态标志 CF 确定大小，ZF 确定是否相等。为了与带符号数区别，无符号数的大小关系用高（Above）和低（Low）来表示。两个无符号数的大小就分成：低于（不高于等于）、不低于（高于等于）、低于等于（不高于）和不低于等于（高于），依次对应 4 对 8 条指令：JB（JNAE）、JNB（JAE）、JBE（JNA）、JNBE（JA）。

两个带符号数的大小关系需要利用所产生的状态标志 OF、SF 组合，并利用 ZF 确定是否相等。带符号数的大小关系用大（Greater）和小（Less）来表示。两个带符号数的大小也分成：小于（不大于等于）、不小于（大于或等于）、小于等于（不大于）和不小于等于（大于），也依次对应 4 对 8 条指令：JL（JNGE）、JNL（JGE）、JLE（JNG）、JNLE（JG）。

不论无符号数还是带符号数，测定两个数是否有相等的关系，这时均可以使用 JE/JZ 或 JNE/JNZ 指令。如果相等的两个数据相减，结果当然为 0，所以 JE 就是 JZ 指令；不相等的两个数相减，结果一定不为 0，同样 JNE 就是 JNZ 指令。

例如，比较两个数的大小程序，如果两个数相等，则在 dx 中存 0；如果不等，当 ax 大则在 dx 中存 1，否则在 dx 存 2。

程序如下：

```
     mov ax,5678h
     mov bx,1234h
     cmp ax, bx          ;与第二个数据比较
     je equal            ;两数相等,转移到标号为equal
     jnb first           ;ax大,则转移到标号为first
     mov dx, 2           ;bx大
     jmp done
first:   mov dx, 1
     jmp done
equal:mov dx,0
done:mov ah,9            ;显示结果
     int 21h
```

程序中将数据作为无符号数比较，所以使用无符号数的条件转移指令 JNB；如果将其作为带符号数，就要使用 JNL 指令，自然程序的运行结果也不相同。由此可见，使用中应注意比较的两个数是有符号数还是无符号数，否则将会产生不希望的运行结果。

**3. 调用和返回指令**

为了便于模块化程序设计，往往把程序中某些具有独立功能的部分编成独立的程序模块，称为子程序。子程序通常是与主程序分开的，当主程序（调用程序）要执行某个子程序的功能时，就调用该子程序（被调用程序），这样程序就转移到这个子程序开始的位置进行执行，并且执行子程序完毕后，再返回调用它的主程序继续原来程序的执行。为实现这一功能，8086 微处理器提供了两条指令：主程序执行子程序调用指令 CALL 和子程序执行完成后子程序返回指令 RET。

（1）子程序调用指令 CALL

CALL 指令用在主程序中，实现子程序的调用，指令给出转向过程或子程序的目标地址。类似于 JMP 指令，子程序调用指令 CALL 分为段内调用（近调用）和段间调用（远调用）；同时 CALL 指令的目标地址也可以采用相对寻址、直接寻址或间接寻址。子程序执行完要返回主程序，所以 CALL 指令不仅要同 JMP 指令一样改变 IP 和 CS 以实现转移，而且还要保留主程序中下一条要执行指令的地址，以便返回时重新获取它。这样就需要使用堆栈的方式，在离开主程序时保存 IP 和 CS 的值（入栈），而返回主程序时获取 IP 和 CS 的值（出栈）。

CALL 指令有 3 种表达形式：

```
CALL label    ;入栈返回地址（CALL下一条指令地址入栈），调用标号指定的子程序
CALL reg      ;入栈返回地址,调用寄存器指定地址的子程序
CALL mem      ;入栈返回地址,调用存储单元指定地址的子程序
```

由于段地址 CS 和偏移地址 IP 都是 16 位，段内调用只入栈 16 位偏移地址，段间调用需要入栈 16 位偏移地址和 16 位段地址。

（2）子程序返回指令 RET

该指令通常放在子程序的末尾，使子程序执行完毕后能够返回主程序继续执行原来的程序。为此，执行该指令后应该把返回地址出栈送 IP 寄存器（段内或段间调用）和 CS 寄存器（仅段间调用）。

RET 指令的书写格式：

```
RET           ;无参数返回,出栈返回地址
RET i16       ;有参数返回,出栈返回地址,SP←SP+i16
```

返回指令可以带有一个 16 位立即数，则堆栈指针 SP 将增加，这样可以使得程序方便地废除若干执行 CALL 指令以前入栈的参数。在 16 位段中，段内返回只需出栈 16 位偏移地址，段间返回出栈 16 位偏移地址和 16 位段地址。

## 4.5.3　控制指令

### 1. 循环控制指令

循环控制指令用来控制程序的重复执行过程。循环控制指令的格式为：

```
LOOP 目标标号                ;CX←CX-1,若 CX≠0,则循环到目标标号处;否则顺序执行
LOOPE/LOOPZ 目标标号         ;CX-1≠0 且 ZF=1,则循环到目标标号处;否则顺序执行
LOOPNE/LOOPNZ 目标标号       ;CX-1≠0 且 ZF=0,则循环到目标标号处;否则顺序执行
JCXZ/JECXZ 目标标号          ;CX=0,则转移
```

前 3 条指令以 CX 寄存器作为计数器，在其中预设程序的循环次数，并根据对 CX 内容的测试结果来决定程序是循环至目标标号，还是顺序执行循环控制指令的下一条指令。由此看来，循环控制指令类似于条件转移指令，也是按给定的条件是否满足来决定程序走向的，并且循环控制指令的目标标号也必须在其下一条指令第一字节地址的–128 ~ +127 字节范围之内（短转移）。因此，这也是一种段内直接短转移指令。所有指令对标志位无影响。

循环控制指令的功能如表 4-6 所示。在这些指令中，除 JCXZ 指令外其余指令都是先使寄存器 CX 内容减 1，并判断 CX 的值是否为 0，决定循环还是不循环。

表 4-6　　循环控制指令

| 指令格式 | 指令含义 | 测试条件 | |
|---|---|---|---|
| LOOP 目标标号 | 循环 | CX←CX-1 | CX≠0 |
| LOOPE/LOOPZ 目标标号 | 相等/结果为 0 循环 | CX←CX-1 | ZF=1 且 CX≠0 |
| LOOPNE/LOOPNZ 目标标号 | 不相等/结果不为 0 循环 | CX←CX-1 | ZF=0 且 CX≠0 |
| JCXZ/JECXZ 目标标号 | CX=0 时转移 | CX=0 | |

LOOPE/LOOPZ 和 LOOPNE/LOOPNZ 使用复合的测试条件，即在计数循环的基础上增加 ZF 标志测试，来判定是否进行循环。循环控制指令 LOOP、LOOPE/LOOPZ、LOOPNE/LOOPNZ 之间的差别类似于 REP、REPE/REPZ、REPNE/REPNZ 之间的差别。

JCXZ 指令不影响 CX 的内容，此指令在 CX=0 时控制转移到目标标号，否则顺序执行 JCXZ 的下一条指令。

如果在进入 LOOP 指令时，CX 寄存器已经为 0，则 LOOP 指令执行的是最大限度次数的循环（$2^{16}$ 次）。有时候这是程序员有意设计的，有时候却是不慎发生的，特别是当 CX 的内容是来自某一变量或某一计算结果时。如果希望在进入 LOOP 指令时，当 CX=0，则不进行循环，那就可以在 LOOP 指令前再增加一条 JCXZ 指令。

例如，下面求一个首地址为 array 的字数组中所有元素之和（不考虑溢出），将结果保存在 total 中的程序：

```
        mov cx,lengthof array    ;代码段,将元素个数给 cx
        xor ax,ax                ;求和初值为 0
        mov bx,ax                ;数组指针为 0
again:  add ax,array[bx]         ;当前数组元素加入到结果中
```

```
        add bx, 2                ;数组元素指针指向下一个字元素
        loop again
        mov total, ax
```

### 2. 中断指令

中断有外部中断和内部中断之分。外部中断是指外部设备在需要与 CPU 交换数据时，向 CPU 发出中断请求信号，打断 CPU 当前的工作，要求 CPU 先执行它的服务程序，然后再返回继续工作的一种中断方式。内部中断类似于外部中断的操作，用来改变程序执行的方向，或调用一个内部中断服务子程序。

与中断有关的指令有 3 条：

```
INT i8    ;产生一个由 8 位立即数指定中断号的内部中断,取值范围为 0～255
INTO      ;溢出中断指令,若 OF=1,产生类型号为 4 的中断服务
IRET      ;中断返回指令,弹出栈顶 4 字节断点地址送 CS:IP,恢复标志寄存器
```

中断和过程调用有些类似，两者都是将返回地址先进栈，然后转到某段程序去执行。它们的区别是：过程调用转向称为过程的子程序，中断指令是使控制转向中断服务子程序；过程调用可以是 NEAR 或 FAR 类型，能直接调用或间接调用，中断通常是段间间接转移到中断服务程序。

INT 指令需先保存标志寄存器的标志位和断点地址（CS 和 IP 值）到堆栈，并将单步标志 TF 和中断标志 IF 清零（禁止可屏蔽中断和单步中断），然后转向指定中断号的中断服务子程序。

INTO 实际上是内部中断指令 INT 的特例，其中断号隐含为 4。只有当某运算结果使 OF 置 1（溢出）时才产生中断。

不论什么引起的中断过程（服务程序），最后一条指令必须是 IRET，用以退出中断过程，返回到中断时的断点处。IRET 执行的操作是从堆栈中弹出断点地址和标志寄存器的值，继续被中断程序的执行。

### 3. 处理器控制指令

处理器控制指令用于控制处理器的某些功能，指令中不需要设置地址码，因此又称为无地址指令。这类指令分为标志位操作指令和处理器协调指令。

（1）标志位操作指令

这类指令直接作用于标志寄存器，常见标志位操作指令如表 4-7 所示。

标志位操作指令可以直接改变 CF、DF、IF 标志的值，根据编程需要选择应用。另外，标志寄存器低字节的内容可以用 LAHF 指令传送到 AH 寄存器，或者用 SAHF 指令从 AH 寄存器中获得。标志寄存器低 16 位部分可以用 PUSHF 指令压入堆栈，还可以用 POPF 指令将堆栈顶部一个字量数据弹出到标志寄存器。

表 4-7　　标志位操作指令

| 指令格式（助记符） | 指令功能 |
| --- | --- |
| CLC | 复位进位标志，CF ← 0 |
| STC | 置位进位标志，CF ← 1 |
| CMC | 取反进位标志，原为 1 的变为 0，原为 0 的变为 1 |
| CLD | 复位方向标志，DF ← 0，串操作后地址增大 |
| STD | 置位方向标志，DF ← 1，串操作后地址减小 |
| CLI | 复位中断标志，IF ← 0，禁止可屏蔽中断 |
| STI | 置位中断标志，IF ← 1，允许可屏蔽中断 |

（2）处理器协调指令

空操作 NOP 指令为常用的处理器协调指令，其作用是使 CPU 完成一次空操作，指令指针寄存器加 1 而没有其他任何操作，但占用一个字节代码空间，仅起到地址调整的作用。该指令常用来做延时或代替其他指令作调试之用。NOP 指令不影响任何标志。

此外还有暂停指令 HLT 使处理器处于暂停状态；等待指令 WAIT 使 CPU 进入等待（即空转）状态；封锁指令 LOCK 使微处理器在执行下一条指令期间发出总线封锁（LOCK）信号，在该指令执行过程中禁止其他协处理器使用总线。

# 习 题 四

**一、选择题**

1．下面寄存器使用时（　　）的默认段寄存器为 SS。

A．AX　　B．BX　　C．SP　　D．SI

2．当使用 BP 寄存器作基址寻址时，若无指定段替换，则内定在（　　）段内寻址。

A．程序　　B．堆栈　　C．数据　　D．附加

3．含有立即数的指令中，该立即数被存放在（　　）。

A．累加器中　　B．指令操作码后的内存单元中

C．指令操作码前的内存单元中　　D．由该立即数所指定的内存单元中

4．用段基值及偏移量来指明内存单元地址的方式称为（　　）。

A．有效地址　　B．物理地址　　C．逻辑地址　　D．相对地址

5．寄存器间接寻址方式中，操作数在（　　）中。

A．寄存器　　B．堆栈　　C．存储单元　　D．段寄存器

6．下列指令中，有语法错误的指令是（　　）。

A．MOV　AX,[1000H]　　B．LEA　AL,1000H

C．MOV　[1000H],AL　　D．MOV　[1000H],AX

7．堆栈的工作方式是（　　）。

A．先进先出　　B．随机读写　　C．只能读出不能写入　　D．后进先出

8．8086 中除（　　）两种寻址方式外，其他各种寻址方式的操作数均在存储器中。

A．立即寻址和直接寻址　　B．寄存器寻址和直接寻址

C．立即寻址和寄存器寻址　　D．立即寻址和间接寻址

9．下列指令中，不影响进位的指令是（　　）。

A．ADD AX,BX　　B．MUL BL　　C．INC BX　　D．SUB AL,BH

**二、填空题**

1．设有指令 MOV [BP][SI]，2000H，源操作数为________寻址方式，目的操作数为______寻址方式。

2．ADD AX，BL 指令出错的原因是________；MOV [DI]，[SI]指令出错的原因是________；INC　2030H 指令出错的原因是________；OUT 378H，AL 指令出错的原因是________。

3．设堆栈指针(SP)=6318H，此时若将 AX、BX、CX、DX 依次推入堆栈后，(SP)=________。

4．下面程序段执行后，（AX）=________，（BX）=________。

```
MOV  AX,92H
MOV  BX,10H
ADD  BX,70H
ADC  AX,BX
PUSH  AX
MOV  AX,20H
POP  BX
ADD  AX,BX
```

5．已知 BX=7830H，CF=1，执行指令：ADC BX，87CFH 之后，BX=________，标志位的状态分别为 CF=________，ZF=________，OF=________，SF=________。

6．执行下列指令序列后，完成的功能是将（DX，AX）的值________。

```
        MOV  CX,4
EXT:    SHR  DX,1
        RCR  AX,1
        LOOP  NEXT
```

7．若 AX=5555H，BX=FF00H，试问在下列程序段执行后，AX=________，BX=________和 CF=________。

```
AND  AX,BX
XOR  AX,AX
NOT  BX
```

**三、简述题**

1．试述指令 MOV AX，2010H 和 MOV AX，DS:[2010H]的区别。

2．假如 AL=20H，BL=10H，当执行 CMP AL，BL 后，问：

（1）若 AL、BL 中内容是两个无符号数，比较结果如何？影响哪几个标志位？

（2）若 AL、BL 中内容是两个有符号数，比较结果又如何？影响哪几个标志位？

3．分别指出下列指令中源操作数和目的操作数的寻址方式。

（1）MOV AX,1234H

（2）MOV [SI],AX

（3）MOV [DI],BX

（4）MOV [BX+SI],DX

（5）MOV AX,[10]

（6）MOV DL,ES:[BX+DI]

（7）MOV BX, [BX+SI+2]

4．已有 AX=0E896H，BX=3976H，若执行 ADD BX，AX 指令，则 BX，AX，标志位 CF，OF，ZF 各为何值？

5．假定(AX)= 5678H，不用计算，写出下面每条指令执行后(AX)=?

（1）TEST AX,1

（2）XOR AX,AX

（3）SUB AX,AX

（4）CMP　AX,8765H

6．假定(AX)=1234H，(BX)=5678H，指出下列指令中 ① 哪些指令执行后源操作数和目的操作数都不发生变化？② 哪些指令执行后源操作数和目的操作数都发生变化？③ 哪些指令执行后源操作数不发生变化而目的操作数发生变化？

（1）TEST AX,1234H

（2）AND AX,BX

（3）SUB AX,1234H

（4）CMP AX,1234H

（5）XCHG AX,BX

# 第 5 章 汇编语言程序设计

使用汇编语言设计的程序能直接控制计算机的硬件，可以最大限度地发挥机器的特性，得到高质量的程序。本章以 8086 指令系统为基础，介绍汇编语言指令语句的基本构成和程序设计的基本方法，并简单介绍常用 DOS 功能调用和汇编语言的开发过程。

## 5.1 汇编语言概述

汇编语言程序具有目标代码简短、占用内存少、执行速度快等特点，但它和高级语言有着明显的差别，一般用来编制系统软件和过程控制软件。随着软件技术的发展，汇编语言也应用在大型软件需要提高性能、优化处理的部分。用汇编语言编写的程序并不能直接运行，也需要像高级语言那样经过编译、连接的过程，只是把将汇编源程序翻译成目标程序的过程叫作“汇编”，而不是“编译”。汇编语言的语句格式也和高级语言一样要符合翻译系统的语法规则，只有正确地书写每一条指令语句，汇编程序才能汇编出对应的目标代码。

### 5.1.1 汇编指令的语句格式

汇编语言源程序由汇编语句构成。有两类汇编语言语句：指令性语句和指示性语句。指令性语句经过汇编后产生目标代码，隶属于指令集，可以被 CPU 执行。第 4 章介绍的 8086 指令系统的各种类型的指令都是指令性语句，指令性语句的基本格式在 4.1 节中已做了介绍；指示性语句也叫伪指令，类似于高级语言中的预处理指令。伪指令语句不产生目标代码，它主要用于定义段、子程序、常量、变量及给变量分配存储单元。用户还通过伪指令告诉汇编程序源程序的起始终止、分段情况等信息。所以伪指令语句又称“说明性语句”或“管理语句”。

**1. 伪指令的格式**

伪指令语句的格式如下：

```
[名字] 伪指令助记符 [操作数],[操作数],…    ;[注释]
```

格式中[ ]表示可以任选的部分。

名字：名字可以是符号、常量名、变量名、过程名、段名等，由伪指令决定。伪指令对名字的命名规则与可执行指令中标号的命名规则相同，需要补充的是汇编语言中有特定含义的保留字，如操作码、寄存器名等不能作为名字和标号使用。

标号和变量名字的选用应尽量做到见名知意，如“输入数据”在主存中用 BUFFER 表示，而存放“和”的变量用 SUM 表示，这有助于程序的阅读和理解。

伪指令助记符：伪指令助记符由汇编程序定义，表达一条汇编命令，用于定义程序所需要的数据以及程序和数据在存储器中的位置等信息。随着汇编程序版本的增加，伪指令也在增加，功能也在增强。

操作数：操作数可以是常量、变量、表达式等，也可以有多个，操作数之间用逗号分隔。在汇编语言程序中，伪指令的操作数可以用一条伪指令定义多个数据。

汇编语言数据的表示形式大体上分为两种类型，即常量与变量。用运算符把常量或变量连接起来的式子，称为表达式。表达式也可作为语句中的操作数。

### 2. 常量

常量是汇编语言程序中保持不变的量，它有 3 种形式，即数字常量、字符串常量和符号常量。这些常量可在执行性指令中作为操作数使用，也可以用汇编伪指令在定义变量时为其赋初值。

（1）数字常量

数字常量可用二进制、八进制、十进制、十六进制等多种数制表示，各种进制的数据以后缀字母区分，不分大小写，默认不加后缀字母的是十进制数。

十进制数以字母 D 为后缀，可省略。例如，129、234D 都表示十进制数。二进制数以 B 为后缀，如 10010001B。八进制数以 Q 为后缀，由数字 1～7 组成，如 120Q。十六进制数以 H 为后缀，如 19AFH。

在书写十六进制数据时，以字母 A～F 开头的十六进制数前面要加 0，如 0AF34H。前面加 0 是为了和汇编语言命名的名字区分开来。

在汇编语言指令中使用常量的例子：

```
MOV AX,10011001B        ;将二进制数据 10011001 送 ax 寄存器,执行结果 ax=99H
ADD AX,274Q             ;将 ax 寄存器中的数与八进制数 274 相加,结果 ax=155H
SUB AX,289D             ;将 ax 寄存器中的数减十进制数 289,结果 ax=100D
MOV DX,0B2E4H           ;将 16 进制数 B2E4 送寄存器 dx
```

以上语句都是合法的 8086 汇编指令，汇编程序都可以正确地汇编生成目标程序。选用哪种进制作为某指令的操作数，由程序员决定，这和具体的问题及程序员手中掌握的数据有关。

（2）字符串常量

字符串常量是用单引号括起来的一个或多个字符，在存储器中以 ASCII 码的形式存储，比如 'A'，存储为 41H, '0123'存储为 30H，31H，32H，33H。在执行性指令中使用的例子：

```
MOV CL,'a'              ;将字母 a 的 ASCII 码送 cl 寄存器,执行结果: cl=97
MOV CL,97               ;将十进制数 97 送 cl 寄存器,结果同上
```

（3）符号常量

符号常量是用一个符号名表达一个数值。常数如果使用有意义的符号名表示，不仅可以提高程序的可读性，而且可以增加常量的通用性。

### 3. 变量

变量代表存放在某存储单元中的数据，在程序运行期间可以改变，常以变量名的形式出现在程序中。变量名是在源程序中用伪指令定义的，汇编时在程序中建立起来，可认为是存放数据的存储单元的符号地址。变量名的取名规则与标号相同，如 SUM、PORT_VAL、NEXT、LOP1 等。变量必须在使用之前定义，由汇编语言提供的伪指令来实现，即为变量分配存储单元，预置初值。

（1）变量的定义

常用的变量定义伪指令有 DB、DW、DD、DQ、DT 等，格式如下：

```
[变量名]  伪指令  初值表 ;定义一个数据存储区
```

经过定义后的变量有 3 种属性，即段属性、偏移量属性和类型属性，即变量所在段的段基值、距段起始地址的偏移地址、变量占用存储器单元的字节数。其中，变量名是可选的，它代表所定义的数据存储区第一个单元的地址；而伪指令 DB、DW、DD、DQ、DT 用来说明初值表中每个数据占几个字节，其功能如表 5-1 所示。初值表中的数据可以是常量或表达式。表达式可以是数值表达式、地址表达式、字符串、? 或 n DUP（表达式），可以有多个数据。

表 5-1 变量定义伪指令

| 伪指令名 | 类型 | 功　能 |
| --- | --- | --- |
| DB | 字节型 | 其后的每一个初值占 1 字节 |
| DW | 字型 | 其后的每一个初值占 2 字节，低字节在低地址，高字节在高地址 |
| DD | 双字型 | 其后的每一个初值占 4 字节，低字节在低地址，高字节在高地址 |
| DQ | 四字型 | 其后的每一个初值占 8 字节，低字节在低地址，高字节在高地址 |
| DT | 五字型 | 其后的每一个初值占 10 字节，低字节在低地址，高字节在高地址 |

① 数值表达式：为变量定义数值数据。例如，伪指令：

```
SUM       DB   45,89H,10010101B  ;为 SUM 分配 3 个字节,顺序存放
NUMBER    DW   4576H*2           ;为 NUMBER 分配 1 个字,存放表达式的值
TOTAL     DD   7897AFE2H,4567H   ;为 TOTAL 分配 2 个双字,顺序存放
```

对于每个字低字节存放在低地址单元中，高字节存放在高地址单元中。每个双字也是低对低，高对高。

② 地址表达式：为变量定义存储器地址。只能使用 DW 和 DD 定义。其中 DW 定义变量的偏移地址，而 DD 定义变量的偏移地址和段地址。例如：

```
ADDR1  DW  OFFSET  SUM      ;取偏移地址
ADDR2  DD  NUMBER           ;定义偏移地址和段地址
```

③ 字符串：可作为表达式使用，存放字符的 ASCII 码值。例如：

```
XYZ   DB  'ABCD'         ;按字节依次存储 A、B、C、D 的 ASCII 码值
DATA  DW  'CD', '76'     ;按字依次存放 CD 和 76 的 ASCII 码值
```

④ ? 表示预留出对应字节数的存储空间，用于存放中间值或保留最终结果。在定义时对应的数据项没有给出确定的初值，其值是不确定的。例如：

```
DATA1   DB  ?            ;预留 1 个字节的存储空间
DATA2   DW  ?, ?         ;预留 2 个字的存储空间
```

⑤ 重复数据操作符 DUP 的使用格式为 n DUP（表达式）。n 为重复次数，括号内为重复参数，DUP 为复制操作符，可以复制某个（或某些）操作数，也可以嵌套。例如：

```
DATA1  DB  2  DUP(4,3  DUP(1),30H)     ;(4,1,1,1,30H)重复 2 次共 10 个字节
DATA2  DB  3  DUP(?)                   ;定义 3 个不确定数值的字节变量
```

（2）变量的引用

变量是存储器数据区的符号表示，经过 DB、DW、DD 等伪指令定义后可使用，即直接引用它的变量名。

① 数值变量的引用。首先定义变量，然后引用，例如：

```
DA1  DB  0FFH          ;定义变量 DA1 为字节变量,初值为 0FFH
DA2  DW  2345H         ;定义变量 DA2 为字变量,初值为 2345H
  …
MOV  AL, DA1           ;将变量 DA1 的值 0FFH 送 AL 寄存器
MOV  BX, DA2           ;将变量 DA2 的值 2345H 送寄存器 BX
```

② 地址变量的引用。引用变量名，取其偏移量。例如：

```
DA3  DB  10H  DUP(0)   ;为 DA3 分配 16 个字节,初值为 0
DA4  DW  20H  DUP(1)   ;为 DA4 分配 32 个字,初值为 1
  …
MOV  AL,12H            ;AL=12H
MOV  SI,0              ;SI=0
MOV  DI,0              ;DI=0
MOV  BX,1              ;BX=1
MOV  DA3[SI], AL       ;将 AL 送[DA3+SI]的存储单元
MOV  DX, DA4[DI][BX]   ;将[DA4+SI+BX]和[DA4+SI+BX+1]中的字送 DX
  …
```

**4. 表达式**

无论是指令还是伪指令，凡是以常量（立即数）或符号地址（变量、标号）为操作数的地方，均可以使用表达式，表达式最终代表一个值，其运算不是在执行程序时完成的，而是在汇编过程中完成的。例如：

```
MOV AX,22*3+35         ;AX=101
ADD AX,10h/2           ;将 AX 中的值 101 与 10h 除 2 的结果 8 相加,AX=109
```

（1）基本运算符

表达式中的基本运算符包括如下几种。

① 算数运算符：加（+）、减（–）、乘（*）、除（/）、求余（MOD）、左移（SHL）、右移（SHR）。这些都是双操作数运算符，用来构成算数表达式。

② 逻辑运算符：逻辑乘（AND）、逻辑或（OR）、异或（XOR）、逻辑非（NOT）。前 3 种运算符为双操作数运算符，后 1 种运算符为单操作数运算符。逻辑运算符用来构成逻辑表达式，尽管它与第 3 章讲的指令系统中的逻辑指令助记符有完全相同的表示形式，但它们在指令中的位置不同，执行时间也不同。例如：

```
AND AL, NUM AND 0F0H    ;设 NUM=17H,将 10H 与 AL 相与,结果送 AL
```

③ 关系运算符：相等（EQ）、不等（NE）、小于（LT）、大于（GT）、小于等于（LE）、大于等于（GE）共 6 种，用来构成关系表达式。关系运算符连接的两个运算对象必须都是数字或同一段内的存储器地址，关系运算符的运算规则是：如果运算结果为真，用全“1”表示（字节量为 0FFH，字量为 0FFFFH）；为假，用全“0”表示。例如：

```
MOV DL, 11H LT 16       ;因 11H LT 16 结果为假,0 送 DL
```

（2）取值运算符

取值运算符包括 SEG、OFFSET、TYPE、LENGTH 和 SIZE。取值运算符的操作数必须是存储器操作数，即变量或地址标号，用于获取其段地址、偏移地址或存储单元类型属性等。

① **SEG** 运算符：用于获取变量或地址标号所在段的段地址。例如：

```
AD3  DB 20,30
  …
MOV  AX,SEG  AD3        ;将变量 AD3 所在段的段地址送 AX
```

```
MOV  DS,AX               ;将 AX 中的段地址送数据段寄存器 DS
```

② **OFFSET** 取值运算符：用于获取变量或地址标号所在段的偏移地址。例如：

```
AD4  DB 20 DUP(5)
    …
MOV  BX,OFFSET  AD4      ;将变量 AD4 所在段的偏移地址送 BX
LEA   BX,AD4
```

尽管这两条指令的执行结果一样，但第一条语句在汇编阶段通过 OFFSET 求得变量 AD4 的偏移地址，然后在 CPU 执行该 MOV 指令时将其送到 BX 寄存器。第二条语句直接由 CPU 执行有效地址传送指令完成。

③ **TYPE** 运算符：用来获取变量的类型属性和地址标号的类型属性。

- 获取变量的类型属性：汇编程序返回该变量类型包含的字节数。当变量类型为 DB、DW、DF、DD、DQ、DT 时，返回值分别为 1、2、3、4、8、10。例如：

```
BUFF DB 'ABCD'
BUFF1 DW  20 DUP(10)
BUFF2   DD  ?
    …
MOV  CL,TYPE BUFF        ;CL=1
MOV  DL,TYPE BUFF1       ;DL=2
MOV  BL,TYPE BUFF2       ;BL=4
```

- 获取地址标号的类型属性：汇编程序返回代表该标号类型的数值。若地址标号类型为 NEAR，则返回值为–1（FFH）；若地址标号类型为 FAR，则返回值为（–2）（FEH）。

（3）合成（属性）运算符

合成属性运算符包括 PTR、THIS、SHORT 和段跨越操作符。

① **PTR** 运算符：用于指定所引用的变量、地址标号或地址表达式的临时类型属性。对一个存储器操作数，不管原来是何种类型，现在以 PTR 前的类型为准。例如：

```
INC  WORD  PTR[BX]          ;由 BX 寻址的存储器操作数的类型为字 word 类型
ADD  BYTE  PTR[SI],4BH      ;由 SI 寻址的存储器操作数的类型为字节 byte 类型
```

② **SHORT** 运算符：在转移指令中用于表示段内短转移，转移的目标地址与本指令之间的距离为–128 ~ +127。

汇编语言中各种运算符都有一定的优先级，如表 5-2 所示，优先级编号小的优先级高，括号内的优先级高于括号外的。

表 5-2 汇编语言中各种运算符的优先级

| 优先级 | 运算符 |
| --- | --- |
| 1 | 圆括号，LENGTH, SIZE |
| 2 | PTR, OFFSET, SEG, TYPE, THIS, CS:, DS:, ES:, SS: |
| 3 | HIGH, LOW |
| 4 | * , / , MOD, SHL, SHR |
| 5 | +, - |
| 6 | EQ, NE, LT, LE, GT, GE |
| 7 | NOT |
| 8 | AND |
| 9 | OR, XOR |
| 10 | SHORT |

### 5.1.2 常用汇编伪指令

除了上一节介绍的数据定义伪指令外，汇编语言还有一些常用的伪指令在汇编程序设计中要用到，这是本小节将要介绍的内容。

**1. 段定义伪指令**

汇编程序中，存储器是按段来组织程序和使用的。一个汇编源程序通常由程序段、数据段和堆栈段 3 个基本的逻辑段组成。汇编程序在把源程序转换成目标程序时，首先通过各段的段名为各逻辑段分配逻辑地址，并在连接时为各段分配存储空间和各段的起始和终止的物理地址，还要确定标号和变量的偏移地址，形成一个可执行程序，这就需要有段定义伪指令。在 MASM 5.0 以上的汇编版本中，有完整定义和简化段定义两种。

（1）完整段定义

完整段定义格式如下：

```
段名 SEGMENT [定位类型] [组合类型] [段字] ['类别'] … ;语句序列
段名 ENDS
```

SEGMENT 伪指令定义一个逻辑段的开始，ENDS 伪指令表示一个段的结束。SEGMENT 和 ENDS 总是成对出现。段名是必选项，段定义指令后的 4 个关键字用于确定段的各种属性，堆栈段要采用 stack 组合类型，代码段应具有'code'类别，其他为可选属性参数。如果不指定，则采用默认参数，但如果指定，注意要按照上列次序。

① 定位类型（Align）：规定逻辑段在主存储器中的起始边界。

BYTE：段起始地址为任意值，即从字节边界开始（xxxx xxxxb），属性值为 1。

WORD：段起始地址最低位为 0，即从字边界开始（xxxx xxx0b），属性值为 2。

DWORD：起始地址最低 2 位为 0，即从双字边界开始（xxxx xx00b），属性值为 4。

PARA：起始地址最低 4 位为 0，即从节边界开始（xxxx 0000b），属性值为 16。

PAGE：起始地址最低 8 位为 0，即从页边界开始（0000 0000b），属性值为 256。

完整段定义伪指令的默认定位属性是 PARA。简化段定义伪指令的代码和数据段默认采用 WORD 定位，堆栈段默认采用 PARA 定位。

② 组合类型（Combine）：指定多个逻辑段之间的关系。

PRIVATE：本段与其他段没有逻辑关系，不与其他段合并。这是完整段定义伪指令默认的段组合方式。

PUBLIC：连接程序把本段与所有同名同类型的其他段相邻地连接在一起，指定一个共同的段地址。这是简化段定义伪指令默认的段组合。

STACK：本段是堆栈的一部分，这是堆栈段必须具有的段组合。

COMMON：表示与其他段名重叠。连接程序为本段和其他同名同类别的段指定相同的段基址，段的长度取决于最长的 COMMON 段的长度。

③ 段类别（Class）：当连接程序组织段时，将所有的同类别段相邻分配。

段类别可以是任意名称，但必须位于单引号中。大多数 MASM 程序使用'code'、'data'和'stack'来分别指名代码段、数据段和堆栈段，以保持所有代码和数据的连续。

（2）简化的段定义

简化的段定义使用存储模式说明伪指令来描述源程序。例如：

```
;example.asm
.model small ;定义程序的存储模式
.486         ;说明使用的 80x86 微处理器指令
.stack       ;定义堆栈段
.data        ;定义数据段
.code        ;定义代码段
.startup     ;程序执行起始
.exit        ;程序执行结束,返回 DOS
end          ;汇编结束
```

伪指令.MODEL 必须写在源程序的首部，且只能出现一次，其前内容只能是注释。随后.stack、.data、.code 依次定义堆栈段、数据段和代码段。.startup 语句说明程序从该处开始执行。.exit 指令说明程序执行结束。

程序常用的存储模式有：TINY、SMALL、COMPACT、MEDIUM、LARGE。

TINY：微型方式，整个程序只有一个段，即数据段和代码段共用一个物理段。

SMALL：所有数据变量在一个数据段之内，所有的代码也在一个代码段之内。

MEDIUM：所有的数据变量在一个数据段之内，但代码段可以有多个。

COMPACT：数据段可以有多个，但代码段只能有一个。

LARGE：数据段和代码段都可以有多个。

HUGE：巨型段，和大型段类似，区别是一个数据段可超过 64KB。

FLAT：平展方式，使用一个 512KB 的段存储所有数据和代码，适用于 Windows 混合编程。

采用简化段定义格式，只需要在数据段定义数据，然后在代码段的.startup 和.exit 之间填入指令序列。

**2. 段分配伪指令**

段分配伪指令用来建立段寄存器与源程序中各个段的关系，格式如下：

```
ASSUME 段寄存器: 段名[,段寄存器名: 段名, …]
```

ASSUME 伪指令通知汇编程序用指定的段寄存器来寻址对应的逻辑段，即建立段寄存器与段的缺省关系。在明确了程序中各段与段寄存器之间的关系后，汇编程序会根据数据所在的逻辑段，在需要时自动插入段超越前缀，这是 ASSUME 伪指令的主要功能。

段寄存器后面必须有冒号，如果分配的段名不止一个，则用逗号分开。段名是指 SEGMENT 和 ENDS 定义过的段名。ASSUME 语句设置在代码段内，放在段定义语句之后。

【例 5.1】段定义伪指令的使用。

```
DATA     SEGMENT                    ;定义数据段
W1       DB  00H,11H,22H,33H,'$'
W2       DW  4142H,0A0BH
DATA     ENDS
STACK1   SEGMENT STACK              ;定义堆栈段
         DW     100H   DUP(0)
STACK1   ENDS
CODE     SEGMENT                    ;定义代码段
ASSUME   CS:CODE,DS:DATA,SS:STACK1
START:   MOV AX,DATA                ;设置数据段的段地址
         MOV DS,AX
           …
```

```
CODE     ENDS
         END    START
```

程序中 ASSUME 语句确定 CS、DS、SS 指向的逻辑段。但段寄存器的实际值（CS 除外）还需要使用传送指令在执行程序时进行赋值。如上例：

```
MOV AX,DATA
MOV DS,AX
```

**3. 符号定义伪指令**

符号定义伪指令就是给一个数值、字符串或表达式赋予一个名字，这和高级语言中符号常量的用法相同。当在程序中需要用到该数据时，直接用其名字就可，这样用不仅含义清楚、程序易理解，而且便于对数据的修改。只要在定义处修改数据就达到了所有使用该数据的指令都相应修改的效果。符号定义的伪指令有等值伪指令 EQU、等号伪指令“=”、符号/标号伪指令 LABEL 3 种。

（1）等值伪指令 EQU

等值伪指令 EQU 用来给数值、字符串或表达式定义一个等价的符号，其格式如下：

```
<符号名> EQU <表达式>
```

符号定义可以写在源程序的任何地方，且符号一经定义，不可再重复定义。例如：

```
TIMES    EQU 50                ;TIMES 代表 50
DATA DB  TIMES DUP(?)          ;等效于 DATA DB 50DUP(?)
GREETING EQU  'How are you'    ;符号名代表字符串'How are you'
```

（2）等号伪指令“=”

等号伪指令的功能与 EQU 类似，不同的是在同一个程序中可以对一个符号重复定义。格式如下：

```
<符号名> = <表达式>
```

例如：

```
ABC=10+20*3          ;定义 ABC 的值是 70
ABC1=2*10+ABC        ;ABC1 的值是 90
SUM=10               ;定义 SUM 的值是 10
SUM=10*SUM           ;重复定义 SUM 的值为 100
```

（3）标号伪指令 LABEL

LABEL 伪指令可为要使用的变量或标号取一个别名，并可重新定义它的类型或距离属性。

标号是指令语句的标识符，表示后面的指令所存放单元的符号地址（即该指令第一个字节存放的内存地址）。标号常作为转移指令的操作数，确定程序转移的目标地址。每个标号有 3 重属性，即段属性、偏移量属性和距离属性。

格式：名称 LABEL 类型/距离

```
ABC  LABLE  BYTE     ;将变量 ABC 定义为字节类型
XYZ  LABLE  WORD     ;将变量 XYZ 定义为字类型
```

则有

```
MOV  AL, ABC         ;将该数据区的第一个字节数据送入 AL 中
MOV  BX, XYZ         ;将该数据区的第一、第二个字节数据送入 BX 中
```

**4. 过程定义伪指令**

过程是具有一定功能的程序段，相当于子程序。它可以被其它程序用 CALL 指令调用。一个

过程由过程定义伪指令 PROC 和 ENDP 来定义。格式如下：

```
过程名    PROC [NEAR]/FAR
          过程体
          RET
过程名    ENDP
```

其中，PROC 指示过程的开始，ENDP 指示过程的结束。所定义的过程如果为段内调用，则使用 NEAR 说明或默认；如果为段间调用，则使用 FAR 说明。在一个完整的过程中，至少要有一条返回指令 RET，而 RET 不一定是过程中的最后一条指令，但它一定是过程执行时最后被执行的指令。

【例 5.2】设计一个延时的子程序，循环程序部分执行 28 000 次。调用该子程序可以实现一定时间的延时。该过程定义如下：

```
SOFTDLY  PROC
         MOV BL,10          ;外循环次数为 10
DELAY:   MOV CX,2800        ;内循环次数为 2800
WAIT:    LOOP WAIT
         DEC BL
         JNZ DELAY
         RET
SOFTDLY  ENDP
```

**5. 其他伪指令**

（1）指定起始位置伪指令（ORG）

在汇编程序时，ORG 伪指令用来指出其后的程序段或数据块存放的起始地址的偏移量。

格式：ORG 表达式

其中，ORG 不可省略。表达式给出偏移地址值，即 ORG 语句后的指令或数据以表达式给出的值作为起始的偏移地址。表达式必须是一个可计算得到的正整数，并且以 65536 为模。

汇编程序汇编时把语句中表达式的值作为起始地址，连续存放 ORG 语句之后的程序和数据，直到出现一个新的 ORG 指令。若省略 ORG 语句，则从本段起始地址开始连续存放。

例如：

```
ORG  0010H          ;从 0010H 处安排程序和数据
```

（2）当前位置计数器（$）

在汇编程序时，使用符号“$”表示当前位置计数器的现行值。汇编语言允许用户直接用“$”来引用地址计数器的当前值。

例如：

```
ORG $+5             ;表示从当前地址开始跳过 5 个字节存储单元
```

（3）程序结束伪指令

格式：END [标号]

END 伪指令作为汇编语言源程序的结束语句，一般放在源程序的最后一行。其中标号为程序开始执行的起始地址标号。程序在汇编、连接后，将目标代码装入内存准备要执行的起始地址由此标号所决定。如果多个程序模块相连接，则只有主程序要使用标号，其他子程序模块只用 END 而不必指定标号。

### 5.1.3　汇编程序的开发过程

汇编语言中由于使用了助记符号，用汇编语言编制的程序输入计算机后，计算机不能像用机器语言编写的程序一样直接识别和执行，必须通过预先放入计算机的“汇编程序”进行加工和翻译，才能变成能够被计算机直接识别和处理的二进制代码程序。用汇编语言等非机器语言书写好的符号程序称为源程序，运行时汇编程序要将源程序翻译成目标程序。目标程序是机器语言程序，当它再经过“连接程序”连接，被安置在内存的预定位置上，装配形成可执行程序，就能被计算机的 CPU 处理和执行。

简单地说，汇编语言的开发分为源代码编辑、汇编、连接等步骤，在必要的时候还需要对程序进行调试。完整的汇编语言程序处理过程如图 5-1 所示。

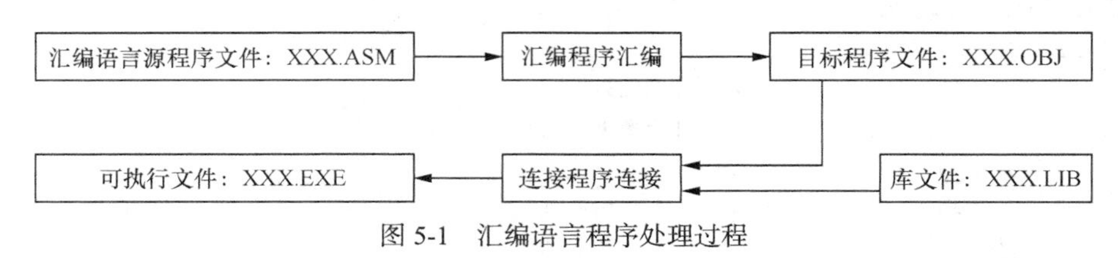


图 5-1　汇编语言程序处理过程

进行汇编语言程序设计之前，首先需要搭建一个汇编语言的开发环境。现在汇编语言开发工具包常见的是 MASM。安装 MASM 6.x 完全版，需要在 DOS（或 MS-DOS）下运行 SETUP.EXE 程序实现。例如，首先下载一个 MASM 6.15 开发工具包，在许多汇编网站和汇编教材的配套光盘中都提供了该工具包，根据提示进行安装，然后就可以用它来开发汇编程序。

目前还有名为“轻松汇编”的集成开发环境，尽管目前看到的版本功能简单，只能用于 16 位指令系统的开发，但对初学者来说，不失为一种简单方便的学习环境。

## 5.2　DOS 功能调用

DOS（Disk Operation System）是磁盘操作系统的缩写，应用 DOS 提供的功能程序来控制硬件，可对显示器、键盘、打印机、串行通信等字符设备提供输入/输出服务。DOS 提供了近百种 I/O 功能服务程序，编程者无须对硬件有太深的了解即可调用。这是一种高层次的调用，使用 DOS 调用，编程简单，调试方便，可移植性好。

### 5.2.1　DOS 功能调用概述

DOS 操作系统为程序设计者提供了可以直接调用的软中断处理程序，每一个中断处理程序完成一个特定的功能操作。依据编程需要选择适当的处理程序，编程者不需再重新编写程序，而是使用 INT *n* 软中断指令。每执行一种不同类型码 *n* 的软中断指令，就执行一个中断处理程序，其主要功能如表 5-3 所示。

表 5-3 中，不允许用户直接使用 INT 22H、INT 23H、INT 24H。INT 20H 的功能是终止正在运行的程序，返回操作系统。这种终止退出程序，适用于扩展名为.COM 的文件，而不适用于扩展名为.EXE 的可执行文件。INT 27H 的作用也是终止正在运行的程序，返回操作系统，但被终止的程序仍然驻留在内存中，不会被其他程序覆盖。

表 5-3　DOS 功能调用

| 类 型 号 | 中断功能 | 类 型 号 | 中断功能 |
| --- | --- | --- | --- |
| 20H | 程序结束 | 21H | 请求 DOS 功能调用 |
| 22H | 结束地址 | 23H | 中止(Ctrl-Break)处理 |
| 24H | 关键性错误处理 | 25H | 磁盘顺序读 |
| 26H | 磁盘顺序写 | 27H | 程序结束且驻留内存 |
| 28H | DOS 内部使用 | 29 ~ 2EH | DOS 内部保留 |
| 2FH | DOS 内部使用 | 30 ~ 3FH | DOS 内部保留 |

INT 21H 软中断是一个具有几十种功能的大型中断服务程序，给这些子功能程序分别予以编号，称为功能号。每个功能程序完成一种特定的操作和处理。INT 21H 软中断指令对应的功能子程序的调用称为 DOS 系统功能调用。调用系统功能子程序时，不必了解所使用设备的物理特性、接口方式及内存分配等，也不必编写繁琐的控制程序。

应用 INT 21H 系统功能调用的方法如下：

- 入口参数送指定的寄存器或内存；
- 功能号送 AH 中；
- 执行 INT 21H 软中断指令。

有的子功能程序不需要入口参数，但大部分需要把参数送入指定位置。只要给出这 3 方面的信息，不必关心程序具体如何执行，在内存中的存放地址如何，DOS 就会根据所给的参数信息自动转入相应的子程序去执行并产生相应结果。

## 5.2.2　常用 DOS 功能调用

下面举例介绍几个常用的 DOS 功能调用。

**1. 字符串输入功能调用（0AH 号功能调用）**

格式：MOV DX, 已定义缓冲区的偏移地址

　　　MOV AH, 0AH

　　　INT 21H

功能：从键盘接收字符，并存放到内存缓冲区（有回显）。

在使用 0AH 号功能调用时，应当注意以下问题。

① 执行先前定义一个输入缓冲区，缓冲区内第一个字节定义为允许最多输入的字符个数，字符个数应包括回车符 0DH 在内，不能为“0”值。第二个字节保留，在执行程序完毕后存入输入的实际字符个数。从第三个字节开始存入从键盘上接收字符的 ASCII 码。若实际输入的字符个数少于定义的最大字符个数，则缓冲区其他单元自动清 0。若实际输入的字符个数大于定义的字符个数，其后输入的字符丢弃不用，且响铃示警，一直到输入回车键为止。整个缓冲区的长度等于最大字符个数再加 2。

② 应当将缓冲区首地址的段基址和偏移地址分别存入 DS 和 DX 寄存器中。

【例 5.3】从键盘接收 23 个有效字符并存入以 BUF 为首地址的缓冲区中。

```
DATA    SEGMENT
BUF     DB 25                ;缓冲区长度
ACTHAR  DB ?                 ;保留单元，存放输入的实际字符个数
```

```
CHAR      DB 25 DUP (?) ;定义 25 个字节存储空间
          DB '$'
DATA      ENDS
CODE      SEGMENT
          ASSUME CS: CODE, DS: DATA
 START:   MOV AX, DATA
          MOV DS, AX
          MOV DX, OFFSET BUF
          MOV AH, 0AH
          INT 21H
CODE      ENDS
          END  START
```

**2. 屏幕显示字符串（9 号功能调用）**

格式：MOV DX, 字符串的偏移地址

MOV AH, 09H

INT 21H

功能：在屏幕上显示字符串。

在使用 9 号功能调用时，应当注意以下问题。

① 待显示的字符串必须先放在内存一数据区（DS 段）中，且以'$'符号作为结束标志。

② 应当将字符串首地址的段基址和偏移地址分别存入 DS 和 DX 寄存器中。

【例 5.4】执行程序，在屏幕上显示“HOW DO YOU DO?”字符串。

```
DATA      SEGMENT
BUF       DB 'HOW DO YOU DO?', 0AH, 0DH, '$'
DATA      ENDS
CODE      SEGMENT
          MOV    AX, DATA
          MOV    DS, AX
          MOV    DX, OFFSET BUF
          MOV    AH, 09H
          INT    21H
CODE      ENDS
```

**3. 直接输入、输出单字符（6 号功能调用）**

格式：MOV DL, 输入/输出标志

MOV AH, 06H

INT 21H

功能：执行键盘输入操作或屏幕显示输出操作，但不检查 Ctrl+Break 组合键是否按下。执行这两种操作的选择由 DL 寄存器中的内容决定。

① 当(DL)=0FFH 时，执行键盘输入操作。若标志 ZF=0，AL 中放入字符的 ASCII 码；若标志 ZF=1，表示无键按下。这种调用用来检测键盘是否有键按下，但不等待键盘输入。

② 当(DL)≠0FFH 时，表示将 DL 中内容送屏幕显示输出。

**4. 屏幕显示一个字符（2 号功能调用）**

格式：MOV　DL, '字符'

MOV　AH, 02H

INT　21H

功能：将置入 DL 寄存器中的字符在屏幕上显示输出。

【例 5.5】回车/换行标准显示输出子程序。

```
CRLF   PROC    FAR
       PUSH    DX
       PUSH    AX
       MOV     DL, 0DH        ;回车的 ASCII 码为 0DH
       MOV     AH, 02H
       INT     21H
       MOV     DL, 0AH        ;换行的 ASCII 码为 0AH
       MOV     AH, 02H
       INT     21H
       POP     AX
       POP     DX
       RET
CRLF   ENDP
```

附录 A 给出了常用 DOS 功能调用的功能号以及各功能号所对应的参数和功能说明。用户可通过使用 BIOS 和基本 DOS 系统提供的功能模块子程序来编制直接管理和控制计算机硬件设备的底层软件，用户不必深入了解有关设备的电路和接口。

# 5.3 汇编语言程序举例

使用汇编语言设计一个程序大致上可分为以下几个步骤。

① 分析问题，明确要求。解决问题之前，首先要明确所要解决的问题和要达到的目的、技术指标等。

② 确定算法。根据实际问题的要求、给出的条件及特点，找出规律性，最后确定所采用的计算公式和计算方法，即算法。算法是进行程序设计的依据。

③ 画出程序流程图，用图解来描述和说明解题步骤。

④ 编写程序。要编写高质量的汇编语言程序，必须加深对指令功能的理解，注意内存工作单元和工作寄存器的分配。

⑤ 上机调试程序。调试程序过程中，应该善于利用机器提供的调试工具，它将提供很大的帮助。

基本的程序结构有 4 种：顺序结构、分支结构、循环结构和子程序结构。

## 5.3.1 顺序程序设计

顺序程序指计算机按照指令编写的先后次序从头到尾一条一条地执行指令，程序中无分支、无循环，按直线执行，是最基本、最简单的程序结构，是组成其他复杂程序的基础。

【例 5.6】设变量 X、Y 均为 16 位无符号数，试写一个求表达式 2X+Y 的值的程序。

```
DATAS    SEGMENT  PARA PUBLIC  'DATA'
X        DW   20H
Y        DW   100H
Z        DW   ?,?
DATAS    ENDS
CODES    SEGMENT  PARA PUBLIC 'CODE'
         ASSUME   CS:CODES,DS:DATAS
START:   MOV AX,DATAS       ;设置数据段寄存器 DS 的值
```

```
        MOV DS,AX
        XOR DX,DX          ;DX 清零
        MOV AX,X
        ADD AX,AX          ;计算 X+X
        ADC DX,0
        ADD AX,Y           ;计算 X+Y
        ADC DX,0
        MOV Z,AX           ;存储结果到 Z
        MOV Z+2, DX
        MOV AH,4CH         ;返回系统
        INT 21H
CODES   ENDS
        END  START
```

【例 5.7】将输入的大写字母转换成小写字母输出。

```
STACK   SEGMENT STACK
        DB 200 DUP(0)
STACK   ENDS
DATA2   SEGMENT
S_INPUT DB 'PLEASE INPUT A-Z:$'
S_OUT   DB   0DH,0AH,'CONVERT RESULT:$'
DATA2   ENDS
CODE    SEGMENT
        ASSUME   CS:CODE,DS:DATA2, SS:STACK
START:  MOV AX,DATA2
        MOV DS,AX
        MOV AH,9           ;调用 21H 中断 9 号功能显示字符串
        LEA DX,S_INPUT     ;DX 指向要显示的字符串的首地址
        INT 21H
        MOV AH,1           ;1 号功能调用接收 1 个字符
        INT 21H            ;接收的字符保存在 AL 寄存器中
        PUSH AX            ;将 AX 压栈
        MOV AH,9
        LEA DX,S_OUT       ;再次调用 9 号功能显示字符串
        INT 21H            ;显示 S_OUT 所指向的字符串
        POP AX             ;将 AX 内容弹出栈
        ADD AL,20H         ;将输入的大写字母转换为小写字母
        MOV AH,2           ;调用 2 号功能显示 DL 中的字符
        MOV DL,AL
        INT 21H
        MOV AX,4C00H       ;调用 4C 功能，终止程序
        INT 21H
CODE    ENDS
        END START
```

【例 5.8】有两个变量 VAR1 和 VAR2，编写程序实现交换其值的功能。

```
STACK   SEGMENT STACK
        DB 100 DUP(0)
STACK   ENDS
DATA3   SEGMENT
VAR1    DW 100
VAR2    DW 200
```

```
DATA3    ENDS
CODE     SEGMENT
         ASSUME   CS:CODE,DS:DATA2, SS:STACK
START:   MOV AX,DATA3
         MOV DS,AX
         MOV AX,VAR1             ;VAR1 送 AX
         XCHG AX,VAR2            ;交换 VAR1 和 VAR2 的值
         MOV VAR1,AX
         MOV AX,4C00H            ;返回系统
         INT 21H
CODE     ENDS
         END START
```

## 5.3.2 分支程序设计

实际应用的程序总是伴随有逻辑判断，根据处理过程中出现的不同条件，决定程序的走向，即下一步做什么处理。逻辑判断有真、假（或是、非）两种结果，程序也有两种走向，这时程序就出现分支，构成分支结构程序。

**1. 分支结构程序的二要素**

① 判断——根据运算结果的状态标志。

判断前一定要经过运算（能影响状态标志的运算），状态标志反映了运算结果的特性。这些状态标志是：进位标志 CF、奇偶标志 PF、零标志 ZF、符号标志 SF 以及溢出标志 OF。

② 转移——主要由条件转移指令来实现（也可用无条件转移 JMP）。

**2. 分支程序的两种基本结构**

分支程序的两种基本结构如图 5-2 所示。

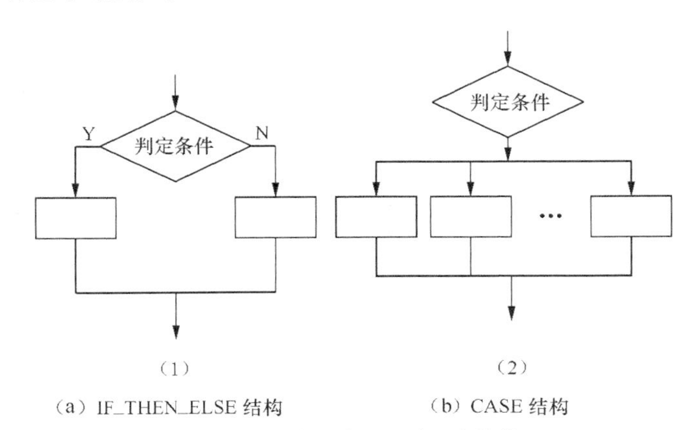


（a）IF_THEN_ELSE 结构　　（b）CASE 结构

图 5-2 分支程序的两种基本结构

它们分别相当于高级语言中的 IF_THEN_ELSE 语句和 CASE 语句，适用于要求根据不同条件作不同处理的情况。IF_THEN_ELSE 语句可以引出两个分支，CASE 语句则可以引出多个分支，不论哪一种形式，它们的共同特点是：运行方向是向前的，在某一种特定条件下，只能执行多个分支中的一个分支。

**3. 分支程序的设计方法**

（1）利用比较转移指令实现分支

在程序中使用条件转移语句就可实现两路分支。

【例 5.9】比较两个数，选出其中的大者存 AL 寄存器。

这里设两个数均为无符号数，流程图如图 5-3 所示。

程序段如下：

```
        MOV AL,[BX]     ;取前一个元素到AL
        INC BX          ;指向后一个元素
        CMP AL,[BX]     ;两数比较
        JAE BIGER       ;前元素≥后元素，转
EXCH:   MOV AL,[BX]     ;否则，取后元素到AL
BIGER:
```

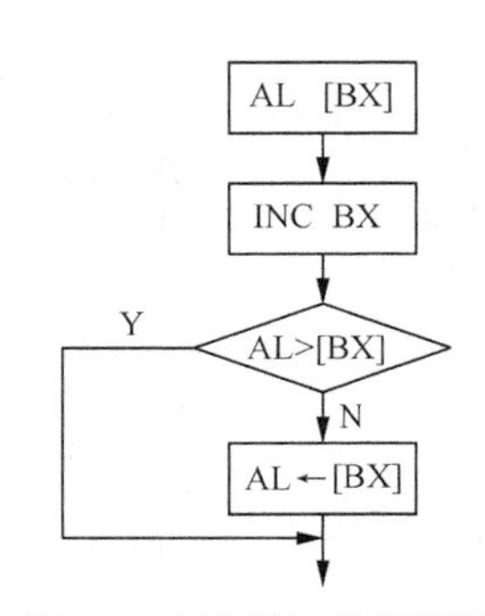

图 5-3 两个数比较流程图

分析：这里使用的关键语句：

- CMP AL, [BX] 用来设置状态标志 CF；
- JAE BIGER,当条件 CF=0，转移；否则顺序执行，把后一个元素取到 AL 中。

【例 5.10】分段函数：

$$Y=\begin{cases}1 & \text{当 } X>0 \quad (-128\leqslant X\leqslant 127)\\ 0 & \text{当 } X=0\\ -1 & \text{当 } X<0\end{cases}$$

设给定值 $X$ 存放于 XX 单元中，函数 $Y$ 存放于 YY 单元中，则按照 $X$ 的不同取值给 $Y$ 赋值。

程序如下：

```
DATA    SEGMENT
XX      DB  0F0H
YY      DB  ?
DATA    ENDS
CODE    SEGMENT
        ASSUME  CS:CODE,DS:DATA
START   MOV  AX,DATA
        MOV  DS,AX
        MOV  AL,XX
        CMP  AL,0
        JGE  BIGR           ; X≥0,转移
        MOV  AL,-1          ; X<0,AL=-1
        JMP  EQUL
BIGR:   JE    EQUL
        MOV  AL,1           ;X>0,AL=1
EQUL:   MOV  YY,AL          ;AL→ YY
        MOV  AX,4C00H       ;返回系统
        INT  21H
CODE    ENDS
        END  START
```

这是一个多重分支的程序，分支的次数可由具体问题决定是单重分支还是多重分支。$n$ 次判断可形成 $n+1$ 路分支。流程图如图 5-4 所示。

分析：此例需要解决两个问题:

- 如何判断某个数是正数还是负数；
- 给 Y 赋适当的值。涉及的操作数 X,Y 都是有符号数，可定义为单字节数。

程序中 CMP AL，0 指令可用 SUB AL，AL 或 AND AL，AL 或 OR AL，AL，其效果也一样。用于比较、判断的指令除了 CMP（比较指令），还有 CMPS（串比较指令）以及 SCAS（串搜索

指令）等。

（2）利用跳转表实现分支

在内存的一个连续空间中，存放一系列分支程序的地址、跳转指令或关键字，可以组成一个跳转表，利用这种表可以实现多分支的跳转功能。

【例 5.11】某程序需要对若干同学的成绩进行评级，根据成绩高低分为不及格、60 ~ 69 分、70 ~ 79 分、80 ~ 89 分、90 ~ 100 分 5 个等级，不同等级进行不同的操作。

显然直接使用分支指令，5 个等级需要进行 4 次判断，程序将十分复杂，而如果使用跳转表来实现，则程序将变得简洁而清晰。设立一个跳转表，每个表项存放一个等级处理程序的地址，根据不同成绩转到不同表项对应的程序即可。本例的成绩评级跳转表如图 5-5 所示。

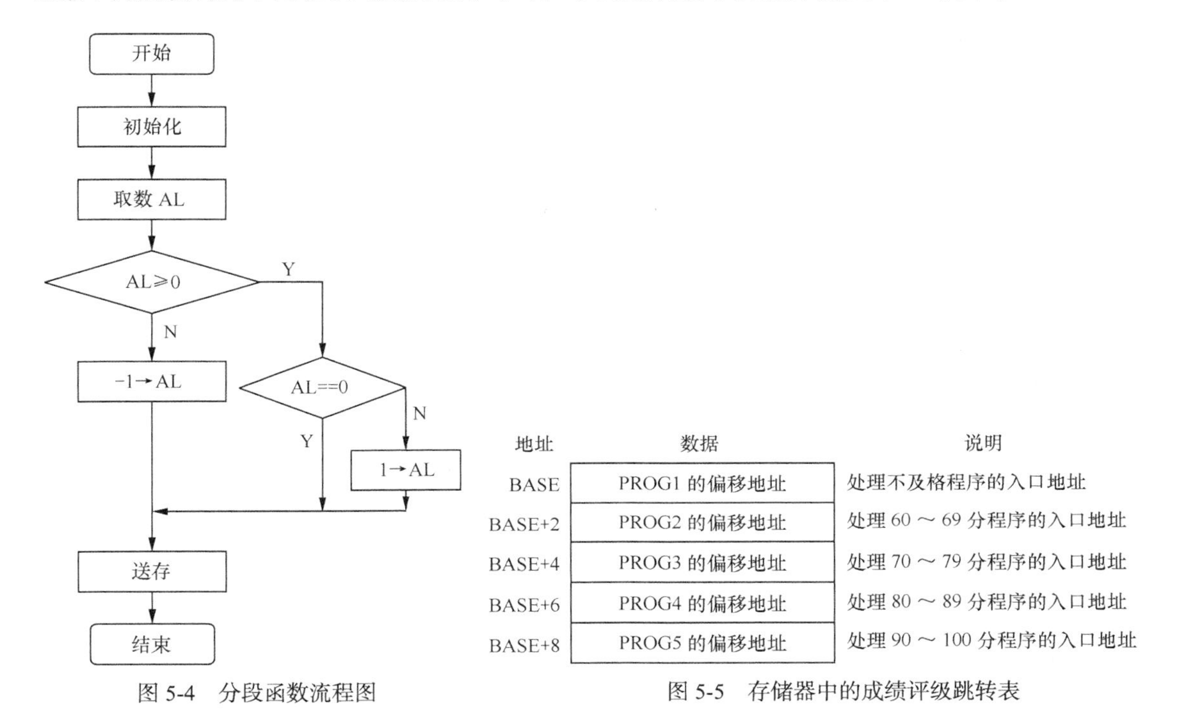


图 5-4　分段函数流程图　　　　图 5-5　存储器中的成绩评级跳转表

跳转表设好后，关键问题要计算所要求的加工程序的入口地址在跳转表中的地址，即计算表地址。

表地址=表基地址+偏移量

表基地址 BASE 即跳转表的首地址；偏移量即存放对应的程序入口的偏移地址在表中的地址与表基址的距离。从跳转表可以看出，通过对成绩整除 10 再减去 5 可得需要的表项，将表项×2 则可得到相对于基地址 BASE 的偏移量，通过该偏移量就可以获得对应等级的程序入口。程序流程图如图 5-6 所示。

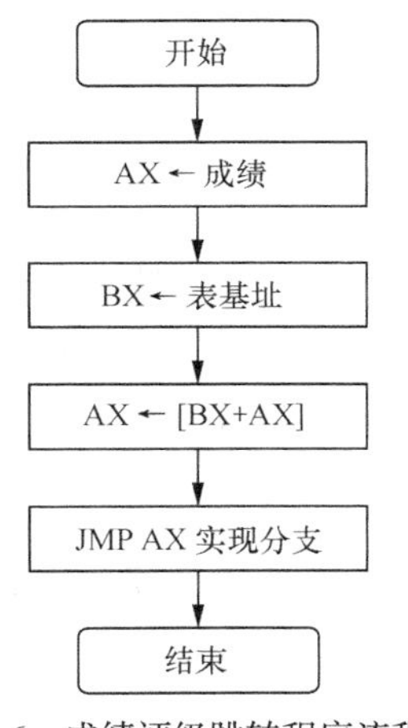


图 5-6　成绩评级跳转程序流程图

程序如下：

```
DATA      SEGMENT
BASE      DW  PROG1        ;跳转表
          DW  PROG2
          DW  PROG3
          DW  PROG4
```

```
          DW   PROG5
STUD      DB   ?
DATA      ENDS
CODE      SEGMENT
          ASSUME  CS:CODE,DS:DATA
START:    MOV  AX,DATA
          MOV  DS,AX
          MOV  AL,STUD              ;读学生成绩
          MOV  AH,0
          MOV  CL,   10
          DIV  CL                   ;成绩除以 10 求商
          SUB  AL,5                 ;判断是否大于 5
          JA   NEXT
          MOV  AL,0                 ;小于等于 5 则相对地址为 0
NEXT:     SHL  AL,1                 ;大于 5 则相对地址为 AL*2
          MOV  AH,0
          MOV  BX,OFFSET  BASE      ;得到跳转表起始地址
          ADD  BX,AX                ;BX 中得到成绩对应跳转表项地址
          MOV  AX,[BX]              ;将跳转表中的跳转地址放到 AX
          JMP  AX
RETU:     MOV  AX,4CH               ;返回系统
          INT  21H
PROG1:    …                         ;不及格，60 分以下处理程序
          …
          JMP  RETU
PROG2:    …                         ;及格，60～69 分处理程序
          …
          JMP  RETU
PROG3:    ……                        ;中，70～79 分良好处理程序
          ……
          JMP  RETU
PROG4:    …                         ;良好，80～89 分处理程序
          …
          JMP  RETU
PROG5:    …                         ;优秀，90～100 分处理程序
          …
          JMP  RETU
CODE      ENDS
          END  START
```

分析：实际处理多路分支问题时，是采用 CASE 结构，其结构见图 5-2(b)，实现 CASE 结构可以使用跳转表法。例如，菜单选择，其中每一种选择就是执行一种功能子程序，就是一路分支，多种选择就有多种功能子程序对应，就是多路分支。将每个子程序的入口地址按顺序存放在一片连续的单元内，构成跳转表，也称为地址表。

### 5.3.3 循环程序设计

循环程序是强制 CPU 重复执行某一指令系列的一种程序结构形式，它可以使许多重复工作的程序大为简化，而且减少内存空间。

### 1. 循环程序的组成

循环程序一般由 4 部分组成。

① 初始化部分：循环的准备部分，为程序操作、地址指针、循环计数、结束条件等设置初值。

② 循环体：循环的工作部分及修改部分。

③ 循环控制：修改计数器或判断循环结束条件以决定是否循环还是终止循环。

④ 循环结束：循环终止后，对循环结果的处理部分。

### 2. 循环程序的结构

循环程序常用的两种结构形式。

① “先判断，后执行”结构（WHILE）：这种结构的特点是进入循环首先判断循环结束的条件，再由判断结果确定是结束循环体或继续执行循环体。这种情况下，如果一进入循环就满足循环结束条件，就一次也不执行循环体，即循环次数为零，因此又称为“可零迭代循环”。这种结构在很多情况下，可缩短程序执行时间。

② “先执行，后判断”结构（UNTIL）：这种的结构特点是进入循环先执行一次循环体，再判断循环是否结束，因此这种结构至少要执行一次循环体。

### 3. 循环程序的分类

（1）按照循环控制条件分类

- 计数循环：循环次数是已知的，把已知值送计数器，作为循环控制的条件。LOOP 指令就是构成这类控制的很好的工具。
- 条件控制循环：循环次数未知或不确定，需找出循环控制的条件。LOOPZ/LOOPE 和 LOOPNZ/LOOPNE 指令使这种条件控制的循环程序设计很容易实现。

（2）按照循环体的结构分类

- 单重循环：循环体内只是顺序程序或分支程序，不再有循环程序。
- 多重循环：循环体内再套有循环程序。

### 4. 循环程序的设计方法

循环的本质是“重复”，所以编好循环程序的第一步是从问题中分离出“重复”处理的操作，注意程序的精练以及循环体头部的确定；然后再分别考虑循环初始部分及循环控制部分的编写，使循环准确地执行完毕；最后还要注意对条件控制的循环需设置循环结束标志。

【例 5.12】计算 $S=\sum i(i=1\sim100)$，将其和 5050 存入 SUM 单元。

求 1～100 不能采用直接相加 100 次的方法，应采用循环结构进行运算。“重复”处理的操作是做加法，因此循环体部分主要的任务就是做加法，初始化部分就是设置地址指针及相加的次数，循环控制部分是判断相加的次数是否做完。涉及的操作数、求和的结果为双字节无符号数，因此，每次相加也采用双字节的运算。程序流程图如图 5-7 所示。

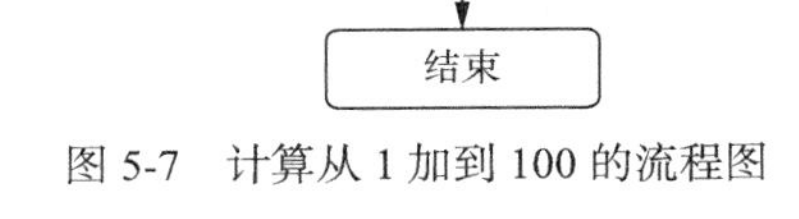


图 5-7　计算从 1 加到 100 的流程图

程序如下：

```
DATA       SEGMENT
SUM        DW ?
```

```
DATA     ENDS
CODE     SEGMENT
         ASSUME CS:CODE,DS:DATA
START:   MOV AX,DATA
         MOV DS,AX              ;初始化 DS
         MOV AX,0               ;和清零
         MOV CX,100             ;设计数值
AGAIN:   ADD AX,CX              ;求和
         DEC CX                 ;计数
         JNZ AGAIN
         MOV SUM,AX             ;存和
         MOV AH,4CH
         INT 21H                ;返回 DOS
CODE     ENDS
         END START
```

分析：如果要求不同项数的和，修改以上的程序很容易实现。以上例子是“先执行，后判断”的结构。

【例 5.13】统计寄存器 BX 中 1 的个数，结果存放在 COUNT 单元中。

本例采用“先判断，后执行”的结构。首先判断最高位是否为 1，然后用移位的方法把各位逐次移到最高位进行判断。循环的结束条件可以用计数值 16 来控制，即用计数型循环来设计，这种方法的缺点是无论 BX 中有没有 1 都必须循环 16 次。如用条件控制法，通过测试 BX 的值是否为零作为结束条件，则可以大大缩短循环次数。程序流程图如图 5-8 所示。

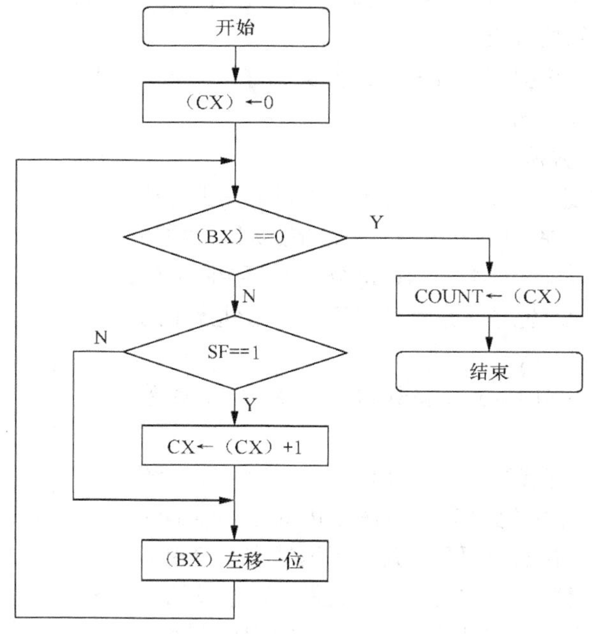


图 5-8　统计 BX 中 1 的个数程序流程图

程序如下：

```
STACK    SEGMENT  STACK
         DB  200  DUP(0)
STACK    ENDS
```

```
DATA      SEGMENT
COUNT     DW   ?
NUM       DW   0AA05H
DATA      ENDS
CODE      SEGMENT
          ASSUME  CS:CODE,DS:DATA,SS:STACK
BEGIN:    MOV AX,DATA
          MOV DS,AX
          MOV BX,NUM
          MOV CX,0            ;CX←0
NEXT:     AND BX, BX          ;测试 BX
          JZ  EXIT            ;(BX) = 0,结束循环转 EXIT
          JNS NEXT1           ;SF = 0 转 NEXT1
          INC CX              ;否则 CX ←(CX)+1
NEXT1:    SHL BX,1            ;(BX)左移 1 位
          JMP NEXT            ;转 NEXT 继续循环
EXIT:     MOV COUNT,CX        ;COUNT←1 的个数
          MOV AH,4CH
          INT 21H
CODE      ENDS
          END BEGIN
```

分析：存储单元及寄存器分配如下。

BX：要测试的寄存器。

CX：用来存放 1 的个数，初始值为 0。

字变量 COUNT：用来最终存放 1 的个数。

本程序在运行前并不知道 BX 的值。若全为 0，则不必循环，直接转 EXIT 结束程序。若只有最高位为 1，则执行“INC CX”后，左移一位，再转 NEXT 处判断，此时（BX）=0 转 EXIT 结束程序，仅需执行一次循环。只有最低位为 1 时才需通过 16 次执行循环体，统计出 BX 中的个数。显然，此处用条件控制循环效率最高。

另外，要统计 BX 中 1 的个数必须进行逐位测试。本题在测试某位是否为 1 时，也可以将最高位左移，通过判断 CF 是否为 1 来实现。

### 5.3.4　子程序调用

子程序是可供其他程序调用的独立的、相对固定的程序段。子程序的第一个语句前必须有“标号”——入口地址的符号表示，出口是返回指令 RET。调用子程序的程序体称为“主程序”或“调用程序”。在实用中总把常用的子程序标准化后存放在一个内存区中，称为“子程序库”。

**1. 子程序结构**

编写汇编语言子程序就是定义一个过程，用伪指令 PROC 和 ENDP 来定义。过程名就是子程序的入口地址，出口是返回指令 RET。定义过程的基本要求请参见 5.1.2 小节的过程定义伪指令。

**2. 调用与返回**

主程序通过书写调用指令 CALL 后跟子程序的入口地址来调用子程序，8086/8088 允许子程序在现行代码段中（子程序名为 NEAR 类型），也可以不在现行代码段中（子程序名为 FAR 类型）。为了保证正确返回，RET 指令的类型必须与 CALL 指令的类型相匹配。

① 调用指令中的目标地址有两种表示方法。

- 直接调用：目标地址就在指令中。例如：

```
CALL NEAR_PRG
```

- 间接调用：目标地址在由指令指定的寄存器或内存单元中。例如：

```
CALL DWORD PTR[BX]
```

对段内的直接调用而言，CALL 指令首先将 SP 减 2，使断点的 IP 进栈，从指令中得到的目标过程的相对偏移量（最大不能越界）与 IP 中的内容相加，得到子程序的偏移地址。对段内的间接调用而言，以 CALL AX 为例，SP 减 2，IP 进栈，AX → IP。

对段间的直接调用而言，SP 减 2，现行代码段寄存器 CS 的内容进栈，CS 段寄存器的内容由指令中子程序所在段的段基值取代。SP 再减 2，IP 进栈，然后将指令中的偏移地址送入 IP。

对段间的间接调用而言，SP 减 2，把现行的 CS 值进栈，CS 由指令指定的双字存储器指针的第二个字的内容代入，SP 再减 2，IP 进栈，然后 IP 由指令中指定的双字指针的第一个字的内容代入。双字存储器由数据段定义。

② 返回指令 RET 也有两种情况。

- 段内返回指令：把 SP 所指的堆栈顶部的一个字的内容弹回 IP，SP 加 2。
- 段间返回指令：把 SP 所指的堆栈顶部的两个字的内容，先弹回 IP，后弹回 CS，SP 加 4。

### 3. 子程序文件

子程序应以文件形式编写，子程序文件由子程序说明和子程序构成。

子程序说明包括如下几部分。

- 功能描述：包括子程序名称、功能，以及性能指标（如执行时间）等。
- 所用寄存器和存储单元。
- 子程序的入口、出口参数。
- 子程序中又调用的其他子程序。
- 调用实例（可无）。

子程序说明举例如下。

```
;子程序 PTOB
;两位十进制数(BCD 码)转换成二进制数
;入口参数：AL 中存放被转换数
;出口参数：CL 中存放转换后的二进制数
;所用寄存器：BX
;执行时间：0.06ms
```

### 4. 子程序应用中应注意的问题

（1）子程序中所用寄存器及工作单元内容的保护

为了不破坏原有信息，对于在子程序中要用到的某些寄存器和存储单元的内容，必须压入堆栈加以保护，也可存入一些空闲单元或某些目前不用的寄存器中，称为现场信息的保护。保护可以在子程序中实现，也可在主程序中实现，一般在子程序中实现保护比较好。而对于用做中断服务的子程序，则一定在子程序中安排保护指令，因为中断的出现是随机的，无法在主程序中安排保护程序。

（2）参数的传递

主程序与子程序通常需要交换信息，在多数情况下主程序需要向子程序传递参数，子程序执行的结果要传送给主程序。子程序清单中的入口参数使子程序对不同的数进行处理，出口参数可送出不同的结果。

参数传递一般有 3 种方法：

- 用寄存器传递，适用于参数较少的情况；
- 用参数表传递，适用于参数较多的情况，要求事先建立参数表，参数表一般建立在内存中；
- 用堆栈传递，适用于参数多并且子程序有嵌套、递归调用的情况，主程序将参数压入堆栈，子程序中将参数从堆栈弹出。

**5. 子程序嵌套和子程序递归**

（1）子程序嵌套

子程序调用别的子程序，称为嵌套，嵌套的层次只受空间的大小的限制。

（2）子程序递归

子程序直接或间接地调用子程序自身，称为递归。

**6. 子程序结构举例**

【例 5.14】编写子程序将寄存器 AX 内容乘 10，结果仍存在 AX 中。

程序如下：

```
X         EQU  1000
CODE      SEGMENT
          ASSUME   CS:CODE
START:    MOV  AX,X            ;AX=1000=03E8H
          CALL MUL10           ;调用将 AX 内容乘 10 子程序
          MOV AX,4C00H
          INT 21H
MUL10     PROC                 ;乘 10 子程序,入口参数 AX,出口参数 AX
          PUSHF                ;保护标志寄存器
          PUSH BX              ;保护 BX
          ADD AX,AX            ;2X 送 AX
          MOV BX,AX            ;2X 送 BX
          ADD AX,AX            ;4X 送 AX
          ADD AX,AX            ;8X 送 AX
          ADD AX,BX            ;8X+2X 送 AX
          POP  BX              ;恢复 BX
          POPF                 ;恢复标志寄存器
          RET
MUL10     ENDP
CODE      ENDS
          END  START
```

该程序只用了代码段，未用到数据段，所以程序只对代码段进行了定义，主程序对 AX 进行赋值，然后调用子程序 MUL10 对 AX 的内容进行乘 10 操作，子程序 MUL10 包括如下部分：子程序功能说明、入口和出口参数说明、保护现场、实现具体操作的程序段及恢复现场，一个标准的子程序都应该具备这 5 部分。由于子程序使用了加法指令，它将影响标志寄存器，程序中还使用了 BX 寄存器作为中间变量，所以在子程序保护现场部分，使用 PUSH 指令把标志寄存器和 BX 推入堆栈，完成对这两个寄存器的现场保护。在功能程序段中，利用加法指令先后完成了 2 倍 X 的操作和 8 倍 X 的操作，然后把 2X 和 8X 相加，实现了 10X。在恢复现场部分，用 POP 指令从堆栈中推出两个数，分别送给 BX 和标志寄存器，完成恢复现场的操作。要注意的是，现场恢复过程按照先进后出的顺序操作，即先保存的后恢复。

【例 5.15】通过子程序的递归求 $n!$。

算法是：

$$n! = \begin{cases} n(n-1)! & \text{当 } n>0 \text{ 时} \\ 1 & \text{当 } n=0 \text{ 时} \end{cases}$$

程序如下：

```
        .MODEL SMALL        ;小内存模式
        .STACK   200H
        .DATA
NUM     DB   3              ;设 n=3
RES     DW  ?               ;保存 n!
        .CODE
START   MOV AX,@DATA        ; 主程序
        MOV DS,AX
        MOV AH,0
        MOV AL,NUM          ;入口参数:AL 中存放 n
        CALL FACTOR         ;调用子程序进行阶乘运算
        MOV RES,AX          ;存结果
        MOV AX,4C00H
        INT 21H
FACTOR  PROC NEAR           ;阶乘子程序,入口参数 AL,出口参数 AX
        CMP AL,0            ;AL=0?
        JNZ IIA             ;NO,转移
        MOV AL,1            ;否则,AL=1
        RET                 ;返回
IIA:    CMP AL,1            ;AL=1?
        JNZ TRUE            ;NO,转移
        RET                 ;否则,返回
TRUE    PUSH AX             ;AX 中的数值>1,则将 AX 压栈
        DEC  AL
        CALL FACTOR         ;将 AX 减 1 后递归调用子程序
X2:     POP CX              ;当 AX 等于 1 时程序返回到此处
        MUL  CL             ;出口参数:AX 中存放 n!
        RET                 ;返回主程序
FACTOR  ENDP
        END  START
```

## 5.4 汇编语言与 C/C++混合编程

汇编语言的实质和机器语言是相同的，都是直接对硬件操作，只不过指令采用了英文缩写的标识符，更容易识别和记忆，它同样需要编程者将每一步具体的操作用命令的形式写出来。汇编语言可以直接、有效地控制计算机硬件，容易产生运行速度快、指令序列短小的高效率目标程序。但是，由于汇编语言与处理器密切相关，每种处理器都有自己的指令系统，相应的汇编语言各不

相同，所以要求程序员比较熟悉计算机硬件系统，考虑许多细节问题，导致了编写程序烦琐，调试、维护、交流和移植困难。而高级语言不仅功能强大，并且与具体计算机无关，可以在多种计算机上编译后执行。高级语言采用类似自然语言的语法，容易掌握和应用，不但将许多相关的机器指令合成为单条指令，并且去掉了与具体操作有关但与完成工作无关的细节，如使用堆栈、寄存器等，这样就大大简化了程序中的指令。由于省略了很多细节，所以编程者也不需要具备太多的专业知识。

高级语言包括了很多编程语言，如 C/C++。C 语言既有高级语言的特点，又有汇编语言的特点，它可以作为系统设计语言编写操作系统等系统软件，也可以作为应用程序设计语言编写不依赖计算机硬件的应用软件，因此，它的应用范围广泛。C++是一种静态数据类型检查的、支持多重编程范式的通用程序设计语言，它支持过程程序设计、数据抽象、面向对象程序设计、泛型程序设计等多种程序设计风格。

在应用系统的程序设计中，若所有的编程任务均用汇编语言来完成，其工作量是可想而知的，同时，不利于系统升级或应用软件移植。在一个完整的程序设计中，除了初始化部分用汇编语言完成以外，其主要的编程任务一般都用 C/C++ 完成。

汇编语言与 C/C++ 的混合编程有两种方式：

① 在 C/C ++ 代码中嵌入汇编指令；

② 分别编写 C/C++ 语言程序和汇编语言程序，然后独立编译成目标代码模块，再进行链接。

第一种方法适用于语句执行频率非常高，并且 C/C++ 编程与汇编编程效率差异较大的情况，如进入中断的通用中断子程序等。第二种方式是混合编程最常用的方式之一，在这种方式下，C/C++ 语言程序与汇编语言程序均可使用另一方定义的函数与变量。本节只介绍第一种方式——在 C/C ++ 代码中嵌入汇编指令。

## 5.4.1 在 C 语言程序中嵌入汇编语言

在不同的 C 编译系统中，在 C 语言程序中嵌入汇编语言的方法是有差异的，但基本形式相同。

### 1. 格式

C 语言程序支持 asm 指令，所以可以利用这条指令直接将汇编语句嵌入到 C 语言程序中。格式如下：

```
asm  操作码  操作数   <;或换行>
```

其中，操作码是处理器指令或伪指令，操作数是操作码可接受的数据。内嵌的汇编语句可以用分号“;”结束，也可以用换行符结束。一行中可以有多个汇编语句，相互间用分号分隔，但不能跨行书写。嵌入汇编语句的分号不是注释的开始，要对语句注释，应使用 C 的注释，如 /* … */。例如：

```
asm  mov ax,ds; /* AX←DS */
asm  pop ax; asm pop ds; asm ret; /* 合法语句 */
asm  push ds /* asm 语句是 C 程序中唯一可以用换行结尾的语句 */
```

在 C 程序的函数内部，每条汇编语言语句都是一条可执行语句，它被编译后存入程序的代码段。在函数外部，一条汇编语句是一个外部说明，它在编译时被放在程序的数据段中。这些外部数据可被其他程序引用。例如：

```
asm errmsg db 'system error'
asm NUM dw 0ffffH
asm PI dd 3.1415926
```

上述举例是针对 Turbo C 中嵌入汇编语言，含嵌入汇编语句的 C 语言程序不是一个完整的汇编语言程序，故 C 程序只允许有限的汇编语言指令集。

### 2. 汇编语句访问 C 语言

内嵌的汇编语句除可以使用指令允许的立即数、寄存器名外，还可以使用 C 语言程序中的任何符号（标识符），包括变量、常量、标号、函数名、寄存器变量、函数参数等。C 编译程序自动将它们转换成相应汇编语言指令的操作数，并在标识符名前加下划线。一般来说，只要汇编语句能够使用存储器操作数（地址操作数），就可以采用一个 C 语言程序中的符号。同样，只要汇编语句可以用寄存器作为合法的操作数，就可以使用一个寄存器变量。

对于具有内嵌汇编语句的 C 程序，C 编译器要调用汇编程序进行汇编。汇编程序在分析一条嵌入式汇编指令的操作数时，若遇到一个标识符，它将在 C 程序的符号表中搜索该标识符，但 8086 寄存器名不在搜索范围之内，而且大小写形式的寄存器名都可以使用。

【例 5.16】用嵌入汇编方式实现取两数较小值的函数 min。

```
/* 16.C */
int min(int var1,int var2) /* 用嵌入汇编语句实现的求较小值 */
{
    asm mov ax,var1
    asm cmp ax,var2
    asm jle minexit
    asm mov ax,var2
minexit: return(_AX); /* 将寄存器 AX 的内容作为函数的返回值 */
}
main()    /* C 语言主程序 */
{
    printf ( “较小数为: %d” , min(100,200) ) ;
}
```

C 语言中使用汇编语言时要注意通用寄存器的使用，Turbo C 中可以直接使用通用寄存器和段寄存器，只要在寄存器名前加一个下画线就可以了。另外，C 语言中使用 SI 和 DI 指针寄存器作为寄存器变量，利用 AX 和 DX 传递返回参数。

### 3. 编译过程

C 语言程序中含有嵌入式汇编语言语句时，C 编译器首先将 C 代码的源程序（.c）编译成汇编语言源文件（.asm），然后激活汇编程序 Turbo Assembler 将产生的汇编语言源文件编译成目标文件（.obj），最后激活 Tlink 将目标文件链接成可执行文件（.exe）。

【例 5.17】将字符串中的小写字母转变为大写字母显示。

```
/ * 17.C */
#include <stdio.h>
void upper(char *dest,char *src)
{
    asm mov si,src /* dest 和 src 是地址指针 */
    asm mov di,dest
    asm cld
loop: asm lodsb /* C 语言定义的标号 */
    asm cmp al,'a'
    asm jb copy /* 转移到 C 的标号 */
    asm cmp al,'z'
    asm ja copy /* 不是'a'到'z'之间的字符原样复制 */
```

```
    asm sub al,20h /* 是小写字母转换成大写字母 */
copy: asm stosb
    asm and al,al /* C语言中，字符串用NULL（0）结尾 */
    asm jnz loop
}
main()    /* 主程序 */
{
char str[]="This Is C case!";
char chr[100];
upper(chr,str);
printf("Origin string:\n%s\n",str);
printf("Uppercase String:\n%s\n",chr);
}
```

编辑完成后，在命令行输入如下编译命令，选项-I 和-L 分别指定头文件和库函数的所在目录：

```
TCC -B -Iinclude -Llib 17.c
```

生成可执行文件 17.exe，程序运行后输出的结果将是：

```
Origin string:
This Is C case!
Uppercase String:
THIS IS C CASE!
```

由上例可以看出，嵌入汇编方式把插入的汇编语言语句作为 C 语言的组成部分，不使用完全独立的汇编模块，所以比调用汇编子程序更方便、快捷，并且在大存储模式、小存储模式下都能正常编译通过。

## 5.4.2　在 C++语言程序中嵌入汇编语言

C++语言是 C 语言的超集，它是在 C 语言的基础上扩展形成的面向对象程序设计语言。本小节以 Visual C++ 5.0/6.0 为例，说明 32 位 Windows 环境下汇编语言与 C++的混合编程。Visual C++直接支持嵌入汇编方式，不需要独立的汇编系统和另外的连接步骤，所以，嵌入式汇编更简单方便。Visual C++的嵌入汇编方式与其他 C/C++编译系统的基本原理是一样的，当然有些细节的差别。

### 1. 格式

嵌入汇编指令采用_ _asm 关键字（注意：_ _asm 前是两个下划线，但 Visual C++ 5.0/6.0 也支持一个下划线的格式_asm，目的是与以前版本保持兼容）。

Visual C++ 嵌入汇编格式_ _asm{ 指令 }是采用花括号的汇编语言程序段形式，例如：

```
//_ _asm程序段
_ _asm
  {
    mov eax,01h   //支持汇编语言的注释格式
    mov dx,0xD007 ; 0xD007=D007h,支持C/C++的数据表达形式
    out dx,eax
  }
```

也具有单条汇编语言指令形式：

```
//单条_ _asm汇编指令形式
  _ _asm mov eax,01h
  _ _asm mov dx,0D007h
  _ _asm out dx,eax
```

另外，还可以使用空格在一行分隔多个_ _asm 汇编语言指令：

```
//多个_ _asm 语句在同一行时，用空格将它们分开
    _ _asm mov eax,01h _ _asm mov dx,0xD007 _ _asm out dx,eax
```

上面 3 种形式产生相同的代码，但第一种形式具有更多的优点。因为它可以将 C++代码与汇编代码明确分开，避免混淆。如果将_ _asm 指令和 C++语句放在同一行且不使用括号，编译器就分不清汇编代码到什么地方结束和 C++从哪里开始。_ _asm 花括号中的程序段不影响变量的作用范围。_ _asm 块允许嵌套，嵌套也不影响变量的作用范围。

当然在嵌入汇编语言中也有很多的规矩和注意事项。

**2. 在_ _asm 中使用汇编语言的注意事项**

嵌入式汇编代码支持 80486 的全部指令系统。Visual C++ 5.0/6.0 还支持 MMX 指令集。对于还不能支持的指令，Visual C++提供了_emit 伪指令进行扩展。

_emit 伪指令类似 MASM 中的 DB 伪指令，可以用来定义 1 字节的内容，并且只能用于程序代码段。例如：

```
#define cpu-id _ _asm _emit 0x0F _ _asm _emit 0xA2  //定义汇编指令代码的宏
_ _asm{ cpu-id }  //使用 C++的宏
```

嵌入式汇编代码虽然可以使用 C++的数据类型和数据对象，但却不可以使用 MASM 的伪指令和操作符定义数据。程序员不能使用 DB/DW/DD/DQ/DT/DF 伪指令和 DUP/THIS 操作符，也不能使用 MASM 的结构和记录（不接受伪指令 STRUCT、RECORD、WIDTH、MASK）。

Visual C++不支持 MASM 的宏伪指令（如 MACRO、ENDM、REPEAT/FOR/FORC 等）和宏操作符（如 !、&、%等）。

虽然嵌入式汇编不支持大部分 MASM 伪指令，但它支持 EVEN 和 ALIGN。这些指令将 NOP 指令放在汇编代码中以便对齐边界。对有些处理器来说，这样可以更加有效地读取指令。

嵌入式汇编代码可以使用 LENGTH、SIZE、TYPE 操作符来获取 C++变量和类型的大小。LENGTH 用来返回数组元素的个数，对非数组变量返回值为 1。TYPE 返回 C++类型或变量的大小，如果变量是一个数组，它返回数组单个元素的大小。SIZE 返回 C++变量的大小，即 LENGTH 和 TYPE 的乘积。

例如，对于数据 int iarray[8]（int 类型是 32 位，4 个字节），则：

LENGTH iarray 返回 8（等同于 C++的 sizeof(iarray)/sizeof(iarray[0])）；

TYPE iarray 返回 4（等同于 C++的 sizeof(iarray[0])）；

SIZE iarray 返回 32（等同于 C++的 sizeof(iarray)）。

在用汇编语言编写的函数中，不必保存 IA-32 指令系统的 EAX、EBX、ECX、EDX、ESI 和 EDI 寄存器，但必须保存函数中使用的其他寄存器（如 DS、SS、ESP、EBP 和整数标志寄存器）。例如，用 STD 和 CLD 改变方向标志位，就必须保存标志寄存器的值。

嵌入式汇编引用段时应该通过寄存器而不是通过段名。段超越时，必须清晰地用段寄存器说明，如 ES：[EBX]。

**3. 在_ _asm 中使用 C++语言的注意事项**

嵌入式汇编代码可使用 C++的下列元素：符号（包括标号、变量、函数名）、常量（包括符号常量、枚举成员）、宏和预处理指令、注释（/* */和//，也可以使用汇编语言的注释风格）、类型名及结构、联合的成员。

嵌入式汇编语句使用 C++符号也有一些限制：每一个汇编语言语句只包含一个 C++符号（包

含多个符号只能通过使用 LENGTH、TYPE 和 SIZE 表达式）；_ _asm 中引用函数前必须在程序中说明其原型（否则编译程序将分不出是函数名还是标号）；_ _asm 中不能使用和 MASM 保留字（例如指令助记符和寄存器名）相同的 C++符号，也不能识别结构 structure 和联合 union 关键字。

嵌入式汇编语言语句中，可以使用汇编语言格式表示整数常量（如 378h），也可以采用 C++的格式（如 0x378）。

嵌入式汇编语言语句不能使用 C++的专用操作符，如<< ，对两种语言都有的操作符在汇编语句中作为汇编语言操作符，如 * 、[ ] 。例如：

```
int array[6];    //C++语句中，[]表示数组的某个元素
_ _asm mov array[6],bx //汇编语言中，[]表示距离标识符的字节偏移量
```

嵌入式汇编中可以引用包含该_ _asm 作用范围内的任何符号（包括变量名），它通过使用变量名引用 C++的变量。例如，若 var 是 C++中的整形 int 变量，则可以使用如下语句：

```
_ _asm mov eax,var
```

如果类、结构、联合的成员名字唯一，_ _asm 中可不说明变量或类型名就可以引用成员名，否则必须说明。例如：

```
struct first_type
{
   char *carray;
   int same_name;
};
struct second_type
{
   int ivar;
   long same_name;
};
struct first_type ftype;
struct second_type stype;
_ _asm
{
   mov ebx,OFFSET ftype
   mov ecx,[ebx]ftype.same_name //必须使用 ftype
   mov esi,[ebx].carray        //可以不使用 ftype（也可以使用）
}
   #define PORTIO __asm    \
/* Port output */         \
{                          \
   _ _asm mov eax,01h   \
   _ _asm mov dx,0xD007   \
   _ _asm out dx,eax     \
}
```

该宏展开为一个逻辑行（其中“\”是续行符）：

_ _asm /* Port output */ {_ _asm mov eax,01h_ _asm mov dx,0xD007 _ _asm out dx,eax}

_ _asm 块中定义的标号对大小写不敏感，汇编语言指令跳转到 C++中的标号也不分大小写，C++中的标号只有使用 goto 语句时对大小写敏感。

#### 4. 用_ _asm 程序段编写函数

嵌入式汇编不仅可以编写 C/C++函数，还可以调用 C 函数（包括 C 库函数）和非重载的全局 C++函数，也可以调用任何用 extern“C”说明的函数，但不能调用 C++的成员函数。因为所有的标准头文件都采用 extern “C”说明库函数，所以 C++程序中的嵌入式汇编可以调用 C 库函数。

【例 5.18】嵌入式汇编编写函数。

```
// C++程序: 18.CPP
#include <iostream.h>
int power2(int,int);
void main(void)
{
    cout<<"2 的 6 次方乘 5 等于: \t";
    cout<<POWER2(5,6)<<ENDL;
}
int power2(int num,int power)
{
    _ _asm
    {
        mov eax,num           ;取第一个参数
        mov ecx,power         ;取第二个参数
        shl eax,cl            ;计算 EAX=EAX×(2^CL )
    }       //返回值存于 EAX
}
```

汇编语句通过参数名就可以引用参数，采用 return 返回出口参数。本例中虽没有使用 return 语句，但仍然返回值，只是编译时可能产生警告（在设置警告级别为 2 或更高时）。返回值的约定是：对于小于等于 32 位的数据扩展为 32 位，存放在 EAX 寄存器中返回；4～8 字节的返回值存放在 EDX.EAX 寄存器中返回；更大字节数据则将它们的地址指针存放在 EAX 中返回。

在 Developer Studio 开发系统中，建立一个 WIN32 控制台程序的项目，创建上述源程序后加入该项目，然后进行编译连接就产生一个可执行文件。该程序运行后显示如下：

```
2 的 6 次方乘 5 等于:  320
```

在 Developer Studio 开发系统中，可以通过 Projects 菜单 Settings 命令的 Link 标签设置加入调试信息（即/Zi 选项），嵌入式汇编就可以在源程序级进行调试，还可以在 C/C++标签中的 Listing Files 选择输出具有汇编语言程序输出列表（即/FA、/FAc、/FAs、/FAcs 选项）。

# 习 题 五

## 一、单项选择题

1. 汇编语言语句格式中对名字项的规定如下，其中错误的说法是（　　）。
   A. 名字的第一个字符可以是大写英文字母及小写英文字母
   B. 名字的第一个字符可以是字母、数字及@、_
   C. 名字的有效长度≤31 个字符
   D. 在名字中不允许出现$
2. 在下列伪指令中定义字节变量的是（　　）。
   A. DB　　B. DW　　C. DD　　D. DT
3. 在 8086/8088 汇编语言中，（　　）用于定义常数、变量、内存空间的定位。
   A. 伪指令　　B. 机器指令　　C. 宏指令　　D. 微指令

4. 有语句：COUNT EQU 256，下列四种叙述中，正确的是（　　）。

A. COUNT 是变量　　B. COUNT 占用一个字节存储单元

C. COUNT 是符号常数　　D. COUNT 占用二个字节存储单元

5. 执行 1 号 DOS 系统功能调用，从键盘输入的字符值存放在（　　）寄存器中。

A. AL　　B. BL　　C. CL　　D. DL

6. 语句 DA1 DB 2 DUP(3,5)，7 汇编后，与该语句功能等同的语句是（　　）。

A. DA1 DB 3,5,7　　B. DA1 DB 2,3,5,7

C. DA1 DB 3,5,3,5,7　　D. DA1 DB 3,5,7,3,5,7

7.
```
DB1 DB 8 DUP(2 DUP(3), 3 DUP(2))
⋮
MOV AX, WORD PTR DB1 [04H]
```
上面指令执行后，AX 的内容是（　　）。

A. 0302H　　B. 0203H　　C. 0202H　　D. 0303H

8. 为在一连续的存储单元中，依次存放数据 41H，42H，43H，44H，45H，46H，可选用的数据定义语句是（　　）。

A. DB 41，42，43，44，45，46　　B. DW 4142H，4344H，4546H

C. DW ‘AB’，‘CD’，‘EF’　　D. DW ‘BA’，‘DC’，‘FE’

9. 下列语句中能与“DA1 DB 32H,34H”语句等效的是（　　）。

A. MOV DA1,32H
　 MOV DA1+1,34H

B. MOV DA1,32
　 MOV DA1+1,34

C. MOV WORD PTR DA1,3234H

D. MOV WORD PTR DA1,‘24’

10.
```
DA2 DB 'AB','CD'
⋮
MOV AX,WORD PTR DA2+1
```
上述语句执行后 AX 中的值是（　　）。

A. ‘AD’　　B. ‘BC’　　C. ‘DA’　　D. ‘CB’

## 二、程序练习题

1. 根据题目，写出相关伪指令。

（1）定义数据段 DATA，并在数据段中定义两个字单元 X、Y，初始值都是 0。

（2）定义一个字符串 SRING，保存'Computer'。

（3）定义有 100 个字节单元的 COUNT 数组，初始值均为空。

（4）用赋值伪指令定义 PI 为 3.14。

（5）用类型操作符 LABEL 将 VALVE 单元定义为字节型。

2. 下列伪指令有错吗？如果有错，请指出错误原因。

（1）　X1　DB　35H,0,-80

（2）　X2　DB　35,260,-1

（3）　X3　DB　1234H

（4）　X4　DW　100

（5）　X5　DW　100(?)

（6）　X6　DD　'AB'

3．分析下列程序段执行情况，给出结果。

（1）
```
X DB 5,15,30
Y DB 22,14,6
Z DW ?
…
MOV BX,OFFSET X
MOV AL,[BX]
ADD AL,Y
INC BX
SUB AL,[BX]
MOV BL,Y+1
IMUL BL
MOV Z,AX
```

（2）
```
BUFF DB 10,22,14,6,31
TOTAL DB ?
…
MOV BX,OFFSET BUFF
MOV CX,TOTAL-BUFF
MOV AL,0
AA1: ADD AL,[BX]
INC BX
LOOP AA1
MOV TOTAL,AL
```

（3）
```
X DB 3AH
…
SUBR3 PROC NEAR
MOV AL,X
MOV BL,10
MOV DX,0
LETE : MOV AH,0
DIV BL
MOV DL,AH
PUSH DX
CMP AL,0
JNZ LETE
RET
SUBR3 ENDP
```

**三、简答题**

1．什么是汇编语言？汇编语言与高级语言相比有何优缺点？

2．解释指令性语句和指示性语句的区别。

3．什么是变量？什么是变量的三重属性？

4．汇编程序设计中为何要用段定义语句和段分配语句？它们的格式如何？

5．DOS 功能 AH=1 和 AH=8 都是从键盘输入一个字符，它们有什么不同？

**四、编程题**

1．求两个数的平均值，这两个数分别存放在 X 单元和 Y 单元中，而平均值放在 Z 单元中。

2．将字节变量 VARY 中的两位十六进制数输出。

3．利用逐次求大数的方法对内存单元 ARRAY 开始的一字节为单位的无符号数进行从大到小排序。

4．AX 寄存器中存放着 4 位十六进制数，试编写程序将这 4 位十六进制数分别转换为相应的

ASCII 码，并依次存放到 RESULT 数组的 4 个字节中去，要求用子程序的方法实现。

5．设有两个无符号数 125 和 378，其首地址为 x，求它们的和，将结果存放在 SUM 单元，并将其和转换为十六进制数且在屏幕上显示出来。

6．编制程序：两个 6 字节数相加，将一个字节相加的程序段设计为子程序，主程序分 3 次调用该子程序，但每次调用的参数不同。

7．若有一串无符号数，放在 NUM 开始的单元中，要求编制汇编语言程序，将其中的最大值找出来，且放到存储单元 MAX 中，这串数的长度已存放在 COUNT 单元。

8．试编制程序：分别对 NUM 中各数统计出有多少个 20，余下有多少个 5，再余下有多少个 2，再余下有多少个 1。统计的各数分别存放在 NUM20、NUM5、NUM2、NUM1 的对应位置中。程序要求用主程序子程序形式编制，而且用两种参量传递方法分别编制主程序和子程序。数据段如下：

```
DATA    SEGMENT
NUM     DW  0133H,0D5FH,1234H
COUNT   EQU  ($-NUM)/TYPE NUM
NUM20   DB   COUNT  DUP(0)
NUM5    DB   COUNT  DUP (0)
NUM2    DB   OOUNT  DUP (0)
NUM1    DB   COUNT  DUP  (0)
DATA    ENDS
```

# 第6章 存储系统

存储器作为微型计算机的重要组成部分，是微型计算机的记忆部件，用来存放程序和数据。将不同类型的存储器按照一定的方法组织起来，可构成微型计算机的存储系统。本章将介绍微型计算机存储系统的组成及工作原理。

## 6.1 存储系统概述

能够存放程序和数据，构成存储器的电路或器件应符合以下3个基本条件。

① 该电路或器件具有两种长期稳定的状态，可用来分别表示信息0和1。

② 在外界信号的控制下，可快速了解该电路或器件所处的状态，即可以读出信息。

③ 在外界信号的控制下，可快速改变该电路或器件所处的状态，即可以写入信息。

### 6.1.1 存储器的分类

按照不同的分类方法，可将存储器分成不同的类型，而不同类型的存储器具有不同的特性，在微型计算机中的用途也不一样。

#### 1. 按照存储介质分

存储器按照存储介质可分为半导体存储器、磁表面存储器和光盘存储器。

（1）半导体存储器

半导体存储器是采用超大规模集成电路工艺制成的各种存储器芯片，每个芯片包含多个晶体管、电阻器、电容器等元件，利用这些元件构成的存储电路的状态存储信息。半导体存储器进一步可分为随机存储器和只读存储器两大类，而每一类又可分为多种类型。半导体存储器具有速度快、体积小、功耗低和可靠性高等优点，在微型计算机中主要用作高速缓存和主存（也叫内存）。

（2）磁表面存储器

磁表面存储器在金属或塑料基体上涂一层磁性材料构成存储体，利用磁层上不同方向的磁化区域存储信息，基于电—磁转化的原理，通过磁头进行读写。磁表面存储器具有容量大、价格低、可长期保存信息的优点，但速度比主存慢。磁表面存储器主要有硬盘存储器、软盘存储器和磁带存储器。在微型计算机中使用硬盘作外存，可存放大量的程序和数据；软盘目前已被半导体存储器构成的U盘淘汰；磁带存储器在微型计算机中也很少使用。

（3）光盘存储器

光盘存储器在硬塑料基体上涂一层特殊的材料构成存储体，利用记录层表面有无小坑表示信息 0 和 1，通过激光部件进行读和写。光盘存储器分为只读、可写一次和可重写 3 大类。光盘存储器具有抗干扰好、容量大、价格低、可长期保存信息（比硬盘时间长得多，可达几十年）的优点，但容量比硬盘小，速度也不如硬盘快，在微型计算机中主要用来长期保存资料。

### 2. 按存取方式分

存储器按照存取方式可分为随机存储器、只读存储器、直接存取存储器和相联存储器。

（1）随机存储器

随机存储器（Random Access Memory，RAM）又叫读写存储器，是 CPU 可以直接按地址访问的存储器，即 CPU 可以按存储单元的地址随机访问存储器的任何一个单元，访问时间与单元地址无关，访问 0 号单元与访问 100 号单元用的时间完全相同。当计算机启动后，存放在磁盘中的程序和数据调入主存后 CPU 就可以访问了，但断电后，随机存储器中的信息会全部丢失。微型计算机的内存条就是由随机存储器构成的。

（2）只读存储器

只读存储器（Read-Only Memory，ROM）和随机存储器有一些相同的特性，都采用随机访问方式，访问时间和地址无关。但只读存储器和随机存储器有两点重要的区别，一是正常工作时只能读不能写，二是断电后存储的信息不会丢失。只读存储器用来存放不需要修改且断电后仍需要保存的程序和数据，如微型计算机系统中的加电自检程序、启动程序、基本输入/输出程序和系统参数就存放在主板上的只读存储器芯片 BIOS 中。

（3）直接存取存储器

直接存取存储器（Direct Access Memory，DAM）又叫半顺序存储器，信息是按块存放的，读写时也是按块进行，磁盘和光盘就属于直接存取存储器。访问磁盘时先将磁头直接移动到一个小区域（磁道），再对这个小区域顺序存取。磁盘存储器访问信息的时间和信息的位置有关，一般用平均访问时间表示。

（4）相联存储器

一般存储器都是按地址访问，而相联存储器（Associative Memory，AM）是一种按内容访问的存储器，是在随机存储器上增加了比较电路构成的。相联存储器读写时可将指定的内容和所有的存储单元同时比较，迅速找到要访问的区域，由于价格高，相联存储器只用在需要高速查找的特殊场合。

### 3. 按存储器的作用分

存储器按照在微型计算机中所起的作用可分为高速缓存、主存和辅助存储器。

（1）高速缓存

高速缓存（Cache）是介于 CPU 和主存之间的一个容量小、速度高、价格昂贵的随机存储器，在 20 世纪 80 年代后期开始在微型计算机中广泛使用。Cache 通常和 CPU 封装在一起，其作用是存放 CPU 在当前一小段时间内立刻要使用的程序和数据，这些程序和数据是主存中当前活跃信息的副本。CPU 可以访问 Cache，但对用户是透明的，完全由硬件控制，不可编程访问，即不能由程序控制对 Cache 的读写。

（2）主存

主存是 CPU 可以直接编程访问的存储器，是计算机中最早使用的存储器，主要由随机存储器和少量只读存储器构成。主存的容量比 Cache 要大几百倍，微型计算机的主存可达几个 GB，但速度要比 Cache 慢得多。主存的作用是存放 CPU 当前运行的程序和数据，即要运行哪个程序，就把哪个程序从辅助存储器调入主存。

（3）辅助存储器

辅助存储器简称辅存，CPU 不可以直接编程访问，主要由磁盘、光盘和 U 盘等外部存储器构成。辅存容量非常大，可达几百 GB，甚至几千 GB，其作用是存放 CPU 当前暂不使用的大量程序和数据，是主存的后援存储器。

**4. 按保存信息的时间分**

存储器按照保存信息的时间可分为永久性存储器和非永久性存储器。永久性存储器也叫非易失性存储器，在断电后存储器中保存的信息不会丢失，只读存储器、磁盘存储器、光盘存储器和 U 盘存储器都是永久性存储器。非永久性存储器也叫易失性存储器，在断电后存储器中保存的信息会丢失，随机存储器就属于非永久性存储器。

### 6.1.2 存储系统的层次结构

随着计算机应用的发展，对存储器的速度要求越来越高，对存储器的容量要求越来越大，但由于价格的原因，一种存储器已无法满足要求。为此，在计算机中采用多种存储器构成层次结构的存储系统。

**1. 程序局部性原理**

程序在执行时所访问地址的分布不是随机的，而是相对集中的，这使得在一个小的时间段内，访存将集中在一个局部区域，这种特性称为程序的局部性。

程序的局部性又分为时间局部性和空间局部性。程序的时间局部性是指程序即将用到的信息很可能就是目前正在使用的信息，如循环程序和一些子程序要重复执行多次。程序的空间局部性是指程序即将用到的信息很可能与目前正在使用的信息在空间上相邻或者临近，因程序中的大部分指令执行顺序和存放顺序是一样的。程序的局部性为存储器系统的分层结构奠定了基础，利用程序的局部性原理，可将马上要用到的信息存放到 CPU 优先访问的高速小容量存储器中，暂时不用的信息放到容量较大、速度较慢的存储器中，从而实现提高存储系统速度和容量的目的。

**2. 二级存储系统**

早期的微型计算机采用由主存和辅存构成主—辅存结构的二级存储系统，目的是解决主存容量的不足。当一个大的程序不能完全调入主存时，可将其一部分先调入主存，其余的部分留在辅存，要用到时再调入，并将不再使用的部分调出主存。主存和辅存构成的二级存储系统由软件和硬件共同实现其功能，对普通用户完全透明。

**3. 三级存储系统**

从 Intel 80486 微型计算机开始，存储器系统增加了 Cache，用来解决主存速度不够快的问题，构成了 Cache—主存—辅存的三级存储器系统，较好地解决了存储系统容量、速度和价格之间的矛盾。三级存储系统的结构如图 6-1 所示，其中，Cache 的容量最小，速度最快，成本最高；辅存的容量最大，速度最慢，成本最低；主存介于上述两者之间。

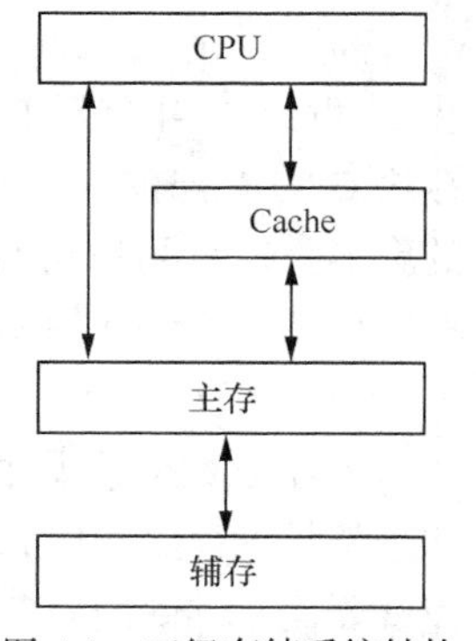

图 6-1 三级存储系统结构

执行程序时，CPU 首先访问 Cache，如 Cache 中没有，就去访问主存，同时将访问信息所在的主存块调入 Cache。CPU 如果在主存中找不到要访问的信息，还需要到磁盘去找，但 CPU 不能直接访问磁盘，磁盘中的信息需通过相应的硬件调入主存。三级存储系统实现了以接近 Cache 的速度存取程序和数据，以辅存的容量和成本存放程序和数据。

现在的微型计算机采用多级层次结构，如将 Cache 分成一级 Cache、二级 Cache 和三级 Cache，在磁盘上增加磁盘 Cache，使存储系统的性能进一步提高。

### 6.1.3 存储器的主要技术指标

存储器的技术指标用来衡量存储器的性能，主要有存储容量、存储速度、数据传输率和价格，此外还有功耗、体积、重量、可靠性等，对主存和辅存的衡量指标有一些差别。

**1. 存储容量**

存储容量用来衡量存储器可以存储的二进制信息的位数，容量越大，存储的信息就越多。对主存来说，用存储单元数×字长表示，如 1M×16 位，2G×8 位，字长一般有 8 位、16 位、32 位、64 位几种。习惯上主存用字节表示，即字长是 8，如主存容量是 4GB，表示 4G×8 位。外存都用字节表示，如 1000GB 的硬盘，4.7GB 的光盘，16GB 的 U 盘。

对主存来说，集成度也是一个重要指标，它表明单个芯片的存储容量，如 128M×1 位，128M×4 位，512M×1 位。集成度越高，在构成主存时用的芯片越少，也越简单。

**2. 存储速度**

存储速度用来衡量访问存储器的时间，用的时间越少，存储器的速度越快。Cache 和主存衡量存储速度使用存储周期这一指标，它表明连续访问存储器时完成一次读/写操作需要的时间。例如，Cache 的存储周期是 1 个 ns，主存的储存周期是 10 个 ns。磁盘和光盘等外部存储器由于存储信息的时间和信息的位置有关，只能用平均存取时间来衡量存储速度，访问一次磁盘需要若干 ms，每次访问最少读写一个数据块。

**3. 数据传输率**

数据传输率是指单位时间访问存储器读写的数据量。对 Cache 和主存来说，数据传输率也叫访存带宽，等于访存频率（存储周期的倒数）乘以存储单元字长。假设主存的存储周期是 10ns，访问一次可读写 8B 信息，则主存的带宽为：1/10ns×8B=0.8B/ns，即主存的带宽是 800MB/s。对磁盘来说，数据传输率等于磁盘的转速乘以磁道的容量。

**4. 存储器价格**

存储器价格指存储每位二进制数的成本，可以用储存器的总价格除以存储器的容量得到，一般速度越快的储存器价格越高。例如，售价 500 元，容量 1000GB 的硬盘，存储 1 字节二进制数的成本是 $0.5\times10^{-9}$ 元；售价 100 元，容量 4GB 的内存条，存储 1 字节二进制数的成本需 $2.5\times10^{-8}$ 元，是磁盘价格的 50 倍。

## 6.2 半导体存储器

半导体存储器由超大规模集成电路制成，每个芯片上集成了几百万、几千万个储存元电路，每个存储元电路可存储一位二进制数。将若干个存储元电路结合到一起，可以组成一个存储单元，存放一组二进制信息。给每个存储单元分配一个地址编码，CPU 通过这些地址码就可以对芯片上的任一单元进行访问。了解这些存储元电路保存信息和读写信息的基本原理以及各种存储器芯片的特点，对今后的学习是十分有益的。

### 6.2.1 随机存储器

在微型计算机中使用的半导体随机存储器（RAM）又分为静态随机存储器（Static RAM，

SRAM）和动态随机存储器（Dynamic RAM，DRAM）两大类，两种存储器性能和用途的比较如表 6-1 所示。

表 6-1　　静态随机存储器和动态随机存储器的比较

| 存储器类型 | 速度 | 集成度 | 功耗 | 价格 | 是否刷新 | 用　　途 |
|---|---|---|---|---|---|---|
| 静态随机存储器 | 快 | 低 | 大 | 贵 | 不需要 | 用作 Cache、小容量主存 |
| 动态随机存储器 | 较慢 | 高 | 小 | 便宜 | 需要 | 用作大容量主存 |

静态随机存储器和动态随机存储器最重要的区别在于是否需要刷新。静态随机存储器依靠一种双稳态电路存储信息，只要电源正常供电，信息就可以长期保存。静态存储器除了用作 Cache 和小容量主存，还在一些特殊场合使用。例如，在微型计算机中存储系统设置参数的 CMOS 存储器，在关机后由电池供电，以保证系统参数不丢失。

动态随机存储器依靠存储电路中的电容存储信息，由于电容漏电流的存在，信息会在几个 ms 后丢失，因此必须在信息丢失前进行恢复，称为刷新。由于动态随机存储器具有集成度高、功耗低、价格便宜等优点，微型计算机的主存主要是由动态随机存储器构成的。

### 1. 六管静态 MOS 存储元电路

静态随机存储器电路一般由 MOS 管组成，六管静态 MOS 存储元电路如图 6-2 所示。矩形框内为存储一位二进制数的电路，由 6 个 MOS 管组成。其中，$VT_1$、$VT_2$、$VT_3$、$VT_4$ 组成一个双稳态电路，$VT_1$、$VT_2$ 总是一个导通，另一个截止，具有两种稳定的状态。当访问存储器的地址码选中该电路时，行地址译码器 X 的输出使 Z 为高电平，$VT_5$、$VT_6$ 导通，存储元电路和位线连通。$VT_7$、$VT_8$ 每一列存储元电路上有一组，不属于存储元电路的组成部分，当访问存储器的地址码选中该电路时，列地址译码器 Y 的输出使这两个 MOS 管导通，位线 D 和 $\overline{D}$ 与 I/O 线连通，可进行读写操作。

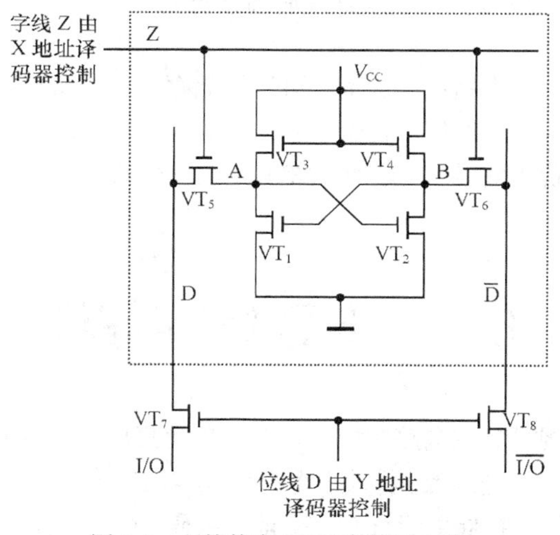


图 6-2　六管静态 MOS 存储元电路

（1）保存信息原理

如规定 $VT_2$ 导通，$VT_1$ 截止表示 1，$VT_1$ 导通，$VT_2$ 截止表示 0。当地址码没有选中存储元电路时，字线 Z 为低电平，$VT_5$、$VT_6$ 截止，存储元电路和外界隔绝，电路处于保存信息状态。如原来存放的是 1，$VT_1$ 截止，则 A 点为高电平，保证 $VT_2$ 导通使 B 点为低电平，反过来 B 点低电

平又保证 $VT_1$ 截止，维持 A 点的高电平不变，是一种稳定的状态。如原来存放的是 0，$VT_2$ 截止，则 B 点为高电平，保证 $VT_1$ 导通使 A 点为低电平，反过来 A 点低电平又保证 $VT_2$ 截止，维持 B 点的高电平不变，也是一种稳定的状态。因此，静态随机存储器只要有电源正常供电，保证向导通管提供电流，就能维持一管导通，另一管截止的状态不变，使信息可以长期保存。但电路中存在的电流，使静态随机存储器功耗较高。

（2）读出信息

当选中该存储元电路进行读操作时，字线 Z 为高电平，$VT_5$、$VT_6$ 导通，存储元电路和外界连通。这时位线加高电平，如原来存放的是 1，A 点为高电平，B 点为低电平，在位线 $\overline{D}$ 上会有电流信号，经 $VT_8$ 连接的 $\overline{I/O}$ 线上的读出放大器会检测出该信号。如原来存放的是 0，B 点为高电平，A 点为低电平，在位线 D 上会有电流信号，经 $VT_7$ 连接的 I/O 线上的读出放大器会检测出该信号。

（3）写入信息

当选中该存储元电路进行写操作时，字线 Z 为高电平，$VT_5$、$VT_6$ 导通，存储元电路和外界连通。写 1 时，通过写入电路在位线 D 加高电平，在位线 $\overline{D}$ 加低电平，无论存储元电路原来处于哪种状态，都会使 A 点变为高电平，$VT_2$ 导通，B 点变为低电平，$VT_1$ 截止。写 0 的原理和写 1 的原理类似，只要通过写入电路在位线 D 加低电平，在位线 $\overline{D}$ 加高电平即可。

**2. 单管动态 MOS 存储元电路**

构成动态随机存储器的电路有多种，现在广泛使用的是由单管 MOS 构成的动态存储器，单管动态 MOS 存储元电路如图 6-3 所示。单管动态 MOS 存储元电路由一个 MOS 管和一个电容构成，使用的元件少，有很高的集成度。

（1）保存信息原理

单管动态 MOS 存储元电路利用电容 $C_S$ 上有无电荷表示信息，有电荷，电容 $C_S$ 为高电平表示 1；没有电荷，电容 $C_S$ 为低电平表示 0。当没有选择该存储元电路时，字线 Z 是低电平，VT 截止，电容和外界隔绝，电容的状态不发生变化，存储的信息不变。由于电路中基本没有电流流动，所以功耗很低。

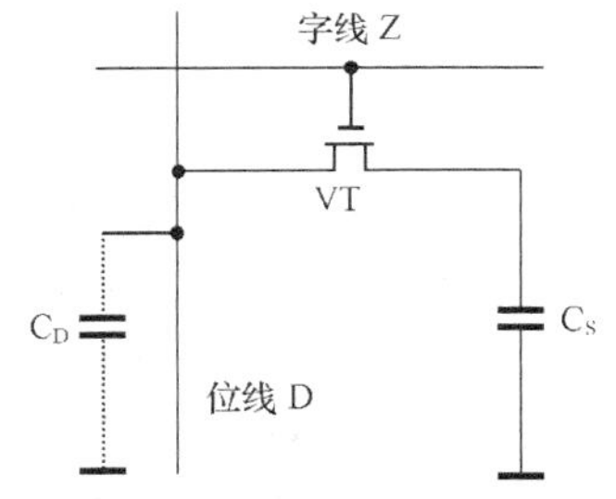

图 6-3 单动态 MOS 存储元电路

（2）读出信息

读出信息时，由于位线上的线电容 $C_D$ 较大，要预先给位线预充电，使位线电平达到电容 $C_S$ 表示 1 时电平的一半。当选中该存储元电路进行读操作时，字线 Z 是高电平，使 T 导通，如果原来存的是 1，电容 $C_S$ 就会放电，如果原来存的是 0，电容 $C_S$ 就会充电，通过检测位线电平的变化就可以得到存储的信息。由于位线电平变化很小，动态随机存储器需要灵敏度很高的读出放大器。

（3）写入信息

当选中该存储元电路进行写操作时，字线 Z 是高电平，使 VT 导通，如写入 1，位线加高电平给电容 $C_S$ 充电，如写入 0，位线加低电平让电容 $C_S$ 放电，就可以写入信息了。

（4）刷新

单管动态 MOS 存储元电路利用电容上有无电荷表示信息，但电容的漏电流会使信息丢失，需要在信息丢失前进行恢复，即进行刷新。刷新的间隔为几个 ms，每次对所有芯片的同一行单元刷新，在规定的刷新间隔（如 2ms）内将芯片的所有单元刷新一遍。刷新的过程和读出过程类似，只是读出的信息不送到数据线，而是利用读出电路重新写回去。刷新时由刷新控制电路给出刷新用的行地址及控制信号，在一个存储周期完成一行的刷新。

此外，单管动态 MOS 存储元电路构成的存储器属于破坏性读出，每次读出后信息会丢失，需要将读出的信息重新写回去。

## 6.2.2 只读存储器

最早的只读存储器（ROM）存储的信息是不能修改的，用户使用起来不方便。随着存储器技术的不断发展，出现了各种可以修改的只读存储器。只读存储器根据其是否可修改、如何修改，可分为掩膜只读存储器、可编程只读存储器、可擦可编程只读存储器和闪存。

### 1. 掩膜只读存储器

掩膜只读存储器（Masked ROM，MROM）是最早的只读存储器，厂家将程序和数据做在芯片中，某一位有元件表示 1，没有元件表示 0，做好后厂家和用户都不能修改，断电后芯片的结构也不会改变，当然存储的信息也不会丢失。MROM 具有可靠性高、集成度高的优点，但用户无法将自己的程序和数据写到只读存储器中，灵活性差，一般用于大批量生产的定型产品。

### 2. 可编程只读存储器

可编程只读存储器（Programmable ROM，PROM）允许用户修改一次，即可以编一次程序。厂家在制造芯片时，将全 0 或全 1 做在芯片中，用户可根据需要进行编程。

PROM 的存储信息原理如图 6-4 所示，一个三极管就是一个存储元电路。出厂时存储信息的三极管和位线都有熔丝相连，编程时用专门的编程设备，将需要修改的存储元电路加较高的编程电平，使熔丝烧断。假如有熔丝表示 0，没有熔丝表示 1，在读出时选中存储元电路后，有熔丝相连的位线可检测出信号，而没有熔丝相连的位线则不能检测出信号。PROM 在正常工作时加的电平较低，熔丝不会烧断。可以看出，PROM 比 MROM 提高了灵活性，但在编程后不能恢复到出厂时的状态，即不能重新编程。

### 3. 可擦可编程只读存储器

可擦可编程只读存储器（Erasable Programmable ROM，EPROM）和 PROM 相比又做了大的改进。厂家在制造芯片时，也是将全 0 或全 1 做在芯片中，用户可根据需要进行编程。和 PROM 不同的是，在编程后可用紫外光照射芯片，将编程信息擦除，重新编程。

图 6-5 所示为一种 EPROM 存储元电路，$VT_2$ 管为存储信息的特殊 MOS 管，有两个栅极 $G_1$ 和 $G_2$，其中 $G_1$ 没有引出线，包围在很薄的一层绝缘物二氧化硅（$SiO_2$）中，称为浮栅；$G_2$ 有引出线，为控制栅。出厂时，浮栅上不带电荷，存储内容全部为 1。

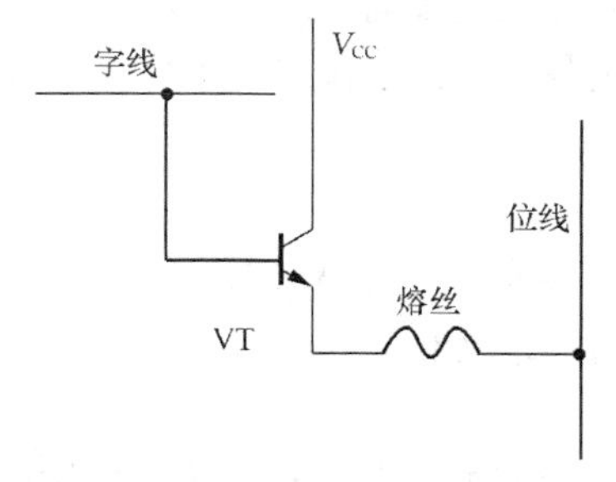


图 6-4 熔丝型 PROM 存储元电路

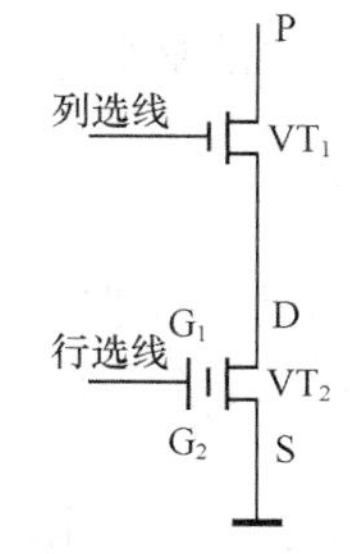


图 6-5 EPROM 存储元电路

用户编程时，也需要用专门的编程器。选中要编程的存储元电路后，在 P 端加上比较高的编程正脉冲电平（如+25V），经过 $VT_1$ 管后，正脉冲电平使 $VT_2$ 管沟道内的电场足够强而形成雪崩，产生很多高能电子。此时如在控制栅 $G_2$ 上加高电平，一部分高能电子就会穿过绝缘物注入到 $G_1$ 栅，从而使 $G_1$ 积累负电荷，这使 $VT_2$ 管的开启电平变得很高，即使 $G_2$ 栅为高电平，$VT_2$ 管也不能导通，相当于写入 0。因为 $G_1$ 栅包围在绝缘的二氧化硅中，泄漏电流很小，它所俘获的电子很难泄漏掉，写入的信息 0 可长期保存。如果 $G_1$ 栅没有注入负电荷，$VT_2$ 管开启电平较低，当 $G_2$ 栅为高电平时，$VT_2$ 管导通，存储的信息为出厂时的 1。用户可按照需要，将一部分存储元电路写入 0，完成编程工作。

如果要擦除写入的信息，可用强紫外光照射 EPROM 芯片上方的石英玻璃窗口，照射 $G_1$ 栅十几分钟，$G_1$ 上的电子获得足够的光子能量，穿过绝缘层回到衬底中，浮栅上的电子消失，芯片又恢复到出厂时的初始状态，存储内容全部恢复为 1，就又可以重新编程了。EPROM 可以多次重写，但擦除是整片进行的，即使重写一个单元，也要全部擦除后重写。

4．闪存

随着存储器技术的发展，在 EPROM 的基础上研制出了电可擦可重编程只读存储器（Electrically Erasable Programmable ROM，$E^2PROM$），对 $E^2PROM$ 的进一步改进形成了闪存（Flash Memory）。闪存写入信息不需要专门的设备，擦除信息也不用紫外光照射，而是在联机状态下直接进行擦除和写入，但闪存的擦除和写入是按块进行的，不能按字节或单元擦写。和 $E^2PROM$ 相比，闪存具有擦写速度快、集成度高、成本低、使用灵活的优点，是当前使用最多的只读存储器。

闪存存储元电路如图 6-6 所示，其电路结构与 EPROM 类似，只是浮栅与衬底氧化物之间的厚度不同，比 EPROM 的更薄，信息能在一瞬间闪电式被存储下来。

闪存在出厂时，浮栅上都不带电，表示存储了信息 1。编程时选中指定的存储单元，对要写入 0 的存储元电路，在 $G_2$ 加较高的编程电平，而源极 S 接地，由于在浮栅 $G_1$ 和源极之间有一小块绝缘层非常薄，当电场强度足够大时，产生隧道效应，电子就会进入到浮栅。浮栅带电后，在 $G_2$ 加正常的读出电平，MOS 管不能导通，位线上不能检测出信号，即写入了 0。对浮栅上不带电的存储元电路，在 $G_2$ 加正常的读出电平，MOS 管可以导通，位线上能检测出信号。

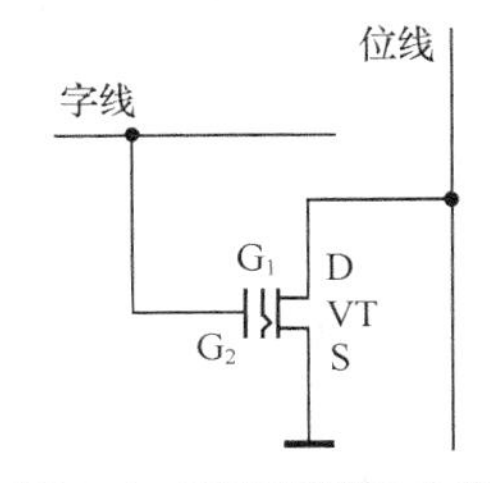

图 6-6 闪存存储元电路

当需要重新编程时，将 $G_2$ 接地，在源极 S 加擦除电平，这时浮栅上的电子就会返回到衬底，浮栅不带电后存储元电路就又恢复到出厂时的状态。

闪存既有 RAM 可读可写的特点，又具有一般 ROM 断电后信息不丢失的特点，这使得闪存的用途非常广泛，凡是需要在断电后保证信息不丢失，又能和 RAM 一样读写信息的场合都在使用闪存，如微型计算机主板上的 BIOS 芯片就是用闪存制作的，在手机、数码相机、网卡等许多电子产品中也都在使用闪存。但闪存还不能取代 RAM，一是闪存的读写速度不如 RAM 快，在写信息时要先进行擦除，需要花费一定的时间；二是闪存的擦除次数尽管很大（可达几万次，甚至更多），但毕竟是有限次的，而 RAM 的写入次数是不受限制的。

## 6.2.3 存储器芯片的结构及芯片举例

### 1．存储器芯片的基本结构

存储器芯片不但集成了大量的存储单元电路，而且还集成了译码器、读/写电路及数据缓冲器、存储器控制电路等部件。静态存储器芯片的基本结构如图 6-7 所示，对动态存储器，还要集成行列地址缓存器、刷新电路等。

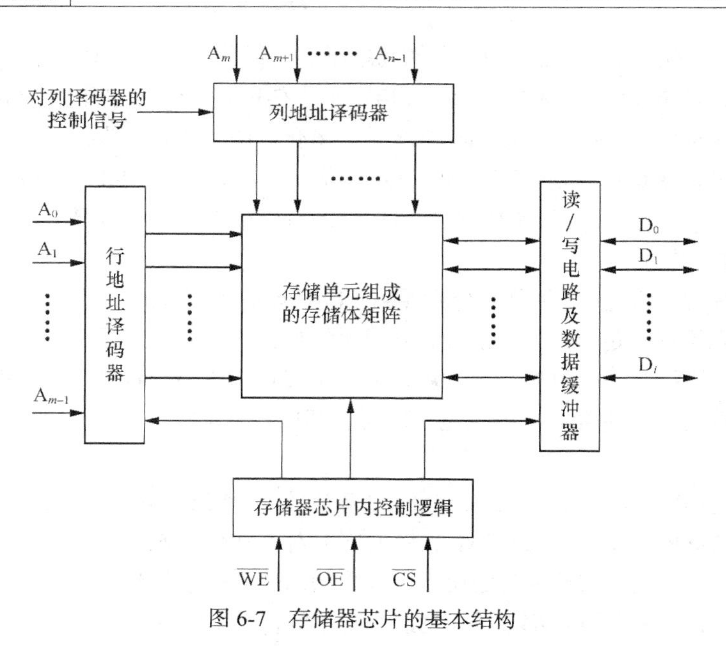

图 6-7　存储器芯片的基本结构

（1）存储体矩阵

存储体矩阵是存储器芯片的核心部分，由大量的存储单元组成，这些存储单元排列成一行行、一列列的矩阵。例如，有 64K 存储单元的存储器芯片，存储单元排成 256 行 × 256 列的矩阵（有的芯片行数和列数可以不同），有 1M 存储单元的存储器芯片，存储单元排成 1024 行 × 1024 列的矩阵。每行存储单元和一根行选择线相连，每列存储单元和一根列选择线相连。

（2）地址译码器

地址译码器用来对输入到芯片的存储单元地址进行译码，有 $n$ 位输入端的译码器有 $2^n$ 根输出选择线。

存储器芯片有单译码和双译码两种方式。单译码方式芯片中只有一个译码器，每根译码器的输出选择线直接选中一个存储单元，如有 10 个输入端的译码器有 1024 根选择线，最多可选择 1K 存储单元。显然，单译码方式只适合小容量的存储器芯片。双译码方式有行（$x$ 方向）和列（$y$ 方向）两个译码器，将地址码分为行地址和列地址两部分，分别送到行译码器和列译码器，行译码器的每根选择线一次可选中一行单元，列译码器的每根选择线一次可选中一列单元，当连接存储单元的行、列选择线同时有效时，该存储单元被选中，可以进行访问。例如，访问 1K（32 行 × 32 列）存储单元，需 10 位地址码，分为 5 位行地址，5 位列地址，采用双译码方式只需要 $2^5+2^5=32+32=64$ 根选择线，比单译码方式少得多。因此，大容量的芯片都采用双译码方式。

（3）读/写电路及数据缓存器

当地址译码器选中存储单元后，如果执行读操作，读/写电路将存储单元中的信息读出经数据缓冲器送到数据线上；如果执行写操作，读/写电路将数据线上的信息经数据缓冲器写入到指定存储单元。

（4）存储器芯片内控制逻辑

芯片内控制逻辑的作用是根据芯片接收到的片选信号、读和写信号等命令产生存储器芯片内需要的各种控制信号，如对译码器的控制，对读/写电路的控制。要注意的是，不同型号的芯片，控制信号引脚是有一定差别的。

### 2. 静态存储器芯片举例

静态存储器芯片不需要刷新，构成主存简单，可用于对速度要求高，对存储容量要求不高的一些微型计算机中。

静态存储器芯片有多种规格，图 6-8 所示为静态存储器 Intel 2114 芯片引脚及功能。Intel 2114 的容量是 1K × 4 位，即有 1K 存储单元，每个单元的字长是 4，即包含 4 个存储元电路。芯片共有 4096 个存储元电路，排成 64 × 16 × 4 的存储矩阵。

芯片的存储单元数和寻址存储单元的地址码密切相关，如有 $n$ 位地址码，可寻址 $2^n$ 个存储单元。反过来，要寻址 $N$ 个存储单元，需要的地址码位数为 $\log_2 N$ 位（注意，地址码的位数必须是整数，如计算出来不是整数，要向上取整）。芯片存储单元的字长和数据线密切相关，存储单元的字长是几位，就需要几根数据线。

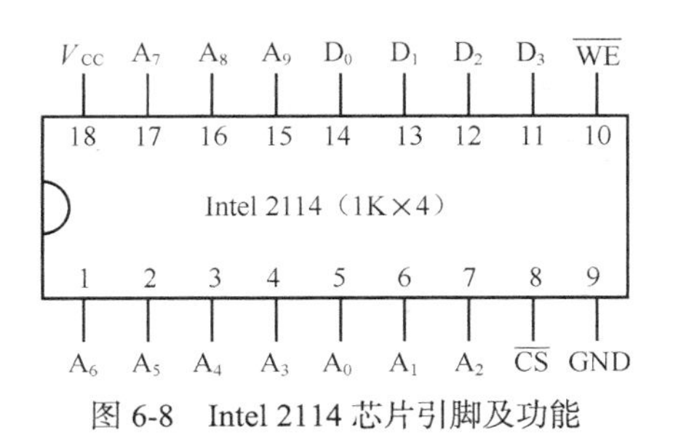

图 6-8 Intel 2114 芯片引脚及功能

Intel 2114 芯片共有 18 个引脚，其中，$A_9 \sim A_0$ 为 10 个地址线引脚，可连接地址总线的对应位；$D_3 \sim D_0$ 为 4 个双向数据线引脚，可连接数据总线的对应位；$\overline{CS}$ 是片选信号引脚，$\overline{WE}$ 为读写信号引脚，$V_{CC}$ 是电源线引脚，GND 为地线引脚。

当片选信号 $\overline{CS}$ 是低电平时，芯片被选中，可进行读写操作；片选信号 $\overline{CS}$ 是高电平时，芯片未被选中，数据线处于高阻状态，不能进行读写。$\overline{WE}$ 信号为高电平时读出，低电平时写入。在读操作时，$\overline{CS}$ 为低电平，$\overline{WE}$ 为高电平，可将地址码选中单元的 4 位数据读出送到 4 根数据线上；在写操作时，$\overline{CS}$ 和 $\overline{WE}$ 都是低电平，可将 4 根数据线上的数据写入地址码选中的单元。

### 3. 动态存储器芯片举例

动态存储器芯片集成度高、价格便宜，是构成微型计算机主存的主要芯片。但动态存储器由于需要刷新，必须有刷新控制电路定时提供刷新控制信号和行地址供刷新用，因此用动态存储器芯片构成主存比静态的要复杂。

动态存储器芯片也有多种规格，图 6-9 所示为动态存储器 Intel 2164 芯片引脚及功能。Intel 2164 的容量是 64K × 1 位，即有 64K 存储单元，每个单元的字长是 1。芯片共有 $2^{16}$ 个存储元电路，本来应排成 256 × 256 的存储矩阵，但为了减少行列线上的分布电容，芯片内部分为 4 个 128 × 128 的存储矩阵，每个矩阵都有一套读写控制电路。

动态存储器芯片容量大，寻址需要的地址线数会很多。为了减少引脚数，动态存储器芯片采用行列地址分时复用地址引脚的方法，即行地址和列地址使用相同的引脚。Intel 2164 有 64K 存储单元，需要 16 位地址码寻址，但芯片上只有 8 根地址线引脚 $A_7 \sim A_0$，访问时先将 8 位行地址送入芯片内的行地址锁存器，然后再将 8 位列地址送人芯片内的列地址锁存器。

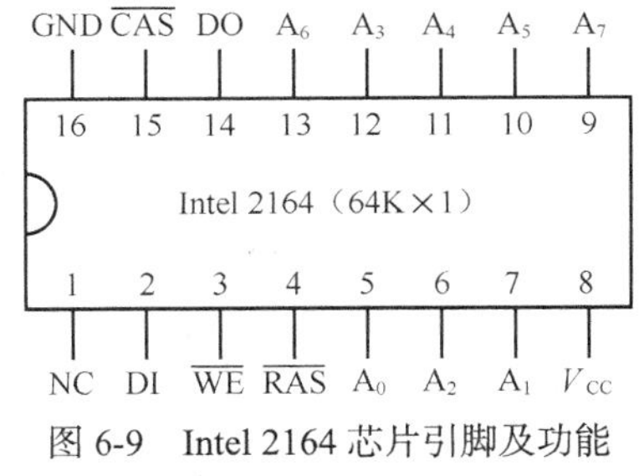

图 6-9 Intel 2164 芯片引脚及功能

Intel 2164 芯片共有 16 个引脚，各引脚的功能如下。

① $A_7 \sim A_0$：8 位地址引脚线，行列地址分时复用。输入地址时，地址总线上的地址要经过选择器电路才能和芯片的地址引脚连接。

② DI：数据输入引脚；DO：数据输出引脚。Intel 2164 的数据线是单向的，输入和输出使用不同的引脚，需通过选择器电路才能和数据总线连接。

③ $\overline{RAS}$：行地址选通信号，低电平有效。该信号有效时可将 8 位行地址送入芯片内的行地址锁存器。

④ $\overline{CAS}$：列地址选通信号，低电平有效。该信号有效时可将 8 位列地址送入芯片内的列地址锁存器。

⑤ $\overline{WE}$：读写控制信号，高电平读出数据，低电平写入数据。

⑥ $V_{CC}$：电源线引脚；GND：地线引脚；NC：空闲未使用。

Intel 2164 芯片没有片选信号，$\overline{RAS}$ 可起到片选作用，当行地址选通信号有效时可对芯片读写。读写时，行地址选通信号先有效，将行地址送入行地址锁存器，然后列地址也变为有效，将列地址送人芯片内的列地址锁存器，行列地址都准备好后，开始对地址进行译码。此时如读写信号为高电平，可将指定单元的内容读出到 DO 线上；如读写信号为低电平，可将 DI 线上的数据写入指定的单元。

4. 闪存芯片举例

闪存既有 RAM 能读能写的特点，又有 ROM 断电后信息不丢失的优点，在微型计算机和电子产品中广泛使用。闪存采用 5V 或 3.3V 的电源供电，在芯片内部集成了升压电路，提供擦写时需要的高电平。图 6-10 所示为闪存芯片 AT29C040A 的引脚及功能。

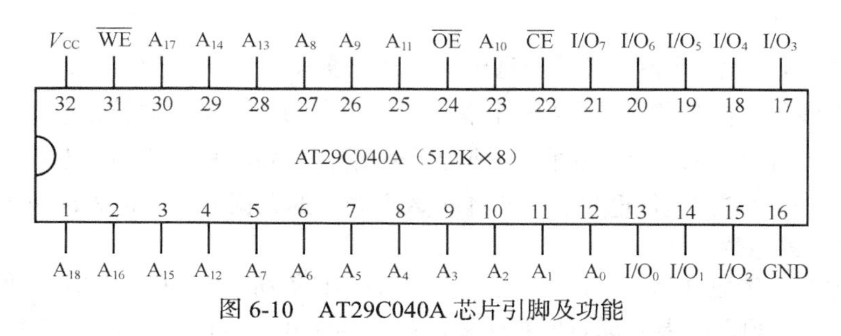

图 6-10 AT29C040A 芯片引脚及功能

闪存芯片 AT29C040A 的容量是 512K × 8 位，有 19 根地址引脚线和 8 根数据引脚线。控制信号线有片选信号 $\overline{CE}$，低电平有效；读出允许信号 $\overline{OE}$，低电平有效；写允许信号 $\overline{WE}$，低电平有效。AT29C040A 的擦写操作是按块进行的，每块 256 个字节，每次擦写不能少于 256 个字节，如不够 256 个字节，要用数据 FFH 来填充。

由于闪存芯片可以联机擦写，作 BIOS 芯片使用时，系统可以方便升级，但这也给病毒的侵犯带来了机遇，而其他只读存储器则不存在这一问题。

此外，闪存芯片还可以制作成电子盘当外存使用，电子盘和其他外存相比，具有速度快、体积小、重量轻、功耗低等许多优点。电子盘的存取和磁盘非常相似，是按块进行的。微型计算机上广泛使用的 U 盘就属于电子盘，其核心部件就是闪存芯片，在平板电脑和部分笔记本电脑中还使用电子盘代替了硬磁盘。

## 6.3 提高存储系统性能的技术

微型计算机的整体性能在很大程度上取决于存储系统的性能，如何提高存储系统的性能是存储系统研究的重点之一。在只有一个主 CPU 的单机系统中，当前提高存储系统性能除了采用性能更高的存储器芯片，主要是采用高速缓存、虚拟存储器、并行存储器等技术。

### 6.3.1 高速缓存

在计算机技术的发展过程中，CPU 性能提高很快，主存的发展远远不能满足要求，使 CPU 执行一条指令的时间大部分浪费在访问速度较慢的主存上。为了解决这一问题，在现代微型计算机中都采用了高速缓存技术，在存储系统中增加一个小容量、高速度的 Cache 存储器，并将其集成到 CPU 芯片中。利用程序局部性原理，将主存中立即要用到的程序和数据复制到 Cache，使 CPU 绝大部分时间只访问高速的 Cache，从而提高了存储系统的速度。

Cache 存储器可以进一步分级，一级 Cache 只有十几 KB 到几百 KB，速度极快。为了适合流水线工作，一级 Cache 又分成指令 Cache 和数据 Cache，使取指令和读写数据的操作能同时进行。二级 Cache 和三级 Cache 的容量一般有几 MB，速度略慢一些，指令和数据也不再分开存放。

每个 Cache 存储器由两部分组成，一部分为标记存储器，每个存储单元对应一个 Cache 块，存放的标记表明 CPU 要访问的块是否在 Cache 中，该块是否有效、是否被修改过等信息；另一部分是 Cache 的主体，存放 CPU 要访问的指令或数据。

为了实现 Cache 的功能，要解决以下几个问题：

① Cache 的内容和主存之间的映像关系；

② 主存地址到 Cache 地址的转换；

③ 对 Cache 进行读出和写入；

④ 对 Cache 内容进行更新替换。

**1．地址映像**

Cache 和主存地址之间的逻辑对应关系称为地址映像，常用的地址映像有直接映像、全相联映像和组相联映像 3 种。

（1）直接映像

主存内容调入 Cache 采用分块调入的方法，将主存的一块调入到 Cache 的什么位置就是地址映像要解决的问题。由于主存和 Cache 划分成大小相同的块，主存的容量比 Cache 大得多，主存划分的块也要多得多，多个主存块会映像到同一个 Cache 地址。在直接映像方式中，主存按 Cache 的容量分组，再按 Cache 块的大小分块，每组中主存的块数和 Cache 的块数一样。直接映像方式规定主存中的一块只能调入 Cache 中唯一的一块，映像规则可用公式（6-1）表示：

$$j = i \quad \text{MOD} \quad M \qquad (6\text{-}1)$$

其中，$j$ 是 Cache 的块号（Cache 的块也叫行，块号也叫行号），$M$ 是 Cache 划分的块数，$i$ 是主存的块号。即用主存的块号模 Cache 的块数，余数是几，就调入 Cache 的第几块。

【例 6.1】设 Cache 容量为 16KB，块的大小为 1KB，主存容量为 1MB，计算主存和 Cache 各划分成多少块？采用直接映像方式，主存的第 100 块可调入到 Cache 的第几块？哪些主存块可调入 Cache 的第 3 块？

解：① 主存划分的块数：1MB/1KB=1024 块

② Cache 划分的块数：16KB/1KB=16 块

③ 主存的第 100 块可调入到 Cache 的块号：100　MOD　16=4，即可调入 Cache 的第 4 块。

④ 根据公式（6-1）有：3=$i$　MOD　16，可求的 $i$=3，19，35，…，1011（$i$<1024），即主存这些块都可以映像到 Cache 的第 3 块。

直接映像方式中，主存地址分为组号、组内块号和块内地址 3 部分，组号和组内块号合在一起为主存块号，如图 6-11 所示。假设：$M=2^m$，则主存块号的低 $m$ 位就是主存块号除以 Cache 块数的余数，即该块在组内的编号，主存的组号是主存块号除以 Cache 块数的商的整数部分。

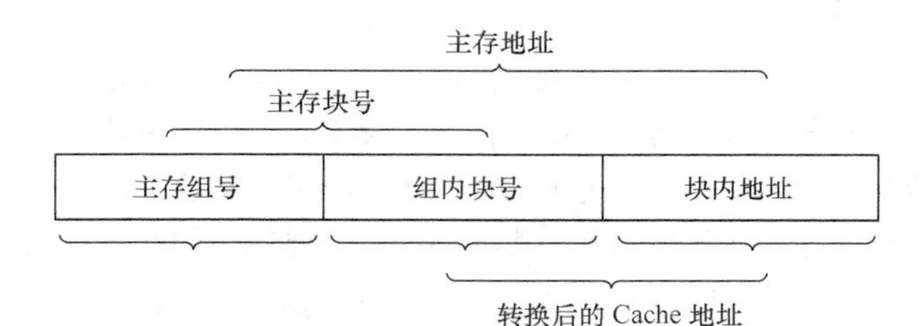


图 6-11　直接映像方式主存地址和 Cache 地址的转换

如主存容量为 1MB，划分成 64 个组，每组划分成 16 块，每块容量 1KB，则主存地址的高 6 位为组号，低 10 位为块内地址，中间的 4 位为组内块号。在主存块调入 Cache 时，也将组号作为块标记存入 Cache 标记存储器中，CPU 访问 Cache 时先将主存地址的高 6 位（组号）和组内块号指明的 Cache 块的标记比较，如比较结果相同，说明 CPU 要访问的块已调入到 Cache，主存地址中组内块号拼接块内地址就是要访问的 Cache 地址。

直接映像方式实现简单，地址转换速度快，但 Cache 利用率低，冲突概率高。在例 6-1 中，当主存的第 3 块和第 19 块要同时调入 Cache 时发生冲突，即使 Cache 还有空间，也无法同时调入。

（2）全相联映像

在全相联映像方式中，主存和 Cache 分块后，规定主存的一块可以调入 Cache 中的任一块中。如主存的第 0 号块，可以调入 Cache 的第 0，1，2…中的任一块，主存的第 100 号块，也可以调入 Cache 的第 0，1，2…中的任一块。

当采用全相联映像方式时，将主存的地址分成两部分，低位为块内地址，高位为块号，作块标记使用，如图 6-12 所示。如主存 1MB，划分成 2048 块，每块 512B，则块标记 11 位，块内地址 9 位。当 CPU 访问 Cache 时，用主存地址的高 11 位和 Cache 所有块的标记比较，如和 Cache 某个块的标记相同，说明 CPU 要访问的块已调入到 Cache，该块的块号和主存地址中的块内地址拼接就是要访问的 Cache 地址。

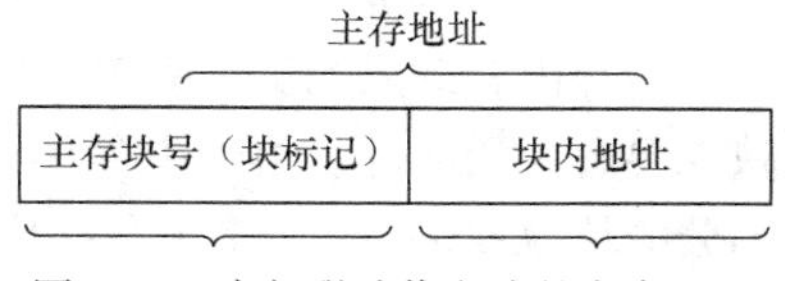


图 6-12　全相联映像方式的主存地址

全相联映像方式冲突概率低，Cache 利用率高。只有全装满后，才出现冲突，但实现起来复杂，调入时要查找空块；CPU 访问时要查找主存的块调入到 Cache 的哪一块，这需要和所有的块标记同时比较。为提高查找速度，存储标记需使用相联存储器，容量大时，成本很高。

（3）组相联映像

组相联映像是前两种方式的结合。采用组相联映像时，将 Cache 和主存分组，如将 Cache 分成 $G$ 组，每组包含 $N$ 块（$G$ 和 $N$ 是 2 的整次幂），主存也分组，每组包含的块数是 Cache 的组数，但分的组数要比 Cache 多。

在将主存块调入 Cache 时，主存的一块可以调入到 Cache 中唯一的一组（直接映像），而调入到该组的哪一块是任意的（全相联映像）。主存块映像到 Cache 指定组的规则可用公式（6-2）表示：

$$k = i \quad \text{MOD} \quad G \tag{6-2}$$

其中，$k$ 是 Cache 的组号，$G$ 是 Cache 划分的组数，$i$ 是主存的块号。即用主存的块号模 Cache 的组数，余数是几，就调入 Cache 的第几组，至于调入到组内的哪一块是任意的。

对组相联映像来说，当组数 $G$=1 时，即 Cache 不分组，组相联就成了全相联映像；当每组块

数 $N$=1 时，即 Cache 每组一块，组相联映像就成了直接映像。Cache 每组包含 $N$ 块的组相联映像也叫 $N$ 路组相联映像，$N$ 越大越接近全相联映像，实现也越复杂。

图 6-13 所示为 4 路组相联示意图。图中，Cache 分 8 块，4 块一组，共 2 组；主存分 256 块，每 2 块一组，共 128 组。主存块号模 2 余数为 0 的可映像到 Cache 的第 0 组，主存块号模 2 余数为 1 的可映像到 Cache 的第 1 组。

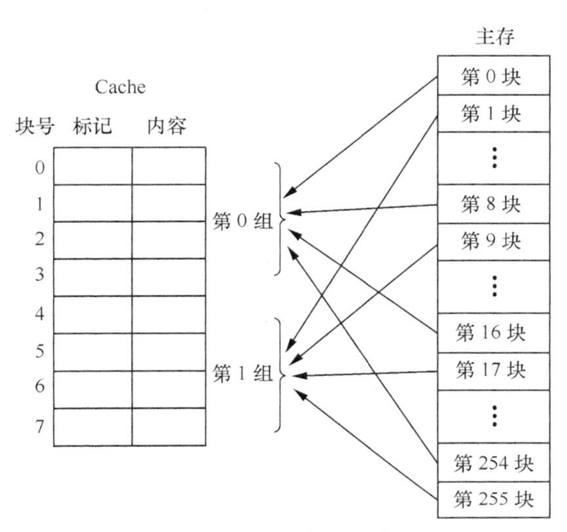


图 6-13　4 路组相联示意图

【例 6.2】设 Cache 容量为 16KB，块的大小为 1KB，主存容量为 1MB。如采用 4 路组相联映像，计算主存和 Cache 各划分成多少组？主存的第 10 块可调入到 Cache 的第几块？

解：① Cache 划分的块数：16KB/1KB=16，由于是 4 路组相联，所以每组 4 块，Cache 划分成的组数：16/4=4。

② 主存划分的块数：1MB/1KB=1024 块，由于 Cache 划分成 4 组，所以主存每组包含 4 块，划分的组数是：1024/4=256。

③ 主存的第 10 块可调入到 Cache 的组号是：10　MOD　4=2，即可调入 Cache 的第 2 组。因第 2 组包含 Cache 的第 8、9、10、11 块，所以主存的第 10 块可调入到 Cache 的第 8、9、10、11 块中的任一块。

组相联映像方式中，主存地址也分为组号、组内块号和块内地址 3 部分。组号和组内块号合在一起为主存块号。假设：$G=2^g$，则主存块号的低 $g$ 位就是主存块号除以 Cache 组数的余数，即该块在组内的编号，主存的组号是主存块号除以 Cache 组数的商的整数部分。

如 Cache 容量为 16KB，分成 8 组，每组 2 块，每块 1KB；主存容量为 1MB，每组包含 8 块，划分成 128 组，则主存地址的高 7 位为组号，低 10 位为块内地址，中间的 3 位为组内块号。在主存块调入 Cache 的某块时，也将组号作为块标记存入该 Cache 块对应的标记存储单元中。当 CPU 访问 Cache 时，将主存地址的高 7 位（组号）和组内块号（中间 3 位）指明的 Cache 组包含的所有块的标记比较，如和 Cache 某个块的标记相同，说明 CPU 要访问的块已调入到 Cache，该 Cache 块的块号和主存地址中的块内地址拼接就是要访问的 Cache 地址。

组相联映像比全相联映像实现简单，成本低；比直接映像冲突概率低，主存利用率高，是目前被广泛使用的地址映像方式，Pentium 系列计算机采用的就是组相联映像。

2. Cache 的读/写过程

CPU 访存时首先访问 Cache，在 Cache 中找到，访问 Cache 命中。命中的次数除以访问的次数称为命中率，如访问 100 次，找到 95 次，命中率为 95%，Cache 的命中率一般都在 90%以上。当在 Cache 中找不到时，称为访问 Cache 失效。

Cache 的读和写过程有一定的差别，对读操作，查找和读出可以同时进行。如找到，读出的信息正确；如没有找到，读出的信息作废，再访问主存，将要访问的单元及该单元所在的主存块调入 Cache，再进行读操作。

对写操作，查找和读出不能同时进行，找到后才能进行写入操作。Cache 的写操作策略有两种处理方法，一种是写回法，执行写操作时只写入 Cache，并作标志，替换时才一次写入主存。这种方式复杂，不能保持主存和 Cache 的一致性，但速度快。另一种称为写直达法，在写入 Cache 的同时也写入主存。这种方式简单，可保持主存和 Cache 的一致性，但速度慢，还有一些写操作是对同一单元进行的，是无效操作。当写操作失效时，也有两种处理方法，一种是将要写的块调入 Cache 后再写，另一种是直接写入主存。一般写回法采用第一种策略，写直达法采用第二种策略。

3. 替换算法

Cache 块少，主存块多，主存的许多块会映像到 Cache 的同一块，当发生冲突时，要替换 Cache 中已调入的块。对直接映像来说，发生冲突时，要替换的块是固定的，不需要替换算法，对全相联和组相联映像，要替换的块是可选的，需按一定的算法进行。常用的算法有随机算法、先进先出算法、近期最少使用算法 3 种。

（1）随机算法

随机算法（Random Algorithm，RAND 算法）不考虑程序的局部性，发生冲突时，随机选择一块替换出去，速度快、实现非常简单，但替换出去的块有可能是马上要用的快，失效率较高。

（2）先进先出算法

先进先出算法（First-In-First-Out Algorithm，FIFO 算法）给每个调入的块作顺序标记，在更新时，按调入 Cache 的顺序替换先调入的块，认为这些块将不再使用。这种算法实现简单、开销小，但反映程序的局部性不够全面，有些先调入的块使用频率很高。

（3）近期最少使用算法

近期最少使用算法（Least Recently Used Algorithm，LRU 算法）为 Cache 各块建立一个表，记录它们的使用情况，替换时将近期最少使用或最久没有使用的块替换出去。LRU 算法较好地反映了程序的局部性，可提高命中率，但算法实现复杂，系统开销大，特别是可选择的快较多时。

### 6.3.2 虚拟存储器

虚拟存储器由主存和硬盘的一部分组成，在系统软件和辅助硬件的管理下可以当主存使用。虚拟存储器作为一种主存——辅存层次的存储系统，解决了主存容量不足的问题，用户可以在一个很大的存储空间编程，不必考虑主存的实际大小。现代的微型计算机大多采用了这一技术，如 Pentium 系列 CPU 的虚拟存储器地址可达 46 位，寻址的最大虚拟空间有 64T。

1. 虚拟存储器的工作原理

虚拟存储器也是利用了程序的局部性这一特性，将当前需要运行的程序部分调入主存，不运行的部分暂时放到辅存。为了实现虚拟存储器的功能，和 Cache 一样，要将虚拟存储器和主存分成一定大小的块（习惯称为页），也要解决虚拟存储器的内容和主存之间的映像关系；虚地址（虚拟存储器地址）到实地址（主存地址）的转换；对主存内容进行更新替换等一系列问题。其解决策略与 Cache 所用策略非常相似，但由软硬件结合实现。

（1）地址映像

虚拟存储器在访问失效时要访问磁盘，失效开销非常大。为了降低失效率，操作系统允许将虚拟存储器的页调入到主存的任何位置。因此，在虚拟存储器中采用全相联映像方式。

（2）替换算法

同样考虑失效开销大的原因，虚拟存储器采用 LRU 算法。如对每个主存页设置使用位，刚访问过的页置 1，并定期将使用位复位成 0。在替换时，操作系统可以将使用位为 0 的页替换出去。

（3）读和写的过程

虚拟存储器在读/写操作时，如果在主存没有找到，会发生页面失效，需通过中断的方法从磁盘调入相应的页面，再进行操作。对写操作采用的策略是写回法，先写到主存，并设置修改位，替换时再写入磁盘。如果该页没有修改，替换时放弃即可。

**2. 虚拟存储器的类型**

虚拟存储器一般有页式、段式、段页式 3 种类型，现代的微型计算机已将有关的存储管理硬件集成在 CPU 中，可以支持操作系统选用 3 种方式之一。

（1）页式虚拟存储器

页式虚拟存储器将虚存和主存分成大小相同的页，页的大小比 Cache 块要大，可以从几 KB 到几 MB，并在主存设置一个页表对虚存进行管理。页表的每行对应虚存的一页，存放该虚存页的有关信息。如在磁盘存放的位置、是否已调入主存，如已调入主存，则该行有对应主存的实页号。其他还有该页是否修改过，是否允许读，是否允许写等控制位。

页式虚拟存储器的地址变换，通过页表实现，将虚地址中的页号和页表基址寄存器的内容结合，可形成访问页表对应行的地址，如页表行中有效位是 1，表示该页已调入主存，将行中的实页号和虚地址中的页内地址拼接就能得到实地址。

由于虚存空间非常大，页表也非常大，查找页表速度较慢。为此，利用程序局部性原理，页表也采用二级层次结构，将最近要用到的页的相关信息复制到一个称为 TLB（Translation Lookaside Buffer）的快表中，快表采用相联存储器构成，一般只有几十行，具有很高的查找速度。地址变换时，先在快表中查找，只有快表中找不到时才到慢表中去找。只要快表的命中率足够高，就能保证虚地址到实地址的变换速度。

页式虚拟存储器划分的页的大小固定，是 2 的整数次幂个字节，管理方便，有利于存储空间的利用和调度，地址变换速度快。但页式虚拟存储器不能反映程序的逻辑结构，不利于程序的执行、保护和共享，页表要占用一定得主存空间。

（2）段式虚拟存储器

段式虚拟存储器将虚存和主存在使用时按用户程序的逻辑结构分段，段的大小不固定，每个段的大小也可以不相同，通过在主存设置一个段表对虚存进行管理。段表的每行对应虚存的一个段，存放该虚存段的有关信息。由于段的大小可变，和页表不同的是在段表中要存放该段调入主存的起始地址和段的长度，其他控制信息是类似的。

段式虚拟存储器的地址变换，通过段表实现，将虚地址中的段号和段表基址寄存器的内容结合，可形成访问段表对应行的地址，如段表行中有效位是 1，表示该段已调入主存，将行中的段在主存的起始地址和虚地址中的段内地址相加就能得到实地址。

段式虚拟存储器中段的大小是按用户程序的逻辑结构划分的（如子程序、函数等），有利于程序的编译处理、执行、保护、共享，但不利于存储空间的利用和调度，地址的变换也费时间。

（3）段页式虚拟存储器

段页式虚拟存储器将段式虚拟存储器和页式虚拟存储器相结合，兼有二者的优点。这种虚拟存储器将程序按其逻辑结构分段，每段再分成大小相同的页，主存也划分成大小相同的页，运行时按段共享和保护程序及数据，按页调进和调出主存。

段页式虚拟存储器通过在主存建立段表和页表进行管理（还可将页表进一步分成页表目录和页表两部分），通过多次查表实现虚地址到实地址的转换。对多道程序工作方式，每个用户程序有自己的段表，可根据虚地址中的用户标志号找到对应的段表基地址寄存器。得到段表起始地址后，和虚地址中的段号结合找到段表中对应的行，取出页表起始地址。再根据页表起始地址和虚地址中的段内页号找到页表中的对应行，取出实页号和虚地址中的页内地址拼接，最后形成访问主存的实地址。由于段页式虚拟存储器要经两级查表才能形成实地址，速度要慢一些。

## 6.3.3 并行存储器

并行性是指在同一时刻或同一时间段完成两种或两种以上性质相同或不同的工作。采用并行技术是提高微型计算机性能的重要方法，现代高档微型机中 CPU 都采用了流水线、超标量、多核等一系列并行技术，在存储系统中也采用了双端口存储器、多体并行存储器、相联存储器等并行技术。

### 1. 双端口存储器

普通的单端口存储器只有一套地址寄存器和译码电路，一套读写电路及数据缓冲器，在一个存储周期只能接收一个地址，访问一个存储单元。而双端口存储器具有两套独立的地址寄存器和译码电路，两套独立的读写电路及数据缓冲器，在一个存储周期能同时接收两个地址，只要两个地址编码不同，就能并行访问两个存储单元。可以对两个单元同时读同时写，也可以一个读，另一个写。只有在地址发生冲突时，才由仲裁电路决定哪个端口先读写，另一个端口延期一个存储周期再读写。

双端口存储器速度快，但成本高，在一些特殊场合得到应用。如双端口存储器用于 CPU 中的寄存器组，可将两个寄存器的内容同时读出送运算器。双端口存储器也可用于 CPU 和外设需要同时访问的存储器，如显示存储器，一方面接收来自 CPU 的显示数据，另一方面读出要显示的数据送往显示控制电路。此外，在高性能计算机中甚至采用多端口存储器，允许多个 CPU 同时访问。

### 2. 多体并行存储器

多体并行存储器是将多个存储体组织到一起，各存储体共用有一套地址寄存器和译码电路，一套读写电路及数据缓冲器，按同一地址并行地访问所有存储体各自的对应单元。例如，每个存储体的存储单元字长为 8 位，8 个存储体构成的存储器一次可读写 64 位，还可通过存储器控制电路的控制，有选择地读写 1 个存储体、2 个存储体、4 个存储体、8 个存储体。

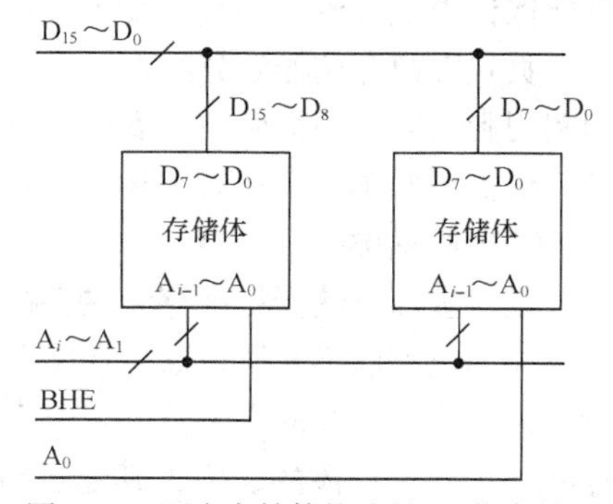

图 6-14　两个存储体构成的 16 位存储器

（1）16 位存储器结构

图 6-14 所示为由两个存储体构成的 16 位存储器示意图，存储体之间采用交叉编址方式，一个存储体的存储单元全是偶地址，如 0，2，4，…，另一个全是奇地址，如 1，3，5，…，即同一存储体中的单元地址是不连续的，而相邻存储体的单元是连续的。地址总线的 $A_i \sim A_1$ 接到存储体的 $A_{i-1} \sim A_0$，对 Intel 8086 来说，$A_i$ 为 $A_{19}$，地址总线有 20 根，可寻址 1MB 空间，每个存储体有 512KB；对 Intel 80286 来说，$A_i$ 为 $A_{23}$，地址总线有

24 根，可寻址 16MB 空间，每个存储体有 8MB。地址的最低位 $A_0$ 和控制信号 $\overline{BHE}$ 作为存储体选择信号，当 $A_0$ 为低电平，$\overline{BHE}$ 为高电平，选中偶地址存储体，读写 8 位数据经数据总线低 8 位 $D_7 \sim D_0$ 和 CPU 交换；$A_0$ 为高电平，$\overline{BHE}$ 为低电平，选中奇地址存储体，读写 8 位数据，经数据总线高 8 位 $D_{15} \sim D_8$ 和 CPU 交换；$A_0$ 和 $\overline{BHE}$ 都为低电平时，选中两个存储体，可读写 16 位数据，经数据总线 $D_{15} \sim D_0$ 和 CPU 交换。8086 和 80286CPU 如果在一个存储周期要读写 16 位数据，该数据必须存储在偶地址开始的两个字节。

（2）32 位存储器结构

图 6-15 所示为由 4 个存储体构成的 32 位存储器示意图，各存储体之间仍然采用交叉编址。

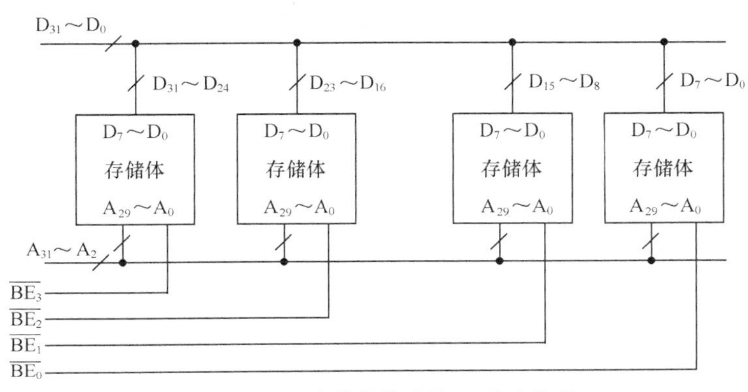


图 6-15　4 个存储体构成的 32 位存储器

对 32 位的微型计算机（如 Intel 80486）来说，地址总线有 32 根，可寻址 4G 空间，每个存储体可有 1GB。地址总线的 $A_{31} \sim A_2$ 接到存储体的 $A_{29} \sim A_0$，利用 4 个控制信号 $\overline{BE_3} \sim \overline{BE_0}$ 作为存储体选择信号，可选择读写 1 个存储体、2 个存储体和 4 个存储体。读写 1 个存储体时，8 位数据经数据总线低 8 位 $D_7 \sim D_0$ 和 CPU 交换；读写 2 个存储体时，最低位地址 $A_0$ 应为 0，16 位数据经数据总线低 16 位 $D_{15} \sim D_0$ 和 CPU 交换；读写 4 个存储体时，最低 2 位地址 $A_0$、$A_1$ 应为 00，32 位数据经数据总线 $D_{31} \sim D_0$ 和 CPU 交换。

（3）64 位存储器结构

对 Pentium 及以后的微型计算机来说，数据总线有 64 位，存储器由 8 个存储体构成，各存储体之间仍然采用交叉编址。Pentium 地址总线仍然为 32 根，Pentium 以后的 CPU 增加到 36 根，最大可寻址 64G 空间。64 位存储器结构如图 6-16 所示。设存储器总空间仍为 4GB，地址总线的

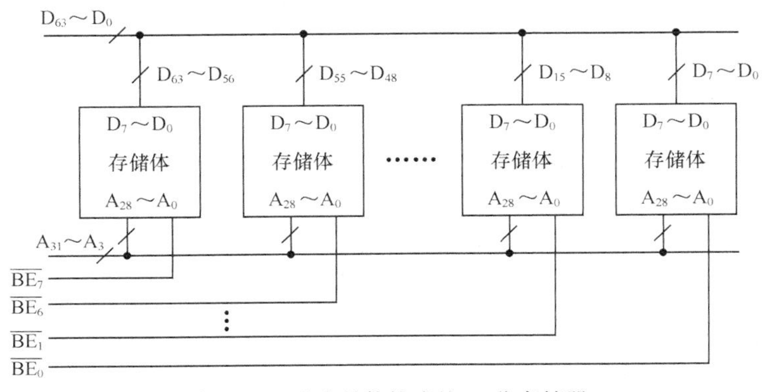


图 6-16　8 个存储体构成的 64 位存储器

$A_{31} \sim A_3$接到存储体的$A_{28} \sim A_0$。64位存储器利用8个控制信号$\overline{BE_7} \sim \overline{BE_0}$作为存储体选择信号，可选择读写1个存储体、2个存储体、4个存储体和8个存储体。读写的过程和32位的存储器类似，如读写1个存储体时，8位数据经数据总线低8位$D_7 \sim D_0$和CPU交换……读写8个存储体时，最低3位地址$A_0$、$A_1$、$A_2$应为000，64位数据经数据总线$D_{63} \sim D_0$和CPU交换。

在大型计算机中还采用多体交叉存储器技术，每个存储体都有独立的地址寄存器和译码电路，独立的读写电路及数据缓冲器。多体交叉存储器采用流水线工作方式，在一个存储周期可读写多个存储单元。当读写的信息是连续存放时，可大幅度提高存储系统的速度。

# 习 题 六

**一、选择题**

1．寻址256M单元的存储器，需要（　　）位地址码。

A．18　　B．28　　C．29　　D．30

2．主存单元字长64位，访存周期10ns，主存的带宽是（　　）。

A．$8 \times 10^8$B/s　　B．$64 \times 10^8$B/s　　C．$8 \times 10^9$B/s　　D．$64 \times 10^9$B/s

3．32位地址码可寻址的存储器最大容量是（　　）单元。

A．4K　　B．4M　　C．4G　　D．4T

4．微型计算机的基本输入输出程序存放在（　　）。

A．DRAM　　B．SRAM　　C．闪存　　D．磁盘

5．下列选项中，（　　）属于永久性（非易失性）存储器。

A．SRAM　　B．DRAM　　C．Cache　　D．ROM

6．下列有关RAM和ROM的叙述中，正确的是（　　）。

A．RAM是易失性存储器，ROM是非易失性存储器

B．RAM和ROM在正常工作时都可以进行读写操作

C．RAM和ROM都可用作Cache

D．RAM和ROM都需要进行刷新

7．需要定期刷新的存储器是（　　）。

A．SRAM　　B．DRAM　　C．磁盘　　D．ROM

8．在存储器的层次结构中，速度从快到慢的存储器顺序为（　　）。

A．主存——高速缓存——辅存　　B．Cache——主存——辅存

C．高速缓存——辅存——主存　　D．辅存——主存——Cache

9．不能随机访问的存储器是（　　）。

A．EPROM　　B．磁盘　　C．SRAM　　D．DRAM

10．在多级存储体系中Cache的作用是（　　）。

A．解决主存与CPU之间的速度匹配问题

B．降低主存的价格

C．弥补主存容量的不足

D．提高主存的可靠性

11．在多级存储体系中虚拟存储器的作用是（　　）。

A．解决主存与 CPU 之间的速度匹配问题

B．降低主存的价格

C．弥补主存容量的不足

D．提高主存的可靠性

12．假设某计算机的存储系统由 Cache 和主存组成，某程序执行过程中访存 1000 次，其中访问 Cache 缺失（未命中）50 次，则 Cache 的命中率是（　　）。

A．5%　　B．9.5%　　C．50%　　D．95%

13．256K × 8 位的闪存芯片的地址线引脚和数据线引脚分别是（　　）。

A．18、1　　B．17、8　　C．19、4　　D．18、8

**二、简答题**

1．简述半导体存储器的分类。

2．比较 SRAM 和 DRAM 的性能和用途。

3．比较 RAM 和 ROM 的性能和用途。

4．简述存储系统采用层次结构的目的和方法，Cache、主存和外存各担负什么作用？它们之间有何关系？

5．SRAM 依靠什么原理存储信息？DRAM 又依靠什么原理存储信息？二者的主要不同是什么？

6．DRAM 为什么要刷新？刷新是按行还是按列？

7．闪存能否取代 RAM？请说明原因。

8．比较 Cache 的 3 种地址映像的优缺点。

9．简述程序局部性原理。

10．4M × 1B 的 DRAM 芯片有多少地址线引脚？在刷新间隔内需安排多少刷新周期？

11．采用直接映像，Cache 分 32 块（行），主存的第 200 块可映像到 Cache 的第几块？如采用组相联映像，将 Cache 块分成 8 组，主存的第 100 块可映像到 Cache 的第几块？

12．Cache 和主存之间的地址映像方式中，哪一种方式调入 Cache 的位置是固定的？哪一种方式需要使用替换算法？

13．如采用组相联映像，Cache 分 8 组，每组 4 块，每块 128B，主存 2MB。计算主存分多少块？主存的第 2000 号单元可映像到 Cache 的哪一块？块标记是多少？

# 第7章 I/O 接口技术

微处理器是微型计算机的控制和运算中心，但是微处理器并不直接控制外部设备（也称外围设备，简称外设），而是通过输入/输出（I/O）接口电路与外设进行联络，包括控制外设的工作、与外设交换信息等。因此，输入/输出接口电路是计算机的重要组成部分。本章在介绍输入/输出接口电路特性的基础上，讲述无条件传送、查询传送、中断传输和 DMA 传送的基本概念以及中断控制器 8259A 和 DMA 8237 的工作原理。

## 7.1 I/O 接口的基本概念

只有通过输入设备，用户才能把信息传送给计算机，而计算机只有通过输出设备才能把按照人的意图完成的工作展示出来。在一个微型计算机系统中，基本输入设备有键盘和鼠标，基本输出设备主要是显示器和打印机。扫描仪、数码相机等作为可选的外部设备。硬盘、光盘和 U 盘等外存也是外设，当向外存写数据时为输出，从外存读数据时为输入。所以，外存是既可输入又可输出的外部设备。外部设备的品种繁多，有机械式的、电子式的、机电式的、磁电式的、光电式的等；外部设备所处理的信息多种多样，有数字信号、模拟信号、开关信号、电压信号或电流信号等；从工作速度来看，有的速度很慢、有的速度很快，不同的外围设备处理信息的速度相差悬殊。另外，微型计算机与不同的外部设备之间所传送信息的格式和电平高低等也是多种多样的，这就形成外设接口电路的多样性，也决定了外部设备要比存储器复杂，不会像存储器芯片那样直接与处理器相连，必须经过 I/O 接口电路，I/O 接口是位于基本系统与外设间实现两者数据交换的数据传输通路。

### 7.1.1 I/O 接口概述

#### 1. I/O 接口的功能

根据外围设备的多样性、复杂性，I/O 接口电路应具有如下功能。

① 转换信息格式——例如，串/并转换、并/串转换、配备校验位等；

② 提供联络信号——协调数据传送的状态信息，如设备“就绪”“忙”，数据缓冲器“满”“空”等；

③ 协调定时差异——为协调微机与外设在“定时”或数据处理速度上的差异，使两者之间的数据交换取得同步，有必要对传输的数据或地址加以缓冲或锁存；

④ 进行译码选址——在具有多台外设的系统中，外设接口必须提供地址译码以及确定设备码

的功能；

⑤实现电平转换——为使微型计算机同外设相匹配，接口电路必须提供电平转换和驱动功能；

⑥ 具备时序控制——有的接口电路具有自己的时钟发生器，以满足微型计算机和各种外设在时序方面的要求；

⑦ 最好可编程序——对一些通用的、功能齐全的接口电路，应该具有可编程序的能力，所谓可编程序就是用软件来选用多功能接口电路的某些功能，以适应具体工作的要求。

### 2. I/O 接口的基本结构

I/O 接口是“CPU”与“外设”之间传送信息的一个“界面”或一个“连接部件”，I/O 接口一边通过 CPU 的三总线（或系统总线）同 CPU 连接，一边和外设连接，CPU 通过 I/O 接口同外设之间交换信息。一个基本的外设接口如图 7-1 所示。它通常包括数据寄存器、控制寄存器、状态寄存器、数据缓冲器和读写控制逻辑。

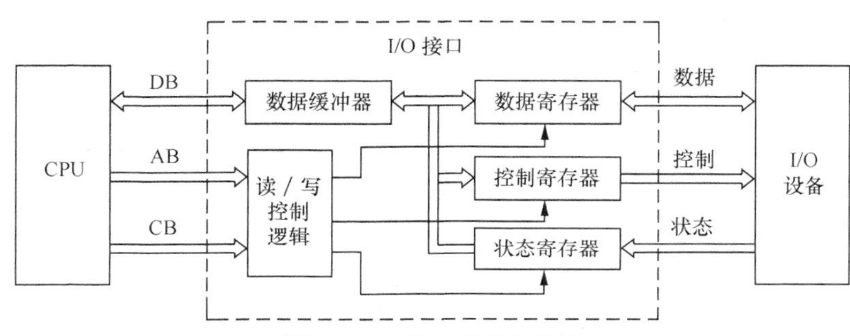


图 7-1　I/O 接口的基本结构

（1）数据寄存器

数据寄存器用来存放 CPU 与 I/O 设备交换的数据信息。当 CPU 向外设输出数据时，首先将要输出的数据送到 I/O 接口的数据寄存器，再由 I/O 接口将数据送往外设；当 CPU 要从外设输入数据时，先由 I/O 接口将数据从外设取回存入数据寄存器，再将数据送往 CPU 或主存。

（2）控制寄存器

对于可编程 I/O 接口，CPU 可以通过给接口送工作方式字来设置接口的工作方式，CPU 将控制或方式字通过数据总线送到接口的控制寄存器。I/O 接口是按照控制寄存器的命令信息进行工作和控制外设的。

（3）状态寄存器

状态寄存器用来存放外部设备当前所处的工作状态信息，供 CPU 查询。例如，当一台外设正在工作时，就认为它处于“忙”态，而当其空闲时，则认为是“闲”态。CPU 从接口读取状态寄存器的数据，通过测试其状态来了解外设的工作情况，做出下一步的决定。当 CPU 向外设输出数据时，如果设备处于“忙”态，就要等待，如果是“闲”态就可以立即输出数据了。CPU 和外设的速度相差悬殊，它们的工作是不同步的。

（4）数据缓冲器

数据缓冲器用来缓存要交换的信息，与数据总线 DB 连接，CPU 送往 I/O 接口的数据信息、控制信息和 CPU 要从 I/O 接口读出的数据信息、状态信息都要通过数据缓冲器的缓冲或暂存。

（5）读/写控制逻辑

接口中的数据寄存器、控制寄存器和状态寄存器是可以由 CPU 进行读或写的寄存器，CPU 同外设之间的信息传送实质上是对这些寄存器进行“读”或“写”的操作。“接口”中这些可以由

CPU 进行读或写的寄存器被称为“端口”（Port）。数据寄存器、控制寄存器和状态寄存器被分别称为“数据口”、“控制口”和“状态口”。读写控制逻辑与 CPU 地址总线 AB 和控制总线 CB 连接，接收 CPU 发来的 I/O 端口选择信号和读写控制信号，按 CPU 发来的信号选择端口的内部寄存器，进行读/写操作。总之，CPU 通过访问这些端口来了解外设的状态、控制外设的工作、同外设之间进行数据传输。

## 7.1.2 I/O 端口的编址及译码

每一个外部设备都是通过 I/O 接口与 CPU 进行数据交换的，通常每一个 I/O 接口都有一组数据、控制、状态寄存器，并与一台外设相连接。CPU 为了准确地与各种不同的外设交换信息，将所有 I/O 接口的寄存器统一编号，称为端口地址。在微机中通常采用两种编址方式：I/O 端口与存储器统一编址方式；I/O 端口与存储器各自单独编址方式。

下面将给出两种编址方式的基本概念。

### 1. I/O 端口与存储器统一编址

统一编址是将 I/O 端口与存储器地址统一编排，共享一个地址空间。或者说，I/O 端口使用部分存储器地址空间，即把 I/O 接口中 CPU 可以访问的端口看作存储器的一个存储单元，纳入统一的存储器地址空间。这种方式也称为“存储器映像”方式，因为它将 I/O 地址映射到了存储器空间。

采用 I/O 端口与存储器统一编址方式，处理器不再区分 I/O 端口访问和存储器访问。这样，处理器就不用专门设计 I/O 指令，可直接用存储器访问指令去访问 I/O 端口。不足之处则是 I/O 端口会占用部分存储器的地址空间，降低了存储容量。同时也存在通过指令不易辨认 I/O 操作的问题。

### 2. I/O 端口单独编址

I/O 端口单独编址，外设地址独立于存储器地址。这样，微处理器就有两种地址空间，一个是 I/O 地址空间，用于访问外设，通常较小；另一个是存储器空间，用于读写主存储器，一般很大。

采用 I/O 端口独立编址方式，处理器除了要具有存储器访问的指令和引脚外，还需要设计 I/O 访问的 I/O 指令和 I/O 引脚。独立编址的优点是：

- 不占用宝贵的存储器空间；
- I/O 指令使程序中的 I/O 操作一目了然；
- 较小的 I/O 地址空间使得端口的地址码较短，译码电路简单；
- 存储器和 I/O 端口的控制结构相互独立，可以分别设计。

独立编址的主要不足是：需要有专用的 I/O 指令，程序设计的统一性较差。

### 3. I/O 地址译码

以 80x86 为 CPU 的微型计算机采用的是 I/O 端口单独编址的方式，与存储器交换数据的指令是 MOV，与外设交换数据的指令是 IN 和 OUT。采用独立编址时，接口与处理器的连接类似于存储器与处理器的连接，在原理和方法上完全相同，但 I/O 地址不太强调地址的连续性，多采用部分译码，以节省译码电路的硬件开销。在进行部分译码时，用地址总线的高位参与接口电路芯片的片选译码，用地址总线的低位参与片内译码，有时地址总线的中间部分不参与译码，有时地址总线的最低部分不参与译码。

图 7-2 所示为 IBM 公司设计的 16 位 PC 主板上使用的 I/O 接口译码电路。总线响应信号 HLDA 和主设备信号 MASTER 参与译码，表明只有当前的主控设备可以控制译码器工作，进而选中这些 I/O 接口。该译码电路只是用了地址线的 $A_0 \sim A_9$ 共 10 根地址线，理论上可选择 1024，即 1KB 个 I/O 端口。该译码电路的设计是用高 6 位地址 $A_9 \sim A_5$ 进行片选译码，即选择芯片。而低 4 位地

址选择片内端口，所以，一个接口芯片中最多可以有 16 个端口。由于并不是每个接口都拥有 16 个端口，这是满足最大的情况的设计，所以实际使用中能使用的端口数达不到理论值。在具体设计中，当 $A_9 \sim A_5$=00000 时，译码输出 $Y_0$ 有效，DMA 控制器 1 被选中，其 I/O 地址范围为 0000H ~ 001FH。当 $A_9 \sim A_5$=00001 时，译码输出 $Y_1$ 有效，中断控制器 1 被选中，其 I/O 地址范围为 0020H ~ 003FH。同理，定时计数器的 I/O 地址范围为 0040H ~ 005FH，并行接口电路的 I/O 地址范围是 0060H ~ 007FH，等等。

在 80x86 微机中，使用低 16 位地址总线 $A_{15} \sim A_0$ 寻址 I/O 端口，就 32 位微机而言，处理器通过 PCI 总线连接接口时，总是让 I/O 端口占用以偶地址开始的两个连续 I/O 地址，每个地址可存 8 位二进制。偶地址对应的 8 位数据通过低 8 位数据总线 $D_7 \sim D_0$ 传输，增量后的奇地址对应的 8 位数据通过高 8 位数据总线 $D_{15} \sim D_8$ 传输，与“低对低、高对高”的小端存储方式一样。

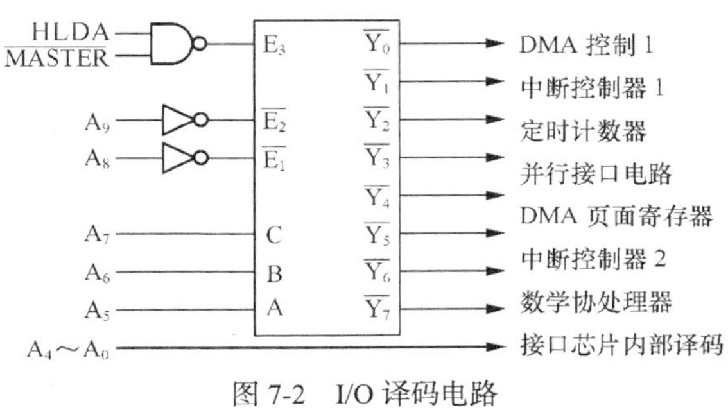


图 7-2　I/O 译码电路

# 7.2　数据传输方式

数据传输方式一般有 4 种：无条件传输方式、查询传输方式、中断方式和 DMA 方式。

## 7.2.1　无条件传输方式

当外设是固定的状态或按 CPU 预定的要求工作，不必查询外设的状态就可进行信息传输，称为无条件传送。这种信息传送方式只适用于简单的外设，如开关和数码管显示器等，CPU 只需用输入/输出指令就可以和外设交换数据了。

当简单外设作为输入设备时，输入数据保持时间要比 CPU 的处理速度慢得多，所以可使用三态缓冲存储器与数据总线相连，如图 7-3 所示。CPU 执行输入指令时，读信号 $\overline{RD}=0$ 有效，选通信号 $M/\overline{IO}=0$，端口译码器可工作，当地址总线选中该端口时，三态缓冲存储器被选通，于是已准备好的输入数据便可进入数据总线。

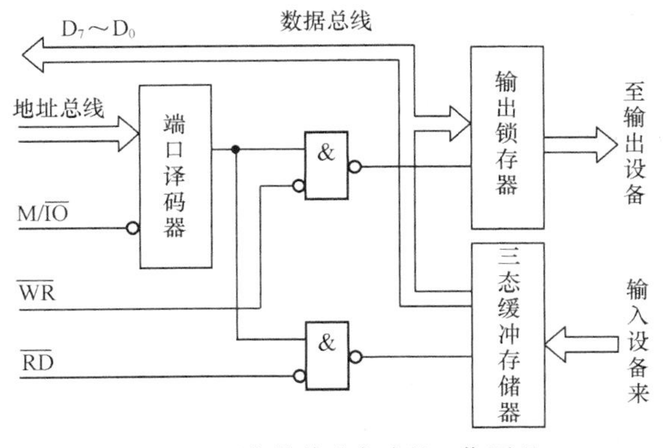


图 7-3　无条件传送方式的工作原理

当简单外部设备作为输出设备时，一般都需要锁存器。这是因为 CPU 送出的数据应在接口电路的输出端保持一段时间。在图 7-3 中，当 CPU 执行输出指令时，M/$\overline{\text{IO}}$=0 同时 $\overline{\text{WR}}$=0，于是接口中的输出锁存器被选中，CPU 输出的信息经过数据总线送入输出锁存器。

## 7.2.2 查询传输方式

CPU 通过执行程序不断读取并测试外部设备状态，如果输入设备处于已准备好状态或输出设备处于已准备好状态或输出设备为空闲状态时，则 CPU 执行传送信息指令。由于条件传送方式是 CPU 在不断检查外部设备的当前状态后才进行信息传送，所以称为“查询式传送”。查询传送方式的接口电路应包括传送数据的数据端口及传送状态的状态端口。

图 7-4 所示为查询式输入的接口电路。输入设备在数据准备好后便往接口发出一个选通信号。这个选通信号起两个作用，一方面是把外部设备的数据送到接口的锁存器；另一方面，它使接口中的一个 D 触发器置 1，从而使三态缓冲存储器的 READY=1。在查询输入过程中，CPU 先从外设接口中读取状态字，检查“准备好”标志位是否为“1”。若已准备好，数据已进入接口锁存器，则执行传送指令。同时把“准备好”标志位清“0”，接着便可开始下一个数据的传输过程。

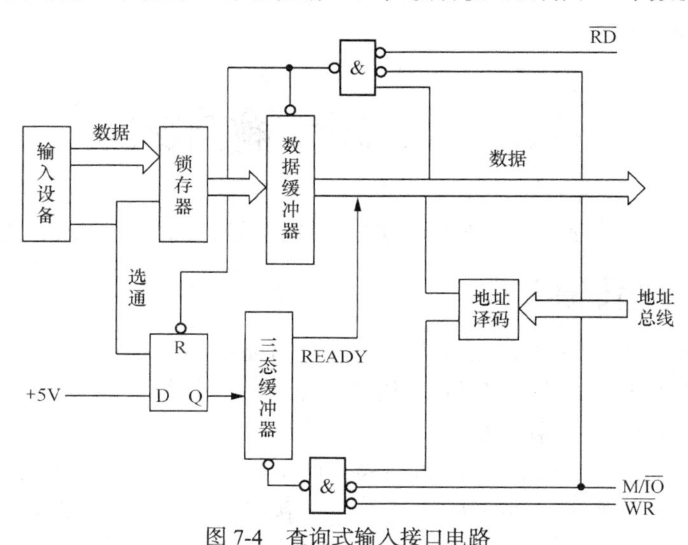


图 7-4 查询式输入接口电路

图 7-5 所示为查询式输出接口电路。CPU 执行输出指令时，由选择信号 M/$\overline{\text{IO}}$ 及写信号 $\overline{\text{WR}}$ 产生的选通信号把数据送入数据锁存器，同时使 D 触发器输出“1”。此信号一方面告诉外部设备在接口中已有数据要输出，另一方面 D 触发器的输出信号使状态寄存器的对应标志位置“1”，告诉 CPU，当前外部设备处于“忙”状态，当 CPU 查询到该标志仍为“1”时，就不进行数据输出，从而阻止 CPU 输出新的数据。当外部设备从接口中取走数据后，通常也会送出一个应答信号 $\overline{\text{ACK}}$，$\overline{\text{ACK}}$ 使接口中的 D 触发器置“0”，从而使状态寄存器中的对应标志位置“0”，当 CPU 查询到“忙”状态标志为零后，便可开始下一个数据的输出过程。

## 7.2.3 中断方式

中断（Interrupt）是计算机处理输入/输出数据传输的一种技术，是对处理器功能的有效扩展。利用外部中断，微机系统可以实时响应外部设备的数据传输请求，能够及时处理外部意外或紧急事件。利用内部中断，处理器为用户提供了开发、调试程序时解决异常情况的有效途径。

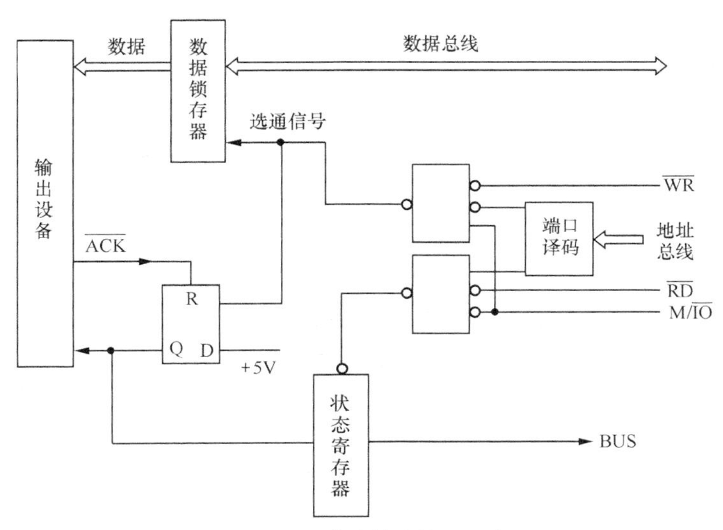


图 7-5 查询式输出接口电路

1. 中断的基本概念

处理器在执行程序时，被内部或外部的事件打断，转去执行一段预先安排好的中断服务程序；程序结束后，又返回原来的断点，继续执行原来的程序，这个过程称为中断。如图 7-6 所示，在中断方式下 CPU 和 I/O 设备可并行工作。这里先给出几个有关中断的基本概念。

（1）中断源

在计算机系统中，凡是能引起中断的事件或原因都称为中断源。中断发生的原因可能来自处理器内部，也可能来自处理器外部。外部中断往往是一些 I/O 设备，在需要与 CPU 通信时发出中断请求。若条件许可，CPU 响应其请求，暂停现行的程序，转去执行中断服务子程序。

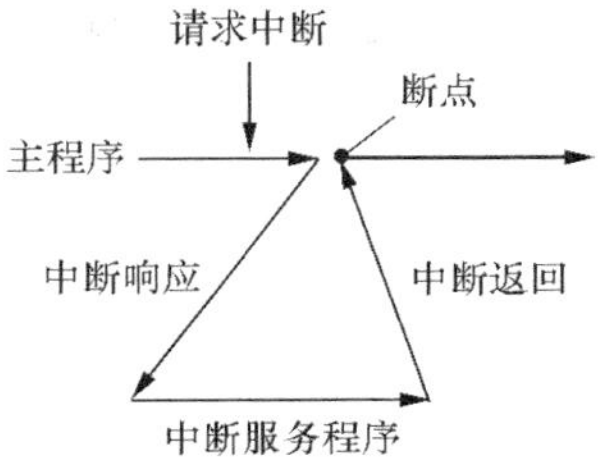

请求中断
断点
主程序
中断响应
中断返回
中断服务程序

图 7-6 中断处理示意图

（2）中断触发器

由于中断发生是随机的，并且发生在极短的时间内，所以，要完成这种异步事件的捕捉就必须有中断发生的触发记忆电路，即使 CPU 正在进行其他处理操作时，该触发电路记忆捕捉到的中断事件，等待 CPU 的响应和处理。

（3）中断屏蔽

外部中断又分为可屏蔽中断和不可屏蔽中断。可屏蔽中断可以被处理器控制，用于与外设交换数据。在中断发生时，CPU 可能正在处理更重要的工作，而不希望中断 CPU 目前的处理。此时，就应该有中断发生的许可电路，允许时（IF=1），所发生的中断可以传到 CPU，CPU 可以立即进行中断处理；禁止时（IF=0），所发生的中断暂时不予理睬。

中断屏蔽就是暂时禁止某个中断源的中断，可通过为每个中断源设置一个屏蔽位来实现。通常，当 CPU 禁止某个中断源中断时，就将其屏蔽位置“1”，否则置“0”。

（4）中断优先级

当有多个中断请求同时发生时，如果 CPU 可以响应中断，CPU 应该首先选择其中一个最重要的请求予以响应，因此，就需要一个中断优先选择电路给予配合。

（5）中断嵌套

当 CPU 正在处理一个中断请求而又有其他中断请求发生时，CPU 将根据新中断的优先级别决定是否给予响应，如果新的中断请求的中断级别高于当前正在处理的中断，CPU 将暂停现行的处理，进而响应新的中断请求。

（6）中断识别码

每个中断源都有一个不同于其他中断源的编码，以供 CPU 识别。也就是 CPU 中断时用的中断类型码。

**2. 中断数据传输过程**

由外部设备产生的中断通常都是可屏蔽中断。可屏蔽中断的整个过程可以划分为 4 个阶段。前两个阶段由硬件自动完成，后两个阶段由用户编程完成。图 7-7 所示为中断处理过程的详细流程。

（1）中断请求

当外部设备需要与处理器进行数据交换时，由接口部件向处理器发出一个中断请求信号。该信号通常维持到被 CPU 响应为止。

（2）中断响应

处理器在每条指令执行完毕时去检测中断请求信号，如果 CPU 检测到有中断请求信号，同时中断屏蔽触发器又处于允许中断状态，处理器进入中断响应周期。

在 CPU 进入中断响应总线周期后需要做如下工作。

① CPU 将发出中断响应信号，通知外设该中断已经被响应。

② 同时自动关闭中断（“中断允许”触发器 IF 置“0”），表示 CPU 不再受理另外一个设备的中断。

③ 保护断点：CPU 保存当前被中断执行指令的逻辑地址（称为断点），以便中断完成后返回到原来的程序继续执行。

④ 识别中断源：确定哪一个设备请求中断服务。

⑤ 转移到中断服务子程序。

（3）中断服务

在中断服务程序中应完成如下工作。

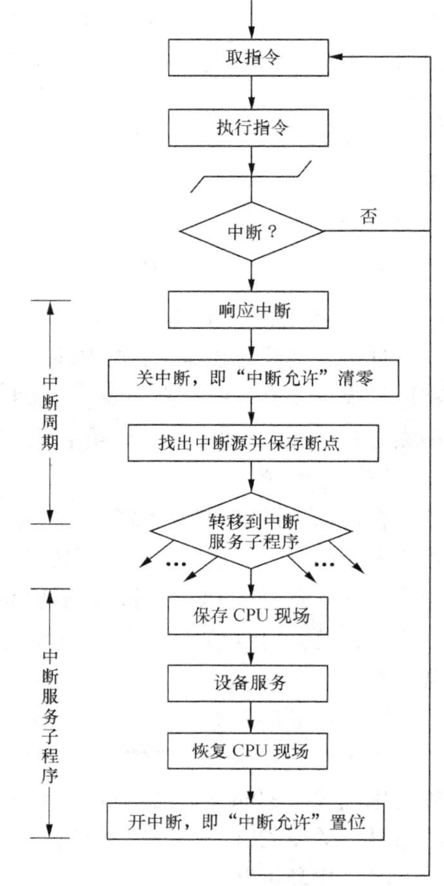


图 7-7 中断处理流程

① 保护现场：将被中断程序正在使用的寄存器信息存入内存，以便中断结束后继续使用。如果允许中断服务程序也被中断，即中断嵌套，需要用程序指令打开中断。

② 完成一个字节或一组的信息交换。这是整个中断处理过程中唯一的实质性环节，也是中断的目的所在。

③ 恢复现场：完成中断服务后，处理器应返回断点去继续执行原来的程序，此时应恢复现场信息，将存入内存的各寄存器信息复原。如果中断是允许的，则在恢复现场前要先关中断。

④ 开中断: 执行开中断指令（“中断允许”触发器 IF 置“1”），否则，处理器在中断返回后将无法再次响应可屏蔽中断。

（4）中断返回

执行 IRET 中断返回指令。程序返回到原来被中断的程序继续执行。

### 7.2.4　直接存储器存取 DMA 方式

采用中断方式可提高 CPU 的利用率，但是有些设备（如磁盘、光盘等）需要高速而又频繁地与存储器进行批量的数据交换或存取，此时中断方式已不能满足速度上的要求。而直接存储器访问 DMA（Direct Memory Access）方式可以在存储器和外设之间开辟一条高速数据通道，使外设与存储器之间可以直接进行批量数据传送。

实现 DMA 传送，要求 CPU 让出系统总线的控制权，然后由 DMA 控制器来控制外设与存储器之间的数据传送。

在微机系统中，DMA 控制器有双重“身份”：在处理器掌管总线时，它是总线的被控设备（I/O 设备），处理器可以对它进行 I/O 读和 I/O 写；在 DMA 控制器接管总线后，它是总线的主控设备，通过系统总线来控制存储器和外设直接进行数据交换。图 7-8 所示为 DMA 传送的示意图。

DMA 传送的工作过程如下。

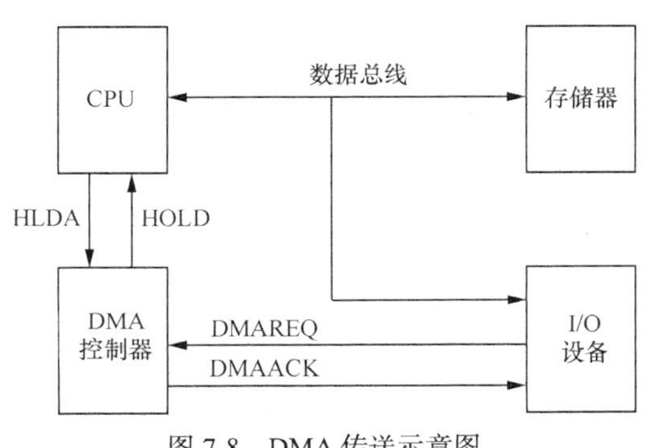


图 7-8　DMA 传送示意图

① DMA 控制器作为主控设备前，处理器要将有关参数（包括 DMA 控制器的工作方式、要访问的存储单元首地址以及传送字节数等）预先写到 DMA 控制器的内部寄存器中。

② 外设需要进行 DMA 传送时，首先向 DMA 控制器发 DMA 请求（DMAREQ）信号，该信号应维持到 DMA 控制器响应为止。DMA 控制器收到请求后，需向处理器发总线请求（HOLD）信号，该信号在整个传送过程中应一直维持有效。处理器在当前总线周期结束时将响应该请求并向 DMA 控制器回答总线响应（HLDA）信号，表示它已放弃总线（即处理器向总线输出高阻）。此时，DMA 控制器向外设回答 DMA 响应（DMAACK）信号，DMA 传送即可开始。

③ DMA 控制器接管并利用系统总线实现数据在存储器与外设间的 DMA 传送。DMA 传送有以下两种类型。

- 存储器的数据被读出传送给外设：DMA 控制器提供存储器地址和存储器读控制 (MEMR) 信号，使被寻址的存储单元的数据放到数据总线上；同时向提出 DMA 请求的外设提供响应信号和 I/O 写控制信号（IOW），将数据总线上的数据送入外设。
- 外设的数据被写入存储器：DMA 控制器向提出 DMA 请求的外设提供响应信号和 I/O 读控制信号（IOR），令其将数据放到数据总线上；同时提供存储器地址和存储器写控制信号(MEMW)，将数据总线上的数据送入所寻址的存储单元。

④ DMA 控制器对存储器地址进行增量或减量，并对传送次数进行计数，以判断数据块传送是否完成。如果传送尚未完成，它会不断重复以上的步骤；如果传送完成，DMA 控制器发往处理器的总线请求（HOLD）信号将转为无效，表示传送结束并将总线交还给处理器。此时，处理器将重新接管对总线的控制。

在 DMA 传送中，DMA 控制器同时访问存储器和外设，一个读一个写，但只提供存储器地址。外设不需要利用 I/O 地址访问。与中断一样，系统中可以安排多个 DMA 传送通道，以便为多个外设提供 DMA 服务。

DMA 数据传送使用硬件完成，DMA 优先权排队由硬件来处理，只要在初始化时设置好就可以了。DMA 传送不可以嵌套，数据不需要进入处理器也不需要进入 DMA 控制器。所以，DMA 是一种外设与存储器之间直接传输数据的方法。

# 7.3 中断控制器 8259A

在早期的计算机系统中，采用特殊的单元电路来完成中断功能，如中断请求触发器、中断屏蔽触发器、各种形式的中断优先级排队电路等来管理和完成对外部中断请求的选择、响应和识别。后来将这些功能电路集成到一个专门的中断管理芯片中，称其为中断控制器。8259A 是 Intel 开发的高性能中断控制器，与 80x86 微处理器配套使用。

8259A 的主要功能如下。

① 每一片 8259A 有 8 个中断请求引脚，可管理 8 级中断，若中断源多余 8 个，8259A 还可实行两级级联工作，最多可用 9 片 8259A 管理 64 级中断。8259A 可通过编程对其工作方式进行设定，所以称其为可编程序中断控制器。

② 对任何一级中断源都可单独进行屏蔽，使该级中断请求暂时被挂起，直到取消屏蔽时为止。

③ 能向 CPU 提供可编程的标识码，对于 8086/8088 CPU 来说就是中断类型码。这个功能使原来没有能力提供中断类型码的 8255A、8253-5、8251A 等可编程接口芯片，借助 8259A 同样可以采用中断 I/O 方式来进行管理。

④ 具有多种中断优先权管理方式，有完全嵌套方式、自动循环方式、特殊循环方式、特殊屏蔽方式和查询方式五种，这些管理方式均可通过程序动态地进行变化。

## 7.3.1 8259A 的内部结构及引脚信号

8259A 是一个使用+5V 电源，具有 28 个引脚的双列直插式芯片，其内部结构和引脚信号如图 7-9 所示。

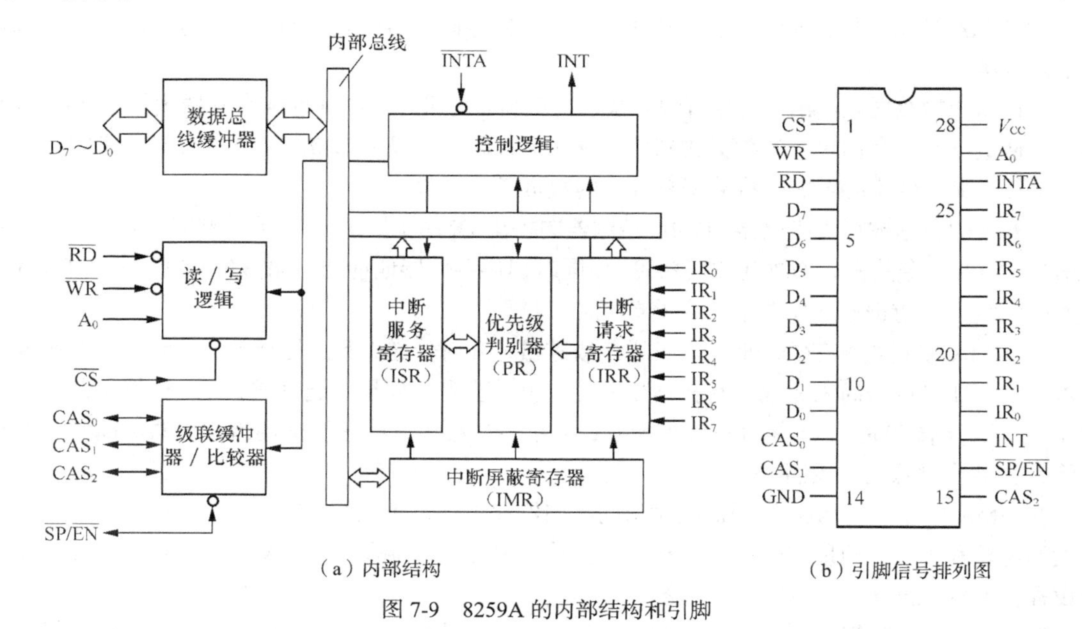


（a）内部结构　　（b）引脚信号排列图

图 7-9　8259A 的内部结构和引脚

### 1. 中断控制逻辑

中断控制逻辑按照程序设定的工作方式管理中断，它是 8259A 的内部控制器，负责向 CPU 发中断请求信号 INT 和接收 CPU 发来的中断响应信号 $\overline{\text{INTA}}$ ，控制 8259A 进入中断管理状态。

① 中断请求寄存器 IRR：IRR 是一个 8 位的寄存器，用于记录外部的中断请求。8 个来自于外设的中断请求输入信号 $IR_0 \sim IR_7$ 对应于 IRR 寄存器的 $D_0 \sim D_7$，用于保存从外设来的中断请求信号 $IR_0 \sim IR_7$。当 $IR_i$（$i$=0 ~ 7）有请求（电平或跳变触发）时，IRR 中的相应位 $D_i$ 置“1”，在中断响应信号 $\overline{\text{INTA}}$ 有效时，$D_i$ 被清除。

② 中断屏蔽寄存器 IMR：IMR 是一个 8 位的寄存器，用来存放 CPU 送来的屏蔽信号，当它的某一位或某几位为“1”时，则 IRR 寄存器中对应的中断请求位就被屏蔽，即对该中断源的中断请求置之不理。

③ 中断服务寄存器 ISR：ISR 是一个 8 位的寄存器，用来记忆正在处理中的中断。当 CPU 正为某个中断源服务时，8259A 则使 ISR 中的相应位置“1”。当 ISR 为全“0”时，表示 CPU 正执行主程序，无任何中断服务。

④ 优先级判别器 PR：也称优先级分析器，它是用来管理和识别各个中断源的优先级别的。其基本功能有：

- 根据 CPU 送入的命令来定义或修改 $IR_0 \sim IR_7$ 各位的优先级别。通常 $IR_0$ 的优先级最高（为“0”级）、$IR_7$ 的优先级别最低（为“7”级），但可通过软件加以修改。
- 当有多个中断请求同时出现时，分析出哪个中断源的优先级最高。
- 判别是否可以进入多重中断，即判别新产生的中断源的优先级别是否高于正在处理的中断级别。
- 当一个中断请求被判别为较高优先级时，通过控制逻辑向 CPU 发出中断请求信号 INT（呈高电平）。当 CPU 响应中断而发出响应信号 $\overline{\text{INTA}}$ 时，使 ISR 中的相应位置“1”。

### 2. 数据总线缓冲器

数据总线缓冲器是 8 位三态双向缓冲器，通常和 CPU 系统总线中的 $DB_7 \sim DB_0$ 相连接，在读/写逻辑的控制下实现 CPU 与 8259A 之间的信息交换。

### 3. 读/写逻辑

这是一组 8259A 内部实现信息读出和写入的逻辑控制电路。读/写逻辑根据 CPU 送来的读/写信号和地址信息，控制数据总线缓冲器接收来自 CPU 的各种信息或发送 CPU 需要的信息到数据总线，有条不紊地完成 CPU 对 8259A 的所有写操作和读操作。读写逻辑还包含 4 个初始化命令寄存器和 3 个操作命令寄存器的写控制，用于存储 4 个初始化命令字 $ICW_1 \sim ICW_4$ 和 3 个操作命令字 $OCW_1 \sim OCW_3$。

### 4. 级联缓冲器/比较器

当中断源大于 8 个时，一片 8259A 就不够用了，级联缓冲器/比较器提供多片 8259A 的管理和选择功能，如图 7-10 所示。在级联应用中只有一片 8259A 为主片，其他均为从片，但最多不能超过 9 片。各从片 8259A 的 INT 将与主片 8259A 的 $IR_i$ 相连接。$CAS_0 \sim CAS_2$ 是级联信号线，作为主片和从片的连接线。主片为输出，从片为输入，主片通过 $CAS_0 \sim CAS_2$ 对从片选择编码，管理从片。

$\overline{\text{SP}}/\overline{\text{EN}}$ 是双向信号线，用于从片选择或总线驱动器的控制信号。当 8259A 工作于非缓冲方式时，作为输入信号，用于规定该片 8259A 是作为主片还是从片，级联中的主片 $\overline{\text{SP}}/\overline{\text{EN}}$ 接高电平，其他从片均应接地。当 8259A 工作于缓冲方式时，$\overline{SP}/\overline{EN}$ 为输出信号，它作为系统总线缓冲器传送方向的控制信号。

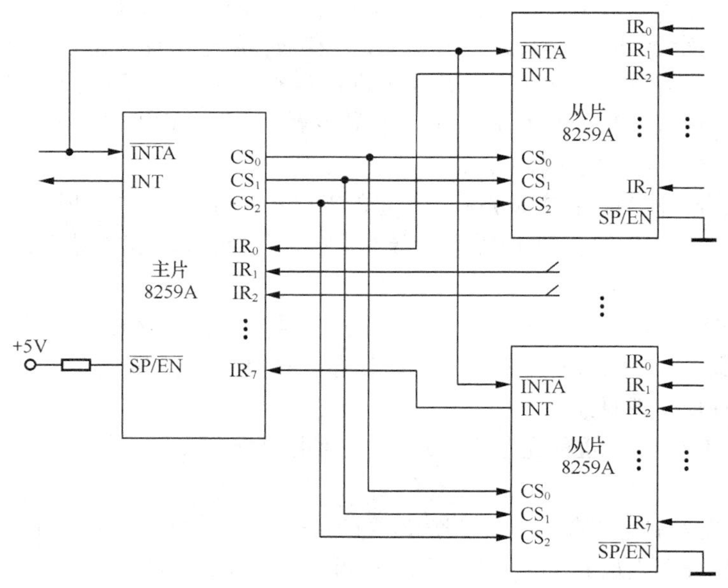


图 7-10　8259A 的级联方式

## 7.3.2　8259A 的工作方式

8259A 中断控制器的功能很强，通过程序指令可以设置中断请求的方式、中断屏蔽的方式、中断排队的方式、中断结束的方式、中断级联的方式、缓冲的方式及提供中断类型码的方式等。

### 1. 中断请求方式

有边沿触发和电平触发两种中断请求方式。边沿触发方式是中断源 $IR_0$ ~ $IR_7$ 出现由低电平向高电平跳变时作为中断源发出的中断请求信号。电平触发是 $IR_0$ ~ $IR_7$ 出现高电平时，作为请求中断信号。

### 2. 中断屏蔽方式

中断屏蔽方式分为简单屏蔽方式和特殊屏蔽方式：简单屏蔽方式是指当执行某一级中断服务程序时，只允许比该级优先级高的中断源申请中断，不允许与该级同级或低级的中断源申请中断；特殊屏蔽方式是指 CPU 正在处理某一级中断时，只可对本级中断进行屏蔽，允许级别比它高的或比它低的中断源申请中断。

### 3. 中断优先级设置方式

优先级的设置方式有全嵌套方式、特殊全嵌套方式、优先级自动循环方式、优先级特殊循环方式、查询排序方式 5 种。

① 全嵌套方式：这是一种按固定的优先级别高低来管理中断的方式。此时，当一个中断请求正在处理过程中时，不再产生同级的或较低级别的中断请求，但能产生较高级别的中断请求。8259A 的 $IR_0$，$IR_1$，…，$R_7$ 8 个中断源的中断优先级别为 $IR_0$ 的优先级别最高（为 0），$IR_1$ 次之，而 $IR_7$ 为最低（为 7）。这是一种最基本的中断优先管理方式，如果 8259A 初始化未对优先管理方式编程时，则 8259A 就自动进入此方式。

② 特殊全嵌套方式：在这种方式下，当一个中断被响应后，只屏蔽掉低级的中断请求，允许同级和高级的中断请求。该方式一般用于多片 8259A 级联的系统中，主片采用此方式，而从片采用普通的全嵌套方式。

③ 优先级自动循环方式：在这种方式下，初始优先级顺序为 $IR_0$ 最高、$IR_7$ 最低，从高到底的顺序依次为 $IR_0$、$IR_1$、$IR_2$、$IR_3$、$IR_4$、$IR_5$、$IR_6$、$IR_7$。当某一个中断源接受服务后，其中断优先级别降为最低，而将最高优先级赋予比它底一级的中断源，其余中断源的优先级别依此类推。

例如，CPU 在进行 $IR_5$ 的中断服务过程中，产生了 $IR_3$ 的中断请求，因为 $IR_3$ 的优先级别高于 $IR_5$，所以 CPU 把 $IR_5$ 的中断处理过程暂时挂起（或者暂停），而进入 $IR_3$ 的中断服务程序，显然这是一个双重中断过程。此时，8259A 对 ISR 和中断优先级设置如图 7-11 所示。

| | $IS_7$ | $IS_6$ | $IS_5$ | $IS_4$ | $IS_3$ | $IS_2$ | $IS_1$ | $IS_0$ |
|---|---|---|---|---|---|---|---|---|
| 正在服务的中断源 | 0 | 0 | 1 | 0 | 1 | 0 | 0 | 0 |
| 相应的中断优先级 | 7 | 6 | 5 | 4 | 3 | 2 | 1 | 0 |

图 7-11　进入 $IR_3$ 中断时的 ISR 和其对应的中断优先级

但是当 $IR_3$ 的中断服务程序完成之后，复位 $IS_3$ 并改变 $IR_3$ 的中断优先级别为最低级，而其余的中断源优先级跟着作循环变化，此时 ISR 和优先级别设置为图 7-12 所示。

| | $IS_7$ | $IS_6$ | $IS_5$ | $IS_4$ | $IS_3$ | $IS_2$ | $IS_1$ | $IS_0$ |
|---|---|---|---|---|---|---|---|---|
| 正在服务的中断源 | 0 | 0 | 1 | 0 | 0 | 0 | 0 | 0 |
| 相应的中断优先级 | 3 | 2 | 1 | 0 | 7 | 6 | 5 | 4 |

图 7-12　结束 $IR_3$ 中断后的 ISR 和其对应的中断优先级

此时 $IR_5$ 的中断优先级别从原来较低级别改变为较高的级别了。

④ 优先级特殊循环方式：该循环方式和优先级自动循环方式基本相同，不同点在于可以根据用户要求将最低优先级赋予某一中断源。

⑤ 查询排序方式：这是一种用软件查询方法来响应与 8259A 相连接的 8 级中断请求，此时 8259A 的 INT 引脚可不连接到 CPU 的 INTR 引脚，或者 CPU 正处于关中断状态，所以 CPU 不能响应从 8259A 来的中断请求。这时 CPU 若要了解有无中断请求，必须先用操作命令字发查询命令到 8259A，然后再用输入指令读取 IRR 寄存器的状态，并识别当前有无中断请求及优先级最高的中断请求。

**4. 中断结束方式**

中断结束方式是指当 8259A 对某一级中断处理结束时，将当前中断服务寄存器 ISR 中的对应位 $IS_i$ 清除为“0”的操作。结束中断处理（将 $IS_i$ 清为 0）方式有两种，一是中断自动结束方式，二是中断非自动结束方式。而中断非自动结束方式又分为一般中断结束和特殊中断结束两种方式。

① 中断自动结束方式：在这种方式下，中断服务寄存器的相应位清零是由硬件自动完成的。当某一级中断被 CPU 响应后，CPU 送回第一个 $\overline{INTA}$ 中断应答信号，该信号使中断服务寄存器 ISR 的相应位置 1，当第二个 $\overline{INTA}$ 负脉冲结束时，自动将 ISR 的相应位置 0。

② 一般中断结束方式：这种方式是在中断服务程序结束之前，用 OUT 指令向 8259A 发一个

中断结束命令字，8259A 收到该结束命令后，将当前中断服务寄存器中级别最高的为“1”位清零，表示当前正在处理的中断已结束。这种中断结束方式比较适合全嵌套工作方式。

③ 特殊中断结束方式：该方式也是通过用软件方法来实现中断结束的，即用 OUT 指令向 8259A 发一条特殊中断结束命令，指明将中断服务寄存器 ISR 中的哪一位清零。在单片全嵌套方式下，只发一条一般结束命令即可。但是对于级联方式，由于采用了特殊屏蔽方式，因而在其中断服务程序结束前，不仅要对主片发一条特殊结束命令，还要对从片发多条特殊结束命令或一般结束命令。

**5. 连接系统总线的方式**

8259A 和系统总线的连接方式分为两种，即缓冲方式和非缓冲方式。

在多片 8259A 级联的大系统中，8259A 通过总线驱动器和系统的数据总线相连，这种连接方式称为缓冲方式。当系统中的 8259A 只有 1～2 片时，8259A 的数据线可直接与系统的数据总线相连，这种方式称为非缓冲方式。

## 7.3.3 8259A 的编程

8259A 是可编程接口芯片，在使用 8259A 时，要对其进行编程。8259A 的编程可分为两部分：初始化编程和操作方式编程。初始化编程是建立 8259A 的基本工作条件，通过写入 2～4 个初始化命令字 $ICW_1$～$ICW_4$ 建立，以后不再改变；操作方式编程用来完成对中断处理过程的动态控制，通过写入操作命令字 $OCW_1$～$OCW_3$ 建立，OCW 字在初始化后任何时刻均可写入 8259A。这些控制字在 8259A 中对应于 7 个 8 位寄存器，可用输入/输出指令对其进行读/写操作。

**1. 初始化命令字**

初始化命令字必须按 $ICW_1$～$ICW_4$ 的顺序依次写入，若其中某个命令字不需要，可以去掉而直接写入下一个命令字。

（1）初始化命令字 $ICW_1$

$ICW_1$ 必须写入 8259A 的偶地址端口，即 $A_0$=0，该命令字的格式和含义如图 7-13 所示。

$D_0$：表示后面是否设置 $ICW_4$ 命令字，$D_0$=1，写 $ICW_4$；$D_0$=0，不写 $ICW_4$。对于 8086 系统，必须设置 $ICW_4$ 命令字，即 $D_0$ 位为 1。

$D_1$：用于设定 8259A 是单片使用还是多片级联使用。$D_1$=1 为单片且不用设置命令字 $ICW_3$；$D_1$=0 为多片级联且在命令字 $ICW_1$、$ICW_2$ 之后必须设置命令字 $ICW_3$。

$D_2$：该位对 8086 系统不起作用。在 8098 单片机系统中 $D_2$ 位为 1 还是 0 决定中断源中每两个相邻的中断处理程序的入口地址之间的距离间隔值。

$D_3$：该位设定 $IR_0$～$IR_7$ 的中断请求触发方式是电平触发方式还是边沿触发方式。$D_3$=1 时为电平触发，$D_3$=0 时为边缘触发。

$D_4$：此位为特征位，表示当前设置的是初始化控制字 $ICW_1$。

$D_7$～$D_5$：这 3 位在 8086 系统中不用，一般设定为 0。

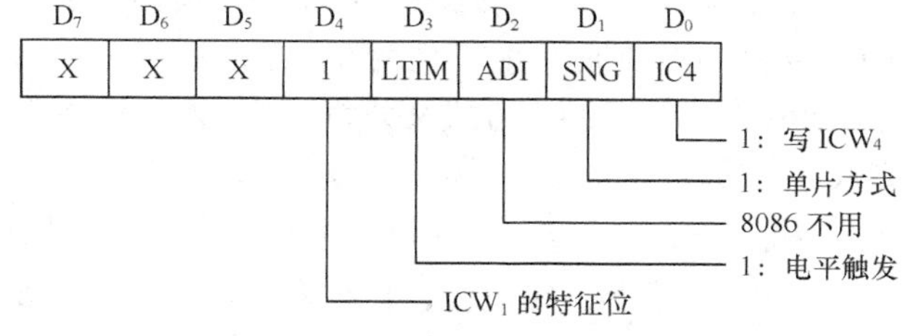


图 7-13 8259A 初始化命令字 $ICW_1$

（2）初始化命令字 $ICW_2$

$ICW_2$用于设置中断类型号，必须写入 8259A 的奇地址端口，即 $A_0$=1。

$D_2 \sim D_0$：为中断类型码的低 3 位，由 8259A 自动确定，取决于中断源挂在 8259A $IR_i$哪一个引脚上。例如，若 $D_2 \sim D_0$的取值为 010，说明用户设备的中断申请线连接在 8259A 的 $IR_2$上。

$D_7 \sim D_3$：为中断类型码的高 5 位，由用户决定。

（3）初始化命令字 $ICW_3$

$ICW_3$用于级联方式下的主/从片的设置。对于主片和从片，因格式不同，要分别写入。

① 主 8259A 的格式：$ICW_3$控制字的 $D_7 \sim D_0$位分别与 $IR_7 \sim IR_0$对应，某一位取 1，表示该位与从 8259A 级联，否则相应的 $IR_i$引脚上没有接从片。

② 从 8259A 的格式：$ICW_3$控制字的低 3 位 $D_2 \sim D_0$的编码表示从片的中断请求被连到主片的哪一个中断请求输入端 $IR_i$上。例如，当 $D_2 \sim D_0$为 010 时，说明从片接在主片的 $IR_2$引脚上。

（4）初始化命令字 $ICW_4$

$ICW_4$是方式控制命令字，必须写入 8259A 的奇地址端口，即 $A_0$=1。

$D_0$：系统选择位。选择 8259A 当前工作在哪类 CPU 系统中，8086/8088 CPU 该位为 1。

$D_1$：中断结束方式位。选择结束中断的方式，自动结束该位为 1，非自动结束该位为 0。

$D_2$：主从选择位，本片为主片时该位为 1，本片为从片时该位取 0。仅在缓冲工作方式时有效。在 $D_3$位为 1 时，$D_2$位有效；$D_3$位为 0 时，$D_2$位无效。

$D_3$：用来设定是否选用缓冲方式，选择缓冲方式时该位为 1，非缓冲方式时该位为 0。

$D_4$：嵌套方式选择位，选择特殊全嵌套方式时为 1，普通全嵌套方式时为 0。在级连方式下，主片 8259A 一般设置为特殊全嵌套工作方式，从片 8259A 设置为普通全嵌套工作方式。

$D_7 \sim D_5$：特征位。当这 3 位为 000 时，表示现在送出的控制字是 $ICW_4$。

**2. 操作命令字**

8259A 初始化后，就进入工作状态，此后可以随时使用操作命令字 $OCW_1$、$OCW_2$、$OCW_3$改变 8259A 的工作方式。

（1）操作命令字 $OCW_1$

$OCW_1$是中断屏蔽操作字，必须写入 8259A 的奇地址，即 $A_0$=1。

$D_7 \sim D_0$：将 $OCW_1$中的某位 $M_i$置 1 时，中断屏蔽寄存器 IMR 中的相应位也为 1，从而屏蔽相应的 $IR_i$中断请求信号。该命令字的格式和含义如图 7-14 所示。

（2）操作命令字 $OCW_2$

$OCW_2$是中断结束方式和优先级循环操作字，必须写入 8259A 的偶地址，即 $A_0$=0，该命令字的格式和含义如图 7-15 所示。

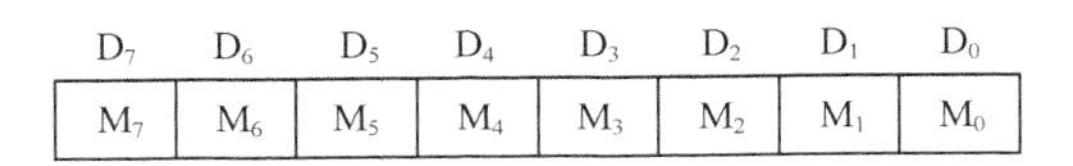

| $D_7$ | $D_6$ | $D_5$ | $D_4$ | $D_3$ | $D_2$ | $D_1$ | $D_0$ |
|---|---|---|---|---|---|---|---|
| $M_7$ | $M_6$ | $M_5$ | $M_4$ | $M_3$ | $M_2$ | $M_1$ | $M_0$ |

图 7-14　$OCW_1$命令字的格式和含义

| $D_7$ | $D_6$ | $D_5$ | $D_4$ | $D_3$ | $D_2$ | $D_1$ | $D_0$ |
|---|---|---|---|---|---|---|---|
| R | SL | EOI | 0 | 0 | $L_2$ | $L_1$ | $L_0$ |

图 7-15　$OCW_2$命令字的格式和含义

$D_7$：优先级循环控制位，R=1 时为循环优先级，R=0 时为固定优先级。

$D_6$：指明 $L_2 \sim L_0$是否有效。SL=1 时，$L_2 \sim L_0$有效；而 SL=0 时，$L_2 \sim L_0$无效。

$D_5$：中断结束命令位，EOI=1 时，表示这是一个中断结束命令，8259A 收到此操作字后须将 ISR 中的相应位清 0；EOI=0 时，表示这是一个优先级的设置命令。

$D_4 \sim D_3$：标志位，取值 00 说明该控制字为 $OCW_2$命令字。

$D_2 \sim D_0$：这 3 位的编码对应中断源 $IR_7 \sim IR_0$ 的选择。

当 EOI=1 且 SL=0 时，$OCW_2$ 为中断结束命令字，$L_2 \sim L_0$ 位无效，该命令使中断服务寄存器当前级别最高的为“1”的位清零，此方法对应一般中断结束方式；当 EOI=1 且 SL=1 时，$OCW_2$ 为中断结束命令，该命令使中断服务寄存器的某位置 0，置 0 位由 $L_2 \sim L_0$ 指明，此方式为特殊中断结束方式。例如，要使 $IR_3$ 在中断服务寄存器的相应位置 0，$OCW_2$ 控制字应为 01100011。

当 R=0 时，$OCW_2$ 为固定的优先级方式，$IR_0$ 中断级别最高，$IR_7$ 中断级别最低，SL、$L_2$、$L_1$、$L_0$ 各位无意义；当 R=1 且 SL=0 时，$OCW_2$ 为优先级自动循环方式，刚刚被服务过的中断源降为级别最低，$L_2$、$L_1$、$L_0$ 各位无意义；当 R=1 且 SL=1 时，为优先级特殊循环方式，此时的 $L_2 \sim L_0$ 3 位编码用来指定级别最低的中断源 $IR_i$。例如，$OCW_2$ 命令字为 11000011，指明 $IR_3$ 中断源的级别最低。

（3）操作命令字 $OCW_3$

$OCW_3$ 是设置特殊屏蔽、中断查询和读内部寄存器的操作命令字，必须写入 8259A 的偶地址，即 $A_0$=0，该命令字的格式和含义如图 7-16 所示。

| $D_7$ | $D_6$ | $D_5$ | $D_4$ | $D_3$ | $D_2$ | $D_1$ | $D_0$ |
|---|---|---|---|---|---|---|---|
| X | ESMM | SMM | 0 | 1 | P | RP | RIS |

图 7-16　$OCW_2$ 命令字的格式和含义

$D_1D_0$：读命令。$D_1D_0$=11 时，读中断服务寄存器 ISR 中的内容；$D_1D_0$=10 时，读中断请求寄存器 IRR 的内容；$D_1$=0 时，表示禁止读这两个寄存器。

$D_2$：为查询工作方式设置位。当 $D_2$=1 时，设置为查询工作方式；当 $D_2$=0 时，设置为正常中断工作方式。

$D_4D_3$：特征位，取值 01 说明该控制字为 $OCW_3$ 命令字。

$D_6D_5$：特殊屏蔽方式命令位。$D_6D_5$=11，设置特殊屏蔽方式命令；$D_6D_5$=01，撤销特殊屏蔽方式、返回普通命令方式命令；$D_6$=0，表示禁止特殊屏蔽方式。

【例 7.1】设 8259A 的端口地址为 208H、209H，中断请求信号采用电平触发方式，单片 8259A，中断类型号高 5 位为 00010，中断源接在 $IR_3$ 中，不用特殊全嵌套方式，用非自动结束方式，非缓冲方式，编写初始化程序。

编写的初始化程序如下：

```
MOV  DX, 208H            ;8259A 偶地址
MOV  AL , 00011011B      ;设置 ICW1 控制字,要写 ICW4、单片、电平触发
OUT   DX , AL
MOV  AL , 00010011B      ;设置 ICW2 中断类型号,中断类型号高 5 位为 00010
                         ;中断源接在 IR3
MOV  DX, 209H            ;8259A 奇地址
OUT   DX, AL
MOV  AL, 00000001B       ;设置 ICW4,普通全嵌套、非自动结束、非缓冲方式
OUT   DX, AL
```

### 7.3.4　80x86 的中断系统

8259A 是 80x86 微机系统选用的中断控制器，在 16 位微机系统中，采用的是单片或多片 8259A 组成微机硬件的中断系统，在 32 位微机中，已将 8259A 的功能集成在芯片组中，但 80x86 系列微机的中断系统在结构上基本相同，不同之处主要有两点：一是因 CPU 的工作模式不同，获取中断向量的方式有所不同；二是因系统的配置不同，所处理的中断类型有差别。

### 1．80x86 中断系统的结构及类型

80x86CPU 中断系统的结构示意图如图 7-17 所示。根据中断源与 CPU 的相对位置关系可分为外部中断（或硬件中断）和内部中断（或软件中断）两大类。在 32 位 CPU 中，把外部中断称为中断，把内部中断称为异常（Exceptions）。

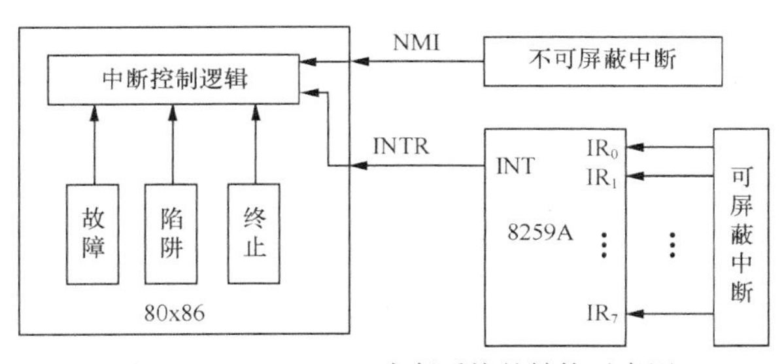


图 7-17　80x86 CPU 中断系统的结构示意图

（1）中断

中断是指由外部设备触发请求而引起的硬件中断。80x86 CPU 的硬件中断有两个：一个是由 NMI 引脚引入的不可屏蔽中断，请求触发方式为上升沿（0 到 1 的跳变信号）有效；另一个是由 INTR 引脚引入的可屏蔽中断，请求触发方式为高电平有效。由于多数外部设备的 I/O 传送请求都是通过可屏蔽中断引入的，而 CPU 的可屏蔽中断请求（INTR）引脚只有一个，不能满足外部设备的需要，因此在 80x86 CPU 系统中扩展一片或多片中断控制器 8259A 协助 CPU 管理中断。

（2）异常

异常是指在 CPU 执行过程中，因各种错误引起的中断，如地址非法、校验出错、页面失效、存取访问控制错、结果溢出、除数为零、非法指令等。根据系统对产生异常的处理方法不同，通常分为下列 3 种类型。

① 故障（Faults）：是指某条指令在启动之后真正执行之前，被检测到异常而产生的一种中断。这种异常是在引起异常的指令执行前产生的，待异常处理完成后继续返回该指令，重新启动并执行完成。例如，在启动指令时要访问的指令未找到（存储器页面出错），这种情况下当前指令被挂起，中断处理之后，由挂起指令处重新启动。

② 陷阱（Traps）：是在中断指令执行过程中引起的中断。这类异常主要是由执行“断点指令”或中断调用指令（INT *n*）引起，即在执行指令后产生的异常，在中断处理前要保护设置陷阱的下一条指令的地址（断点），中断处理完毕返回到该断点处继续执行。

③ 终止（Abort）：通常由硬件错误或系统表出现非法数据引起。该异常发生后一般无法确定造成异常指令的准确位置，程序无法继续执行，中断处理须重新启动系统。

以上 3 类异常的主要差别表现在两个方面：一是发生异常报告的方式，二是异常处理程序的返回方式。故障这类异常的报告是在引起异常的指令之前发生的，待异常处理完毕，返回该指令继续执行；陷阱之类异常的报告是在引起异常的指令执行后发生的，待异常处理完毕，返回该指令的下一条指令继续执行；终止这类异常的情况比较严重，它是因为系统硬件或参数出现了错误而引起的，引起异常的程序将无法恢复，必须重新启动系统。

80x86CPU 最多可以管理 256 种类型的中断与异常，其类型和功能如表 7-1 所示。每一种中断赋予一个中断类型号，其中：中断类型 0 ~ 17 分配给内部中断（类型 2 除外）；中断类型 18 ~ 31 留作备用，为生产厂家开发软硬件使用；中断类型 32 ~ 255 留给用户，可作为外部设备进行输入输出数据传输时的可屏蔽中断（INTR）请求使用。

表 7-1　　80x86CPU 中断与异常类型及功能

| 中断类型号 | 功　能 | 类　别 |
| --- | --- | --- |
| 0 | 除法错——除数为 0 或商溢出 | 故障 |
| 1 | 单步——单步执行标志 TF=1（调试） | 陷阱或故障 |
| 2 | NMI——不可屏蔽中断 | NMI |
| 3 | 断点——设置断点（执行 INT 3） | 陷阱 |
| 4 | 溢出——溢出标志 OF=1（执行 INT 0） | 陷阱 |
| 5 | 越界——超出了 BOUND 范围 | 故障 |
| 6 | 非法操作码 | 故障 |
| 7 | 设备不可用（只对 80386 有效） | 故障 |
| 8 | 双故障——进入故障处理时又遇到故障 | |
| 9 | 协处理器越段运行（保留） | |
| 10 | 无效任务状态段 | 故障 |
| 11 | 段不存在 | 故障 |
| 12 | 如果堆栈段不存在或堆栈段出现故障 | 故障 |
| 13 | 一般保护故障——指令超长或其他非法操作 | 故障 |
| 14 | 页故障 | 故障 |
| 15 | 保留，未使用 | |
| 16 | 浮点错——协处理器出现异常 | 故障 |
| 17 | 对准检查 | 故障 |
| 18 ~ 31 | 保留，未使用 | |
| 32 ~ 255 | 用户中断 | INTR |

表 7-1 中的前 5 个中断类型（类型 0 ~ 4），即除法错、单步、NMI、断点和溢出，从 8086 ~ Pentium 的所有 CPU 都是相同的，其他中断类型适用于 286 及向上兼容的 386、486 及 Pentium 微处理器。

### 2. 实模式下的中断与异常处理

在中断和异常的处理过程中，很重要的一件事是如何识别中断源，获取中断服务程序的入口地址。在 80x86 CPU 系统中，因 CPU 的工作模式不同而获取中断向量的方式有所不同，下面讨论 CPU 工作在实模式下是如何获取中断向量而转入中断处理的。

（1）中断向量表

在实模式下，80x86 CPU 的中断响应是根据中断源提供的中断类型号，查找中断向量表，获取中断向量，继而转去执行中断处理的。中断服务程序入口地址（首地址）是一个逻辑地址，含有与中断类型号相对应的中断服务程序所在段的 16 位段地址和 16 位偏移地址。按照“低对低、高对高”的小端存储方法，每个中断向量的低字放偏移地址，高字放段地址，共占 4 个字节。从存储器的物理地址 0000H 开始依次存放各个中断向量，对应的向量号也从 0 开始。这样，每 4 个字节为一个中断向量，256 个中断占用 1KB 区域，就形成中断向量表如图 7-18 所示。对于中断类型号为 $n$ 的中断向量要从地址 $n\times4$ 中得到。

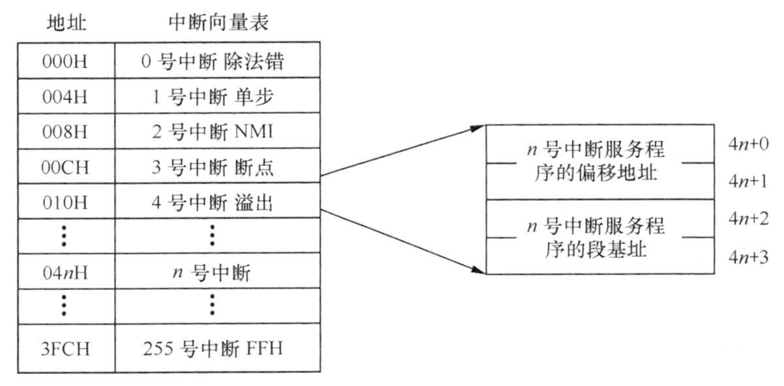


图 7-18　中断向量表

（2）中断向量的设置

用户在应用系统中使用中断时，需要在初始化程序中将中断服务程序的入口地址装入中断向量表指定的存储单元中，以便在 CPU 响应中断请求后，由中断向量自动引导到中断服务程序中。中断向量的设置，既可以使用传送指令直接装入指定单元，也可以使用 DOS INT 21H 中的 25H 号功能调用装入。

① 用传送指令直接装入。用这种方法设置中断向量时，用数据传送指令将中断服务程序的地址直接送入向量表的指定单元中。例如，设某中断源的中断类型号 *n* 为 40H，中断服务程序的入口地址为 INT-P，设置中断向量的程序段如下：

```
CLI                              ;IF=0,关中断
MOV AX, 0                        ;ES 指向 0 段
MOV ES,AX
MOV BX,40H*4                     ;向量表地址送 BX
MOV AX,OFFSET INT-P              ;中断服务程序的偏移地址送 AX
MOV ES:WORD PTR[BX],AX           ;中断服务程序的偏移地址写入向量表
MOV AX,SEG INT-P                 ;中断服务程序的段基址送 AX
MOV ES:WORD PTR[BX+2],AX         ;中断服务程序的段基址写入向量表
STI                              ;IF=1,开中断
INT-P:   …                       ;中断服务程序
         …
IRET                             ;中断返回
```

② 用 DOS 功能调用装入。在 DOS INT 21H 系统功能调用中，用 25H 功能可设置中断向量，用 35H 功能可获取中断向量。

25H 功能调用的入口参数是：

```
(AH)=25H
(AL)=中断类型号
(DS:DX)=中断服务程序的入口地址
```

例如，设某中断源的中断类型号 *n* 为 40H，中断服务程序的入口地址为 INT-P，调用 25H 号功能装入中断向量的程序段如下：

```
CLI                              ;IF=0,关中断
MOV AL,40H                       ;中断类型号 40H 送 AL
MOV DX,SEG INT-P                 ;中断服务程序的段基址送 DS
MOV DS,DX
MOV DX,OFFSET INT-P              ;中断服务程序的偏移地址送 DX
```

```
MOV AH,25H                    ;25H 功能调用
INT 21H
STI                           ;IF=1,开中断
        …
INT-P:  …                     ;中断服务程序
        …
IRET                          ;中断返回
```

35H 功能调用的入口参数是：AH=35H　AL=中断类型号

出口参数是：(ES:BX) =中断服务程序的入口地址

例如，若从中断类型号为 40H 对应的向量表中取出中断向量，程序段如下：

```
MOV AH,35H
MOV AL,40H
INT  21H
```

该程序段执行之后，从向量表中获取的中断向量存放在 ES 和 BX 中，ES 中存放段基址，BX 中存放偏移地址。

在实际应用中，为了不破坏向量表中的原始设置，通常在装入新的中断向量之前，先将原有的中断向量取出保存，待中断处理完毕，再将原中断向量恢复。

（3）中断处理

当 CPU 工作在实地址模式下时，可以响应和处理外部中断 NMI 和 INTR，内部中断类型为 0、1、3、4、5、6、7、8、9、12、13、16，共 12 种异常。按任务轻重缓急程度，系统规定中断处理的优先顺序是：内部中断优先权最高（类型 1 单步除外），其次为 NMI，再次是 INTR。单步中断优先权最低。实模式下的中断处理流程如图 7-19 所示。CPU 在当前指令执行完毕后，按中断源的优先顺序去检测和查询是否有中断请求，当查询到有内部中断发生时，中断类型号 $n$ 由 CPU 内部形成或由指令本身（INT $n$）提供；当查询到有 NMI 请求时，自动转入中断类型 2 进行处理；当查询到有 INTR 请求时，响应的条件是中断标志位 IF=1，其中断类型号 $n$ 由请求设备在中断响应周期自动给出；当查询到单步请求 TF=1 时，并且在 IF=1 时自动转入中断类型 1 进行处理。对于 INTR 请求引起的中断，CPU 要连续产生两个低电平有效的中断响应周期 INTA，进行中断处理。

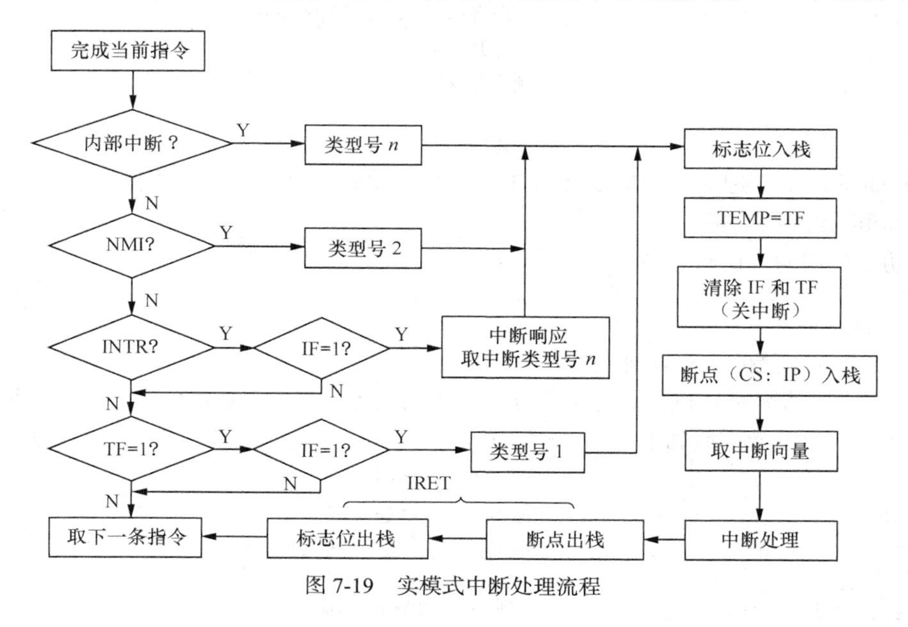


图 7-19　实模式中断处理流程

为了实现中断程序与被中断程序之间的跳转与返回，CPU 在响应中断请求后、执行中断处理前，由硬件自动地完成如下操作。

- 获取中断类型号 $n$，生成中断向量表地址 $4n$。
- 标志寄存器 FLAGE 的内容压入堆栈保存。
- 先将 TF 的值保存起来，然后将 TF 和 IF 清除，在中断响应过程中，禁止单步执行功能和再次响应新的 INTR 请求。
- 断点 CS：IP 压入堆栈保存。
- 从中断向量表地址为 $4n$ 存储单元中取出中断向量送入 CS 和 IP，继而转去执行中断服务程序。

断点和标志位的出栈，是在中断服务程序结束后由中断返回指令 IRET 来完成的。

# 7.4　DMA 控制器 8237A

8237A 是 Intel 80x86 系列微处理器配套的高性能可编程 DMA 控制器芯片，可用来接管 CPU 对总线的控制权，在存储器与高速外设之间建立直接进行数据块传送的高速通路。

## 7.4.1　8237A 的基本功能

8237A 有 4 个独立的 DMA 通道，每个通道具有不同的优先权，都可以分别允许和禁止。各通道可分别完成 3 种不同的操作。

- DMA 读操作——读存储器送外设。
- DMA 写操作——读外设写存储器。
- DMA 校验操作——通道不进行数据传送操作，只完成校验功能。

8237A 可处于两种不同的工作状态，在 8237A 未取得总线控制权以前，CPU 处于主控状态，而 8237A 处于从属状态，一旦 8237A 取得总线控制权后，8237A 便上升为主控状态，完全在 8237A 控制下完成存储器和外设之间的数据传送功能，CPU 不再参与数据传送的操作。

8237A 的每个 DMA 通道有 4 种工作方式。

（1）单字节传送方式

单字节传送方式是每次 DMA 传送时仅传送一个字节。传送一个字节之后，DMA 控制器释放系统总线，将控制权还给处理器。单字节方式的特点是：一次传送一个字节，效率略低；但它会保证在两次 DMA 传送之间处理器有机会重新获取总线控制权，执行一个处理器总线周期。

（2）数据块传送方式

在这种方式下，DMA 传送启动后就连续地传送数据，直到规定的字节数传送完。数据块方式的特点是：一次请求传送一个数据块，效率高；但整个 DMA 传送期间处理器长时间无法控制总线（无法响应其他 DMA 请求、无法处理中断等）。

（3）请求传送方式

在这种方式下，DMA 传送由请求信号控制。如果请求信号一直有效，就连续传送数据，但当请求信号无效时，DMA 传送被暂时中止，由处理器接管总线。一旦请求信号再次有效，DMA 传送又可以继续进行下去。请求方式的特点是：DMA 操作可由外设利用请求信号控制传送的速率。

（4）级联方式

级联是指多个 DMA 控制器连接起来扩展 DMA 通道。另外，DMA 控制器 8237A 还可以编程为存储器到存储器传送的工作方式。存储器间的 DMA 传送是对传统的存储器与外设间的直接数据传送的外延，用于将存储器的某个数据块通过 DMA 控制器传送到另一个存储区域，类似于处理器的串传送 MOVS 指令。有些 DMA 控制器还支持外设到外设的 DMA 传送。

IBM PC/AT 机使用两个 DMA 控制器芯片 Intel8237A 构成 7 个 DMA 通道，32 位 PC 对其保持了软硬件的兼容。

## 7.4.2 8237A 的内部结构

8237A 可编程 DMA 控制器由数据总线缓冲存储器、读写逻辑部件、工作方式寄存器、状态寄存器、优先选择逻辑及 4 个 DMA 通道组成，内部结构如图 7-20 所示。

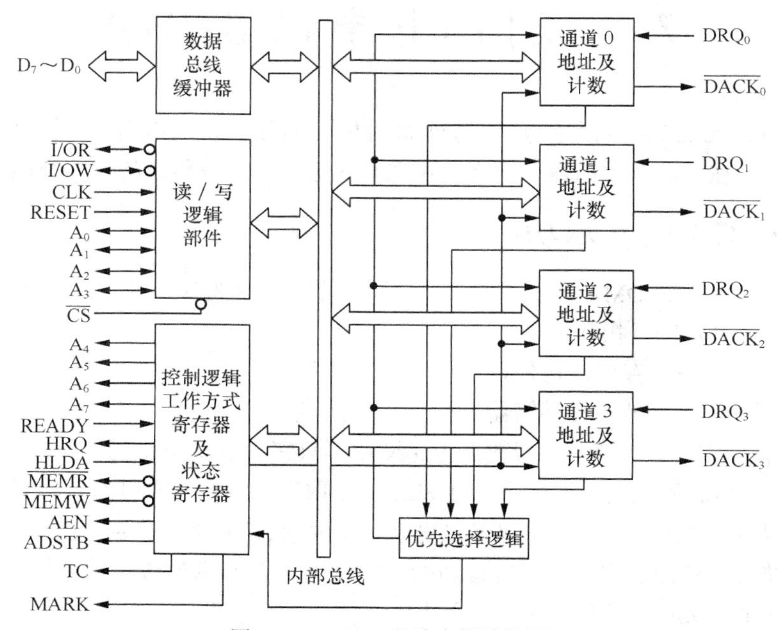


图 7-20 8237A 芯片内部结构图

### 1. DMA 通道 0 ~ 通道 3

作为 8237A 芯片的主体是 4 个结构完全相同的 DMA 通道。每个通道内包含两个 16 位寄存器，它们是地址寄存器和终点计数寄存器，前者存放要进行 DMA 传送的数据在存储器区域的首地址的偏移地址；后者的低 14 位（$D_{13} \sim D_0$）用来存放要求传送的字节数，如果字节数为 $n$，则存 $n-1$，因此，一个数据块的最大容量为 $2^{14}$ =16KB。$n$ 也是本次 DMA 操作所需要执行的 DMA 周期数。

终点计数器的高 2 位（$D_{15}$，$D_{14}$）用来定义所选通道的操作方式，如表 7-2 所示。

在任何 DMA 操作周期内这 2 位不允许修改，但是可在各个数据块传送之间进行修改。这就是说，一旦被定义，任何一个通道的 DMA 写、DMA 读或 DMA 校验操作就一直进行到整个数据块操作完成为止。每个通道各有一条 DMA 请求线和一条 DMA 认可线。DMA 请求线 $DRQ_0 \sim DRQ_3$ 由请求传送数据的外部设备输入，高电平有效；DMA 认可线 $\overline{DACK}_0 \sim \overline{DACK}_3$ 由 8237A 取得了总线控制权后向发出请求的外部设备输出，低电平有效，它实际上是 $DRQ_i$ 的回答信号。

表 7-2 终点计数器高 2 位定义

| $D_{15}$ | $D_{14}$ | DAM 操作 |
| --- | --- | --- |
| 0 | 0 | DMA 检验操作 |
| 0 | 1 | DMA 写操作（外设→存储器） |
| 1 | 0 | DMA 读操作（存储器→外设） |
| 1 | 1 | 未定义 |

**2. 数据总线缓冲存储器**

这是一个双向三态 8 位缓冲寄存器，是与系统数据总线的接口，当 8237A 处于从属状态时，CPU 通过这个缓冲寄存器对 8237A 进行读/写操作。当 8237A 处于主控状态时，在 DMA 周期内，8237A 将所选通道的地址寄存器的高 8 位地址码（$A_{15} \sim A_8$）经过这个缓冲存储器锁存到 8212 锁存器中，然后该缓冲存储器将处于浮空状态。8237A 必须与一个 8 位锁存器（8212 和其他代用芯片）配套使用，才可形成完整的四通道 DMA 控制器。

**3. 读/写逻辑部件**

当 8237A 处于从属状态时，用来接收由 CPU 输入的读/写控制信号和端口地址等信息；当 8237A 处于主控状态时，通过它发出读/写控制信号和地址信息。

① $\overline{I/OR}$ 或 $\overline{I/OW}$——输入/输出读或输入/输出写控制信号，双向、三态，低电平有效。

当 8237A 处于从属状态时，$\overline{I/OR}$ 或 $\overline{I/OW}$ 为输入线，是 CPU 向 8237A 发出的读或写命令，可读取 8237A 中某个通道内某个寄存器的内容或向 8237A 写入控制字或通道数据。

当 8237A 处于主控状态时，$\overline{I/OR}$ 或 $\overline{I/OW}$ 为输出线，是 8237A 向外部设备发出的读命令或写命令，可从外部设备中读取数据或向外部设备写入数据。

② $A_3 \sim A_0$——输入/输出地址线。

当 8237A 处于从属状态时，这是由 CPU 向 8237A 输入的低 4 位地址码，用来寻址 8237A 中的某个端口。当 8237A 处于主控状态时，这是 8237A 向存储器输出的低 4 位地址码。

③ $\overline{CS}$——片选信号，输入，低电平有效。

当 8237A 处于从属状态时，由高位地址码（$A_{15} \sim A_2$）译码得到对 8237A 的片选信号。当 8237A 处于主控状态时，$\overline{CS}$ 被自动禁止，以免 8237A 正在执行 DMA 传送期间重新被选。

④ CLK——时钟信号，输入，用来确定 8237A 的工作频率。

⑤ RESET——复位信号，输入。当 RESET 有效时，清除所有寄存器的内容，控制线浮空，禁止 DMA 操作，复位之后，必须重新初始化 8237A 才能工作。

**4. 控制逻辑部件**

控制逻辑部件主要用来向 CPU 发出总线请求，当得到 CPU 认可，DMA 进入主控状态后，由它发出各种控制信号。

① HRQ（Hold Request）——请求占用总线信号，向 CPU 输出，高电平有效。

当任一通道收到外部设备的 DMA 请求时，8237A 立即向 CPU 发出 HRQ，表示要求使用总线。

② HLDA（Hold Acknowledge）——同意占用总线信号，由 CPU 发出，高电平有效。

CPU 收到 HRQ 信号，待当前总线周期执行完，向 8237A 回送 HLDA 信号，表示将总线控制权交给 8237A，此后，8237A 进入主控状态，可开始 DMA 操作。

③ READY——准备就绪信号，输入，高电平有效。

8237A 在主控状态下进行 DMA 的操作过程中，若存储器或外部设备来不及完成读/写操作，要求延长读/写操作周期时，可使 READY 线无效，8237A 将在 DMA 周期增设等待周期，直到 READY 有效为止。

④ $\overline{MEMR}$ 和 $\overline{MEMW}$ ——读/写存储器控制信号，三态输出，低电平有效。

这是 8237A 处于主控状态时，向存储器输出的读/写控制信号。当 $\overline{MEMR}$ 有效时，必然 $\overline{I/OW}$ 有效，完成从存储器向外部设备的数据传送。同理，$\overline{MEMW}$ 有效时，必然 $\overline{I/OR}$ 有效，完成读外部设备写存储器的数据传送。

⑤ $A_7 \sim A_4$——地址输出线。8237A 处于主控状态时，在 DMA 周期中通过这 4 条线输出 16 条存储器地址线中的 $A_7 \sim A_4$。

⑥ TC（Terminal Count）——为终点计数信号，当所选通道的终点计数寄存器中的计数值为 0 时，TC 输出有效，表示当前正在传送的是最后一个数据字节，可用来通知外设结束数据传送操作，使 $DRQ_i$ 信号无效。

⑦ MARK（modulo 128 MARK）——为模 128 标记信号，用来通知被选的外部设备，当前是上一次输出 MARK 有效后的第 128 个 DMA 周期。用来供外部设备记录已传送的字节数。

⑧ ADSTB——地址选通信号，表示 8237A 输出的存储器地址高 8 位（$A_{15} \sim A_8$）从双向数据总线（$D_7 \sim D_0$）锁存到 8212 锁存器，用作 8212 的选通信号。

⑨ AEN——地址允许信号，表示在上述传送地址过程中，它用作 8212 的选择信号 $DS_2$，同时可用它去封锁 CPU 使用低 8 位数据总线和控制总线。

**5. 工作方式寄存器和状态寄存器**

工作方式寄存器是一个 8 位只写寄存器，由 CPU 对 8237A 初始化时写入，用来定义 8237A 中各通道的工作方式。状态寄存器是一个 8 位只读寄存器，用来描述当前各通道所处的状态。

（1）工作方式寄存器

其各位的定义如图 7-21 所示。低 4 位中任一位置“1”，表示相应通道被启动投入操作。

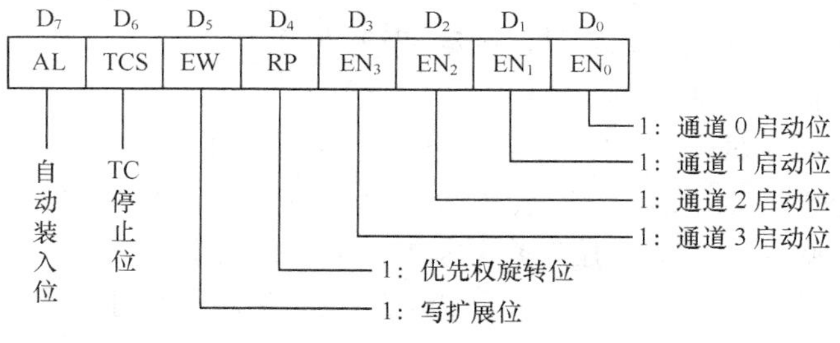


图 7-21　8237A 工作方式寄存器格式

RP（Rotating Priority）位是优先权旋转位。若 RP=0，表示各通道的请求具有固定的优先权级别，通道 0 具有最高优先级（0 级），通道 3 具有最低优先级（3 级），其他通道的优先级类推。若 RP=1，表示采用旋转优先权策略，总是使刚刚结束操作的通道具有最低优先级，把最高优先级赋予原来比它低一级的通道。其他通道按旋转方式类推，如表 7-3 所示。

显然，采用旋转优先权方式，可防止优先级别高的通道长时间独占 DMA 传送数据，而使连接在各个通道上的外设对于 DMA 资源具有基本上相同的使用概率。

EW（Extened Write）位是写扩展位。EW=1，表示将写存储器信号 $\overline{MEMW}$ 和写 I/O 设备信号 $\overline{I/OW}$ 提前有效，收到该写信号的存储器或外设应提前使 READY 信号有效，以免 8237A 在 DMA 周期内插入不必要的 $S_W$ 等待状态。

表 7-3　　8237A 内部优先级的定义

| 通道 | | 通道 0 | 通道 1 | 通道 2 | 通道 3 |
|---|---|---|---|---|---|
| RP=0（固定级） | | 0 级 | 1 级 | 2 级 | 3 级 |
| PR=1 | 刚用过通道 0 | 3 级 | 0 级 | 1 级 | 2 级 |
| | 刚用过通道 1 | 2 级 | 3 级 | 0 级 | 1 级 |
| | 刚用过通道 2 | 1 级 | 2 级 | 3 级 | 0 级 |
| | 刚用过通道 3 | 0 级 | 1 级 | 2 级 | 3 级 |

TCS（TC Stop）位是终点计数停止位。TCS=1，即终点计数 TC 有效时，该通道便结束 DMA 操作，如果要求该通道继续传送别的数据块，必须重新启动。TCS=0，即 TC 无效时，并不复位相应通道，表示该通道传送的数据还未结束，可继续传送下一数据块，而不需要重新启动该通道，或者是由外部设备停止发出 DMA 请求来结束 DMA 操作。

AL（Auto Load）位是自动装入位。当 AL=1 时，允许通道 2 连续传送多个重复数据块或者传送相互链接的数据块，这种情况下，需要使用两个通道。系统规定使用通道 2 和通道 3 来完成。如果是传送相互链接的数据块，初始化时应将第 1 个数据块的参数（存储器起始地址、终点计数值和 DMA 传送方式）置入通道 2 的有关寄存器中，而将第 2 个数据块的参数置入通道 3 中，并使通道 2 的 TCS 位置“0”，待通道 2 传送完第 1 个数据块时，并不结束通道 2 的操作，而是在修改周期内，将通道 3 中存放的参数传送给通道 2，于是通道 2 可继续传送第 2 个数据块。如果还有第 3 个数据块需要继续传送，则应将第 3 个数据块的参数置入通道 3 暂存。这样，通道 2 可连续传送多个不同的数据块，如果需要通道 2 传送的是多个重复的数据块，则只要 AL=1，将数据块参数同时对通道 2 和通道 3 进行初始化即可。于是通过通道 2 传送的将是多个相同的数据块。在上述操作过程中，通道 3 实际上是作为通道 2 的缓冲存储器使用而并不需要启动通道 3 投入操作。

（2）状态寄存器

其各位定义如图 7-22 所示。

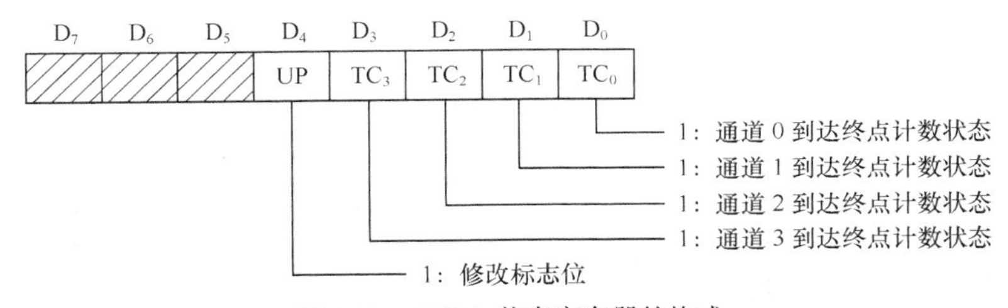


图 7-22　8237A 状态寄存器的格式

$TC_3 \sim TC_0$ 用来标志相应通道当前是否达到终点计数状态，当某个通道进入数据块的最后一个 DMA 周期，即终点计数器的计数值为 0 时，相应的 $TC_i$ 状态位被置“1”，并且一直保持到该通道被复位或 CPU 读后被清除。

UP 是修改标志位，它是专为通道 2 连续传送多个数据块而设置的。UP = 1，表示当前处于修改周期，即数据块的最后一个 DMA 周期，当自动装入位 AL=1 时，表示在修改周期内将通道 3 中暂存的参数置入通道 2 中，于是通道 2 可以继续传送下一个数据块。在通道 2 传送下一数据块的第一个 DMA 周期内，又可将新的参数置入通道 3 中。修改标志只在修改周期内有效。

### 7.4.3 8237A 应用举例

8237A 的每个通道占用 2 个端口地址，再加上工作方式寄存器和状态寄存器合用一个端口，因此整个 8237A 芯片共包含 9 个端口地址，可用最低 4 位地址码（$A_3 \sim A_0$）来对它们寻址，如表 7-4 所示。

表 7-4　　8237A 端口地址

| $A_3$ | $A_2$ | $A_1$ | $A_0$ | 所选寄存器 |
|---|---|---|---|---|
| 0 | 0 | 0 | 0 | 通道 0　DMA 地址寄存器端口号（低 4 位） |
| 0 | 0 | 0 | 1 | 通道 0　终点计数寄存器端口号（低 4 位） |
| 0 | 0 | 1 | 0 | 通道 1　DMA 地址寄存器端口号（低 4 位） |
| 0 | 0 | 1 | 1 | 通道 1　终点计数寄存器端口号（低 4 位） |
| 0 | 1 | 0 | 0 | 通道 2　DMA 地址寄存器端口号（低 4 位） |
| 0 | 1 | 0 | 1 | 通道 2　终点计数寄存器端口号（低 4 位） |
| 0 | 1 | 1 | 0 | 通道 3　DMA 地址寄存器端口号（低 4 位） |
| 0 | 1 | 1 | 1 | 通道 3　终点计数寄存器端口号（低 4 位） |
| 1 | 0 | 1 | 1 | 工作方式寄存器（只写）（低 4 位） |
| 1 | 0 | 0 | 0 | 状态方式寄存器（只读） |

某 8086 微机系统中，利用 8237A DMA 控制器的 0 通道为某台外设与存储器之间构成直接数据传送通道，系统配置结构如图 7-23 所示。

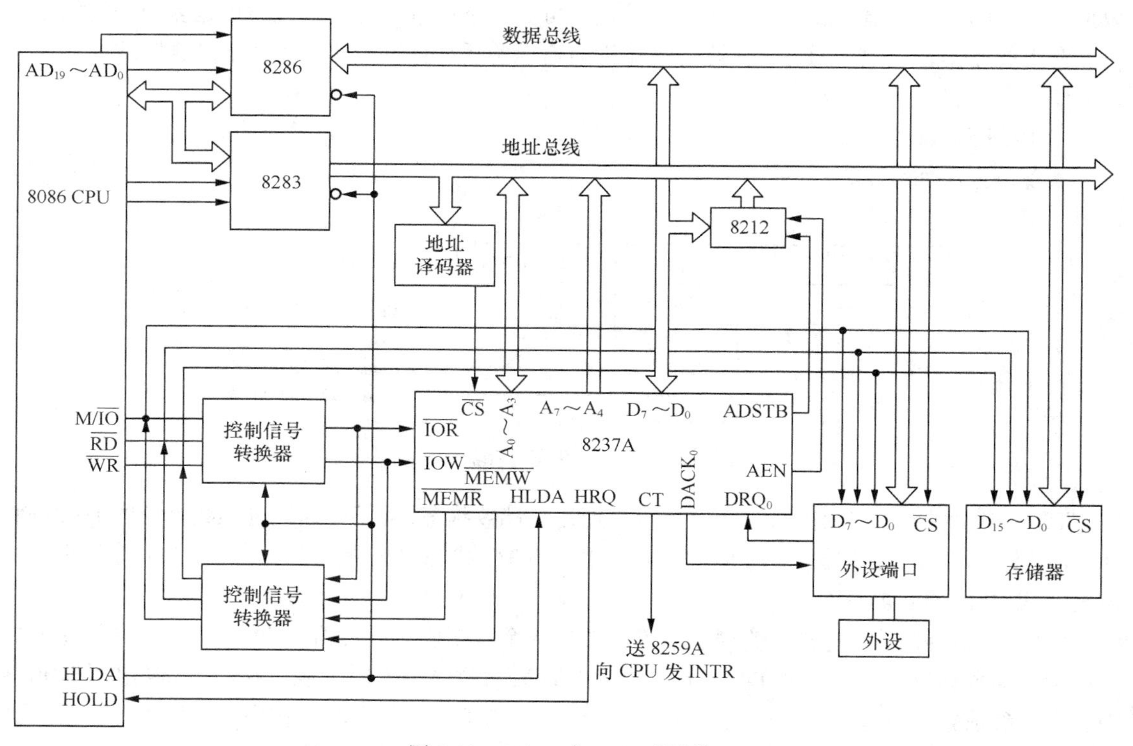


图 7-23　8237A 与 8086 的连接

高位地址码（$A_{15} \sim A_4$）经译码后，可用来形成 8237A 的片选信号，使 $\overline{CS}$ 有效，与 $\overline{I/OW}$，$\overline{I/OR}$ 和地址码 $A_3 \sim A_0$ 配合可完成对有关寄存器的读写操作。由于 8237A 与 CPU 之间的数据总线接口只有 8 位，所有 16 位寄存器的初始化都必须分两次进行，为此内部设置了一个专用触发器（F/L）。先使 F/L = 0，传送低字节，后使 F/L=1，传送高字节。F/L 有自动翻转功能，执行 RESET 或清除命令后，该寄存器为“0”，CPU 可访问寄存器的低字节；访问之后，F/L 自动翻转为“1”，CPU 可访问寄存器的高字节；清除命令只需要对特定的端口（$A_3 \sim A_0$=1101）执行一次写操作即可，该写操作不需要指定任何 8237A 的寄存器就可实现对 8237A 的软件复位。

如果要求从外设输入 1000H 字节的数据到存储器当前数据段中从 0300H 单元开始的一片连续区域，其初始化程序段如下：

```
START:  OUT  7DH,  AL ;
        MOV  DX,方式寄存器端口
        MOV  AL,41H
        OUT   DX,AL
        MOV  DX,通道 0 地址寄存器端口
        MOV  AX,0300H
        OUT   DX,AL
        MOV  AL,AH
        OUT   DX,AL
        MOV  DX,通道 0 终点计数器端口
        MOV  AX,1000H
        OUT   DX,AL
        MOV  AL,AH
        OUT   DX,AL
```

待外设发出 DMA 请求，$DRQ_0 = 1$，系统将在 8237A 控制下完成数据传送功能。在此期间，CPU 处于保持状态，可进行不使用总线的内部操作。如果利用 8237A 的终点计数信号 TC 向 CPU 发中断请求，那么 CPU 响应中断后，可对这批数据进行处理或使用。

# 习 题 七

**一、选择题**

1．程序查询 I/O 方式最主要的缺点是（　　）。

A．接口复杂　　B．CPU 效率不高　　C．不能用在外设　　D．不经济

2．下面给出的中断方式优点中，错误的是（　　）。

A．可实现 CPU 与外设并行工作　　B．便于应急事件处理

C．提高 CPU 的工作效率　　D．使外设接口比查询简单

3．中断向量地址是指（　　）。

A．中断服务程序入口地址的地址　　B．发出中断请求的中断源地址

C．中断服务程序的入口地址　　D．中断源请求逻辑电路的地址

4．下列选项中，能引起内部中断的事件的是（　　）。

A．键盘　　B．鼠标　　C．非法操作码　　D．打印机

5．下列选项中，能引起外部中断事件的是（　　）。

A．除数为 0　　B．运算溢出　　C．非法操作码　　D．打印机

6. 无嵌套中断系统中，中断服务程序执行顺序是（　　）。

A. 保护现场、中断事件处理、恢复现场、开中断、中断返回

B. 保护现场、开中断、中断事件处理、恢复现场、中断返回

C. 开中断、保护现场、中断事件处理、恢复现场、中断返回

D. 中断事件处理、保护现场、开中断、恢复现场、中断返回

7. DMA 方式传送数据是在（　　）之间进行的。

A. CPU 和外设　B. 主存和外设　C. 键盘和主存　D. CPU 和主存

8. 在响应外部中断的过程中，要完成（　　）工作。

A. 关中断、保存断点、形成中断服务程序入口地址送程序计数器

B. 关中断、保存通用寄存器、形成中断服务程序入口地址送程序计数器

C. 关中断、保存断点和通用寄存器

D. 保存断点和通用寄存器、开中断

9. 在下列各项中，不是 I/O 接口必备功能的是（　　）。

A. 转换信息格式　B. 提供联络信号　C. 协调定时差异　D. 可编程序

10. 可编程 I/O 工作方式由（　　）决定的。

A. 硬件设计　B. 软件编程

C. 接口芯片的控制字　D. 接口芯片状态字

**二、简答题**

1. 什么是中断类型码、中断向量、中断向量表？在实地址方式中，中断类型码和中断向量之间有什么关系？

2. 简述中断优先排队的原因、原则和方法。

3. 一次完整的中断过程包括哪几步？

4. 试按照如下要求对 8259A 进行初始化：系统中只有一片 8259A，中断请求信号用电平触发方式，需要设置 ICW4，中断类型码为 60H，6IH，62H，…，67H，用普通全嵌套方式，不用缓冲方式，采用中断自动结束方式。设 8259A 的端口地址为 94H 和 95H。

5. DMA 方式的特点是什么？DMA 控制器在系统中起什么作用？

6. 8237A 有几个通道？其工作方式有哪几种？通道的优先级如何确定？

# 第 8 章
# 常用可编程接口

本章主要介绍并行通信、串行通信与定时/计数的工作原理以及相对应的可编程接口芯片。通过本章的学习，初学者对可编程接口芯片能够有一个基本的认识。

## 8.1 可编程并行接口芯片 8255A

在微型计算机系统中，最常用的通信方式是并行通信和串行通信，本节将介绍并行通信的基本知识和并行接口 8255A 的工作原理。8255A 是 Intel 公司生产的 8 位通用可编程并行输入/输出接口芯片。它通用性强、使用灵活，在使用中可利用软件编程来指定它将要完成的功能，因此，8255A 获得了广泛的应用。

### 8.1.1 内部结构与引脚功能

#### 1. 内部结构

如图 8-1（a）所示，8255A 由以下几部分组成。

（1）数据总线缓冲器

这是一个三态双向 8 位数据缓冲存储器，它是 8255A 与 8086CPU 之间的数据接口。CPU 通过执行输入/输出指令来实现对缓冲器接收或发送数据。8255A 的控制字和状态字也是通过该缓冲器来传送的。

（2）3 个 8 位端口

8255A 芯片内部包含了 3 个 8 位端口 A、B、C，端口 C 又可分成两个 4 位端口，各端口还可通过程序设定为不同的工作方式。

通常将端口 A 和端口 B 定义为输入/输出的数据端口，而端口 C 用作控制信号输出，或作为状态信号输入。

（3）A 组和 B 组控制部件

端口 A 与端口 C 的高 4 位（$PC_7 \sim PC_4$）构成 A 组，由 A 组控制部件控制，端口 B 与端口 C 的低 4 位（$PC_3 \sim PC_0$）构成 B 组，由 B 组控制部件控制。

（4）读/写控制部件

这是 8255A 内部完成读/写控制功能的部件，用来管理数据信息、控制字和状态字的传送，它能接收 CPU 的控制命令，并根据它们向片内各功能部件发出操作命令。

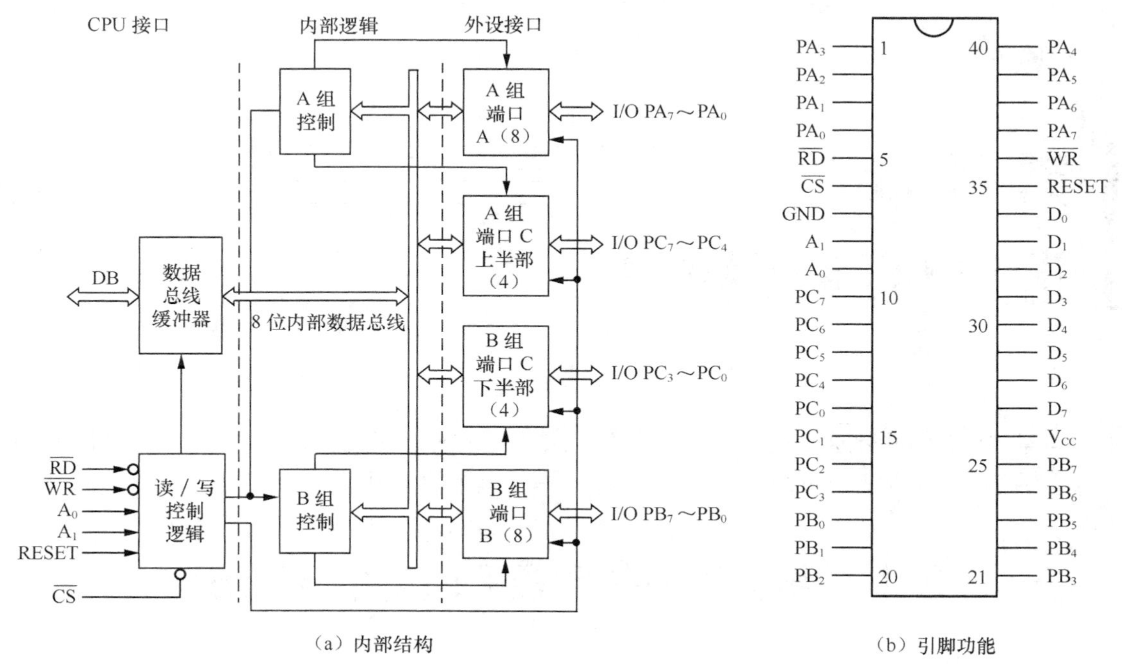

图 8-1 可编程并行接口 8255A 的内部结构及引脚

### 2. 引脚功能

8255A 引脚信号如图 8-1（b）所示，8255A 采用 40 条引脚的双列直插式（Dual In-line Package，DIP）封装，其引脚信号有：

① $PA_0 \sim PA_7$，$PB_0 \sim PAB_7$，$PC_0 \sim PC_7$：A、B、C 3 个端口的 24 条输入/输出信号线。

② $D_0 \sim D_7$：双向数据信号线。

③ RESET：复位信号。由 CPU 输入，RESET 有效时，清除 8255A 中所有控制寄存器的内容，并将各端口置成输入方式。

④ $\overline{CS}$：片选信号线。由 CPU 输入，低电平有效。通常由端口的高位地址码（$A_{15} \sim A_2$）译码得到，$\overline{CS}$ 有效，表示该 8255A 被选中。

⑤ $\overline{RD}$，$\overline{WR}$：读、写控制信号线，低电平有效。由 CPU 输入，$\overline{RD}$ 有效，表示 CPU 读 8255A，应由 8255A 向 CPU 传送数据或状态信息。$\overline{WR}$ 有效，表示 CPU 写 8255A，应由 CPU 将控制字或数据写入 8255A。

⑥ $A_1$ 和 $A_0$：端口选择信号。

当 $A_1A_0=00$，选择端口 A；

当 $A_1A_0=01$，选择端口 B；

当 $A_1A_0=10$，选择端口 C；

当 $A_1A_0=11$，选择控制字寄存器。

### 3. 端口寻址

8255A 占外设编址的 4 个地址，即 A 口、B 口、C 口和控制寄存器各占一个外设接口地址。对同一个地址分别可以进行读写操作。例如，读 A 口可将 A 口的数据读出；写 A 口可将 CPU 的数据写入 A 口并输出。利用 8255A 的片选信号、$A_0$、$A_1$ 以及读写信号，即可方便地对 8255A 进行读写控制。这些信号的功能如表 8-1 所示。

表 8-1 8255A 的读写操作控制

| $\overline{CS}$ | $A_1$ | $A_0$ | $\overline{RD}$ | $\overline{WR}$ | 功能 | 操作 |
|---|---|---|---|---|---|---|
| 0 | 0 | 0 | 0 | 1 | 端口 A→数据总线 | 输入操作（读） |
| 0 | 0 | 1 | 0 | 1 | 端口 B→数据总线 | |
| 0 | 1 | 0 | 0 | 1 | 端口 C→数据总线 | |
| 0 | 0 | 0 | 1 | 0 | 数据总线→端口 A | 输出操作（写） |
| 0 | 0 | 1 | 1 | 0 | 数据总线→端口 B | |
| 0 | 1 | 0 | 1 | 0 | 数据总线→端口 C | |
| 0 | 1 | 1 | 1 | 0 | 数据总线→控制字寄存器 | |
| 0 | 1 | 1 | 0 | 1 | 非法状态 | 断开功能（禁止） |
| 0 | × | × | 1 | 1 | 数据总线为三态（高阻） | |
| 1 | × | × | × | × | 数据总线为三态（高阻） | |

## 8.1.2 8255A 的工作方式

8255A 中各端口可有 3 种基本工作方式：方式 0——基本输入/输出方式，方式 1——选通输入/输出方式，方式 2——双向传送方式。

端口 A 可处于 3 种工作方式（方式 0、方式 1 和方式 2），端口 B 只可处于两种工作方式（方式 0 和方式 1），端口 C 常常被分成高 4 位和低 4 位两部分，可分别用来传送数据或控制信息，只能工作于方式 0。

### 1. 方式 0——基本输入/输出方式

这是 8255A 中各端口的基本输入/输出方式，它只完成简单的并行输入/输出操作，CPU 可从指定的端口输入信息，也可向指定的端口输出信息。如果 3 个端口均处于工作方式 0，则可由工作方式控制字定义 16 种工作方式的组合（A 口、B 口、C 口高位、C 口低位可分别定义为输入或输出方式）。

8255A 工作在方式 0 时，CPU 可以采用无条件读写方式与 8255A 交换数据。如果把 C 口的两个部分用作控制和状态口，与外设的控制和状态端相连，CPU 也可以通过对 C 口的读写，实现 A 口与 B 口的查询读写方式。

### 2. 方式 1——选通输入/输出（应答式输入/输出）

8255A 中的端口 A 和端口 B 可以工作在方式 1 下，这时要用 C 口的信号线作联络信号来配合完成输入/输出。

在 8255A 中规定每个端口的联络信号是 3 位，两个数据口共用去 C 口的 6 位，剩下的 2 位仍可以作数据位使用。

A、B 两个端口的工作状态是由 CPU 写控制字时设定的，一旦方式已定，就把所用 C 口的联络信号位也确定了。

（1）方式 1 输入

8255A 中的端口 A 和端口 B 采用工作方式 1 进行输入操作时，需要使用的控制信号如图 8-2 所示，A 口所用的 3 个联络信号占用 C 口的 $PC_3$、$PC_4$、$PC_5$ 3 个引脚，而 B 口则用了 $PC_0$、$PC_1$ 和 $PC_2$ 3 个引脚。

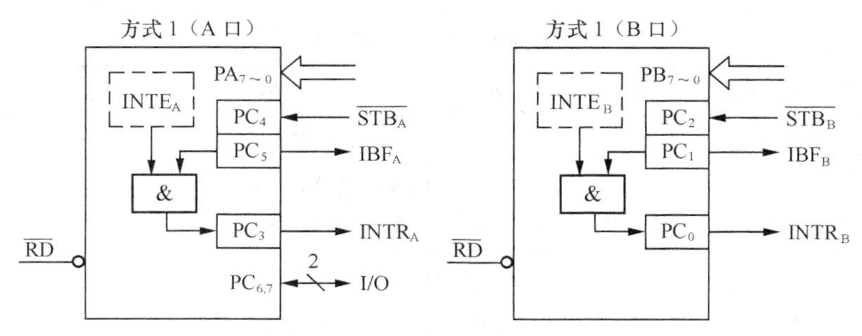


图 8-2　方式 1 下 A、B 口均为输入时的信号定义

联络信号的作用如下。

① $\overline{\text{STB}}$——输入选通信号。由外部设备输入，低电平有效。

$\overline{\text{STB}}$ 有效时，将外部输入的数据锁存到所选端口的输入锁存器中。

② IBF——输入缓冲器满信号。由 8255A 向外部输出，高电平有效。

IBF 有效时，用以通知外部设备输入的数据已写入缓冲器，它实际上是对 $\overline{\text{STB}}$ 信号的应答。

③ INTR——中断请求信号。向 CPU 输出，高电平有效。

④ INTE——中断允许触发器。

在 A 组和 B 组控制电路中分别设置一个内部中断触发器 $\text{INTE}_\text{A}$ 和 $\text{INTE}_\text{B}$，前者由 $\overline{\text{STB}}_\text{A}$（$\text{PC}_4$）控制置/复位，后者由 $\overline{\text{STB}}_\text{B}$（$\text{PC}_2$）控制置/复位。只有当 $\text{PC}_4$ 或 $\text{PC}_2$ 置“1”时，才允许对应的端口送出中断请求。

方式 1 的输入过程如下：

当外设准备好数据，在送出数据的同时，送出一个选通信号 $\overline{\text{STB}}$。8255A 端口的数据锁存器在 $\overline{\text{STB}}$ 信号控制下将数据锁存。之后，8255A 向外设送出高电平的 IBF，表示锁存数据已完成，暂时不要再送数据。如果 INTE=1，这时（STB、IBF 和 INTE 都为高电平）就会使 INTR 变成高电平输出，向 CPU 发出中断请求。待 CPU 响应这一中断请求，执行中断服务程序中安排的 IN 指令时，$\overline{\text{RD}}$ 信号的下降沿清除中断请求，CPU 从 8255A 中读取数据，$\overline{\text{RD}}$ 结束时的上升沿则使 IBF 复位到零，表示输入缓冲存储器已空，使外设知道可以进行下一字节的输入了。

（2）方式 1 输出

8255A 中的端口 A 和端口 B 采用工作方式 1 进行输出操作时，需要使用的控制信号如图 8-3 所示，A 口所用的 3 个联络信号占用 C 口的 $\text{PC}_3$、$\text{PC}_6$、$\text{PC}_7$ 3 个引脚，而 B 口则用了 $\text{PC}_0$、$\text{PC}_1$ 和 $\text{PC}_2$ 3 个引脚。

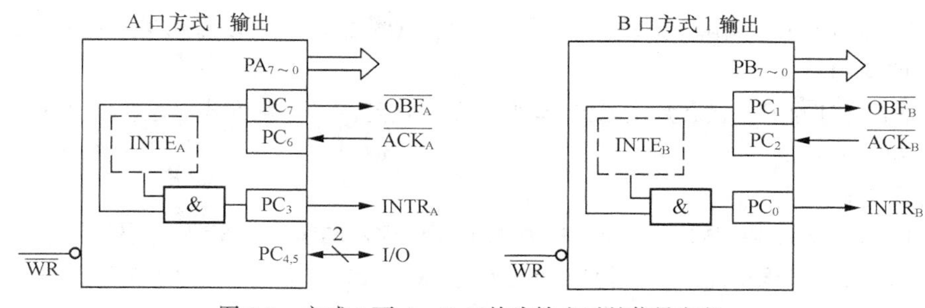


图 8-3　方式 1 下 A、B 口均为输出时的信号定义

联络信号的作用如下。

① $\overline{OBF}$——输出缓冲器满信号，低电平有效。由 8255A 向外部输出。

当 CPU 执行 OUT 指令，$\overline{WR}$ 有效时，表示将数据锁存到数据输出缓冲器，同时由 $\overline{WR}$ 的后沿将 $\overline{OBF}$ 置为有效。$\overline{OBF}$ 有效时，表示 CPU 已将数据写入指定端口，通知外设可以将数据取走。

② $\overline{ACK}$——外部设备应答信号，低电平有效，由外设输入。

$\overline{ACK}$ 有效时，表示 8255A 的数据已经为外设所接收。它实际上是对 $\overline{OBF}$ 信号的回答。

③ INTR——中断请求信号。向 CPU 输出，高电平有效。

④ INTE——中断允许触发器。

对于端口 A，内部中断触发器 $INTE_A$ 由 $PC_6$（$\overline{ACK}_A$）置/复位，对于端口 B，$INTE_B$ 由 $\overline{PC}_2$（$\overline{ACK}_B$）置/复位。

方式 1 的输出过程如下：

当外设接收了由 CPU 送给 8255A 的数据后，$\overline{ACK}$、$\overline{OBF}$ 为高电平，此时，若 INTE=1，8255A 就用 INTR 端向 CPU 发出中断请求，请求 CPU 再输出后面的数据。待 CPU 响应该中断请求，可在中断服务程序中安排 OUT 指令继续输出后续字节。

方式 1 输入下，$PC_7$、$PC_6$ 可以用方式控制字来设置它们的输入/输出。方式 1 输出下，$PC_4$、$PC_5$ 也可以用方式控制字来设置它们的输入/输出。

**3. 方式 2——双向选通输入/输出**

8255A 中只允许端口 A 处于工作方式 2，可用来在两台处理机之间实现双向并行通信。其有关的控制信号由端口 C 提供，并可向 CPU 发出中断请求信号。

端口 A 工作于方式 2 的端口状态如图 8.4 所示。由图 8-4 可看出，端口 A 工作于方式 2 所需要的 5 个控制信号分别由端口 C 的 $PC_7 \sim PC_3$ 来提供。如果端口 B 工作于方式 0，那么 $PC_2 \sim PC_0$ 可用作数据输入/输出；如果端口 B 工作于方式 1，那么 $PC_2 \sim PC_0$ 用作端口 B 的控制信号。

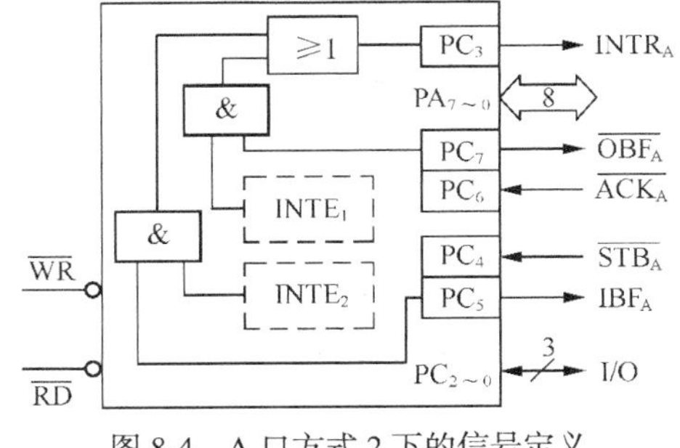

图 8-4　A 口方式 2 下的信号定义

端口 A 工作于方式 2 所需控制信号如下。

① $\overline{OBF}_A$——输出缓冲器满信号。向外部输出，低电平有效。

作为对外设的一种选通信号，表示 CPU 已经将数据送到端口 A。

② $\overline{ACK}_A$——应答信号。由外部输入，低电平有效。$\overline{ACK}_A$ 有效，表示外部已收到端口 A 输出的数据，由 $\overline{ACK}_A$ 后沿将 $\overline{OBF}$ 置成无效（高电平），表示端口 A 输出缓冲存储器已空，CPU 可继续向端口 A 输出后续数据。它实际上是 $\overline{OBF}_A$ 的回答信号。

③ $\overline{STB}_A$——数据选通信号。由外部输入，低电平有效。$\overline{STB}_A$ 有效，将外部输入的数据锁存到数据输入锁存器中。

④ $IBF_A$——输入缓冲器满信号。向外部输出，高电平有效。$IBF_A$ 有效时，表示外部已将数据输入到端口 A 的数据输入锁存器中，等待向 CPU 输入，它实际上是对 $\overline{STB}_A$ 的回答信号。

⑤ INTR——中断请求信号。向 CPU 输出，高电平有效。无论是进行输入还是输出操作，都利用 INTR 向 CPU 发出中断请求。

各种方式下各端口的功能如表 8-2 所示。

表 8-2　　各种方式下各端口功能

| 端口 | 方式 0 输入 | 方式 0 输出 | 方式 1 输入 | 方式 1 输出 | 方式 2（仅 A 组） |
|---|---|---|---|---|---|
| $PA_7 \sim PA_0$ | IN | OUT | IN | OUT | I/O |
| $PB_7 \sim PB_0$ | IN | OUT | IN | OUT | 方式 0 或 1 |
| $PC_0$ | IN | OUT | $INTR_B$ | $INTR_B$ | I/O |
| $PC_1$ | | | $IBF_B$ | $\overline{OBF}_B$ | I/O |
| $PC_2$ | | | $\overline{STB}_B$ | $\overline{ACK}_B$ | I/O |
| $PC_3$ | | | $INTR_A$ | $INTR_A$ | $INTR_A$ |
| $PC_4$ | | | $\overline{STB}_A$ | I/O | $\overline{STB}_A$ |
| $PC_5$ | | | $IBF_A$ | I/O | $IBF_A$ |
| $PC_6$ | | | I/O | $\overline{ACK}_A$ | $\overline{ACK}_A$ |
| $PC_7$ | | | I/O | $\overline{OBF}_A$ | $\overline{OBF}_A$ |

方式 1 和方式 2 时，中断允许信号 INTE 的操作位如表 8-3 所示。

表 8-3　　INTE 的操作位

| 方式 | 操作位（A 口） | 操作位（B 口） |
|---|---|---|
| 方式 1 输入 | $PC_4$ | $PC_2$ |
| 方式 1 输出 | $PC_6$ | $PC_2$ |
| 方式 2 输入 | $PC_4$ | |
| 方式 2 输出 | $PC_6$ | |

当 8255A 与 CPU 采用查询方式工作时，要求 CPU 读取 C 端口的内容，根据上述对端口 PC 各位的定义及对中断屏蔽情况可以很容易地知道读出的状态字中各位的含义，各位的定义如下：

| $PC_7$ | $PC_6$ | $PC_5$ | $PC_4$ | $PC_3$ | $PC_2$ | $PC_1$ | $PC_0$ |
|---|---|---|---|---|---|---|---|
| I/O | I/O | $IBF_A$ | $INTE_A$ | $INTR_A$ | $INTE_B$ | $IBF_B$ | $INTR_B$ |

方式 1 输入

| $PC_7$ | $PC_6$ | $PC_5$ | $PC_4$ | $PC_3$ | $PC_2$ | $PC_1$ | $PC_0$ |
|---|---|---|---|---|---|---|---|
| $\overline{OBF}_A$ | $INTE_A$ | I/O | I/O | $INTR_A$ | $INTE_B$ | $\overline{OBF}_B$ | $INTR_B$ |

方式 1 输出

| $PC_7$ | $PC_6$ | $PC_5$ | $PC_4$ | $PC_3$ | $PC_2$ | $PC_1$ | $PC_0$ |
|---|---|---|---|---|---|---|---|
| $\overline{OBF}_A$ | $INTE_1$ | $IBF_A$ | $INTE_2$ | $INTR_A$ | X | X | X |

方式 2

（$PC_2 \sim PC_0$：B 组，由方式 0 或方式 1 定义）

## 8.1.3　控制字与初始化

用户可用编程来定义 3 个端口的工作方式，可使用的控制字有定义工作方式控制字和置位/复位控制字。通过定义工作方式控制字可对 3 个端口分别定义为不同方式的组合，当将端口 A 定义为方式 1 或方式 2 或将端口 B 定义为方式 1 时，要求使用端口 C 的某些位作控制用，这时需要使用一个专门的置位/复位控制字来对控制端口 C 的各位分别进行置位/复位操作。

**1. 工作方式控制字（$D_7$=1）**

8255A 工作方式控制字的格式如图 8-5 所示。图中，$D_0 \sim D_2$ 3 位用来对 B 组的端口进行工作方式设置，其中 $D_2$ 设置 B 口的工作方式，$D_2$=1 为方式 1，$D_2$=0 为方式 0；$D_1$ 位设置 B 口的输入或输出，$D_1$=1 为输入，$D_1$=0 为输出；$D_0$ 位设置 C 口的低半部，$D_0$=1 为输入，$D_0$=0 为输出。$D_3 \sim$

$D_6$4 位用来对 A 组的端口进行设置，其中 $D_6D_5$ 组合起来设置 A 口的工作方式，$D_6D_5$=00 为方式 0，$D_6D_5$=01 为方式 1，$D_6D_5$=10 和 11 都为方式 2；$D_4$ 位用来设置 A 口的输入或输出，$D_4$=1 为输入，$D_4$=0 为输出；$D_3$ 位用来设置 C 口上半部的输入或输出，$D_3$=1 为输入，$D_3$=0 为输出。（口诀：先方式、后 I/O（1/0），A 组 B 组高低走）

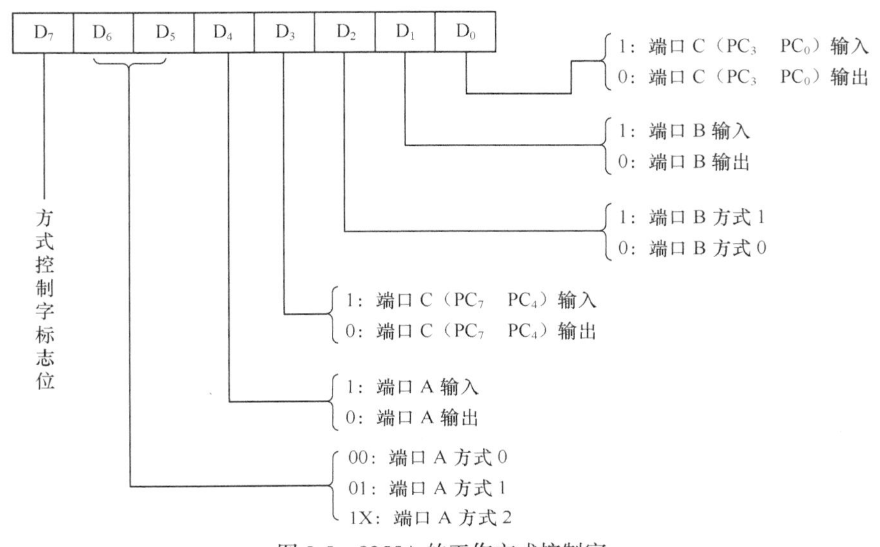


图 8-5　8255A 的工作方式控制字

### 2．按位置位/复位控制字（$D_7$=0）

按位置位/复位控制字只对端口 C 有效，其使用格式如图 8-6 所示。因为 C 口共有 8 个二进制位，要确定对其中某一位进行操作，就要在控制字中指定该位的编号，图中用了 $D_3D_2D_1$ 3 位的编码与 PC 口的某一位相对应，对指定位进行的操作则由 $D_0$ 确定，如 $D_0$=1 时，将指定位置“1”；$D_0$=0，则将指定位置“0”。例如：

若 $D_0$=0，$D_3D_2D_1$=101，则 C 端口的第 5 位 $PC_5$ 置“0”；

若 $D_0$=1，$D_3D_2D_1$=001，则 C 端口的第 1 位 $PC_1$ 置“1”。

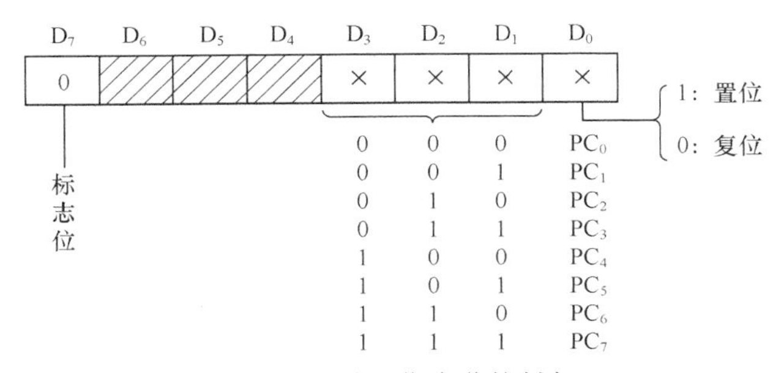


图 8-6　按位置位/复位控制字

在选通方式工作时，利用 C 口的按位置位/复位功能可以控制 8255A 能否请求中断。

### 3．初始化

8255A 可编程接口芯片的初始化十分简单，只要将控制字写入 8255A 的控制字寄存器即可实现。

【例 8.1】若要将 8255A 设定为：A 口为方式 0 输入，B 口为方式 0 输出，$PC_7$ ~ $PC_4$ 为输出，$PC_3$ ~ $PC_0$ 为输入，设 8255A 的 4 个端口地址范围为 0060H ~ 0063H，则初始化编程时的程序段为：

```
MOV   DX,0063H
MOV   AL,10010001B            ;方式字：10010001
OUT    DX,AL                  ;送控制字到控制口
```

【例 8.2】若要使 8255A 的 $PC_5$ 初始状态置为 1，设 8255A 的 4 个端口地址范围为 300H ~ 303H，则设置端口 C 的程序段为：

```
MOV  DX,0303H
MOV  AL,00001011B
OUT   DX,AL                   ;送控制字到控制口
```

【例 8.3】若要使 8255A 的 $PC_7$ 产生一个负脉冲，用作打印机接口的选通信号，设 8255A 的控制端口地址为 0FFFEH，则设置端口 C 的程序段为：

```
MOV  DX,0FFFEH
MOV  AL,00001110B             ;PC7=0
OUT   DX,AL                   ;送控制字到控制口
NOP
NOP
MOV   AL,00001111B            ;设定 PC7=1
OUT    DX,AL
```

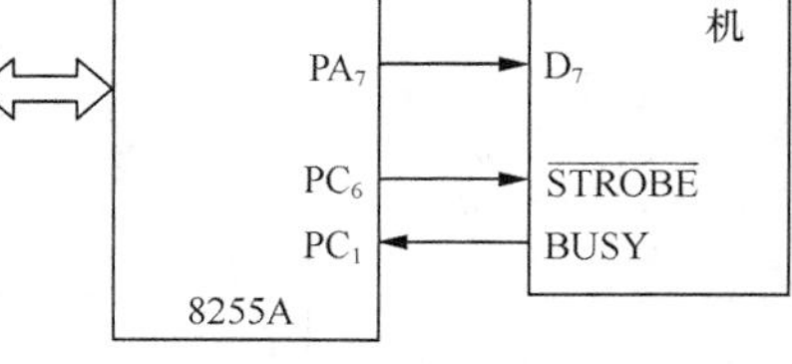

图 8-7　8255 与打印机的连接

【例 8.4】8255 与打印机的连接采用查询输出方式工作，连接如图 8-7 所示。

初始化程序如下：

```
INIT55:  MOV  DX,0383H
         MOV  AL, 10000011B     ;A 口方式 0 输出,C 口高位输出,C 口低位输入
         OUT   DX,AL
         MOV   AL,00001101B     ;PC6=1
         OUT   DX,AL
PRINT:   MOV  AL,BLOCK
         MOV   CL,AL            ;循环次数
         MOV  SI, OFFSET  DATA  ;偏移地址
GOON:    MOV  DX,0382H
PWAIT:   IN     AL,DX
         AND   AL,02H
         JNZ    PWAIT           ;查询 PC1,等待不忙
         MOV  AL,[SI]
         MOV  DX,0380H
         OUT   DX,AL            ;从内存取数据送 A 口
         MOV  DX,0382H
         MOV  AL,00H
         OUT  DX,AL             ;PC6=1
         MOV  AL,40H
         OUT  DX,AL             ;PC6=0,送 STROBE 脉冲（负脉冲）
         INC   SI
         DEC  CL
         JNZ   GOON
         RET
```

【例 8.5】8255 与打印机的连接采用选通输出方式工作，连接如图 8-8 所示。

下面就是对 8255 进行初始化的程序：

```
MOV   DX,0383H
MOV   AL,10100000B      ;A 口方式 1 输出
OUT    DX,AL
MOV   AL,00001101B      ;PC6=1, INTEA=1, 允许中断
OUT    DX,AL
```

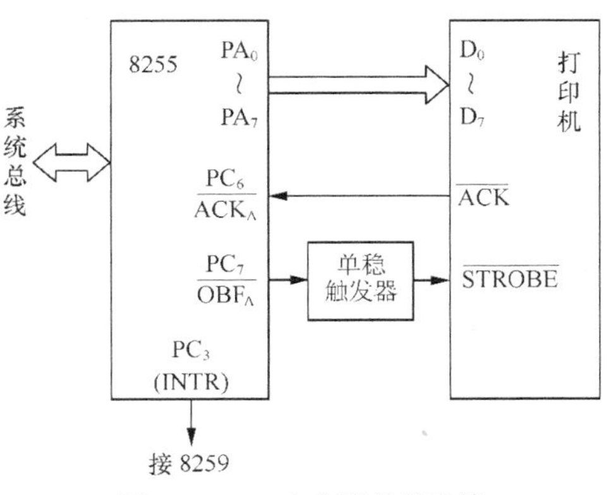


图 8-8　8255 与打印机的连接

## 8.1.4　8255A 应用举例

可编程并行接口 8255A 可提供 3 个独立的并行输入/输出端口。利用输出端口与数/模转换器相连，可控制输出模拟量的大小。这个模拟量可以是电压的高低、电流的大小、速度的快慢、声音的强弱、温度的升降等。利用模/数转换器又可将它们变换为数字量，通过并行输入端口送回微机系统中。这样一种闭环的调节系统在实践中应用非常广泛。

一个由 8086 CPU 和 8255A 为主体构成的闭环调节系统的结构流程图如图 8-9 所示。由图 8-9 可以看出，8255A 中端口 A 工作在方式 0，完成输出功能，用来向数/模转换器输出 8 位数字信息。端口 B 工作在方式 1，完成输入功能，用来接收由模/数转换器输入的 8 位数字信息。端口 C 作控制用，$PC_7$ 用作模/数转换器 ADC0809 的启动信号，$PC_2$ 用作输入的 $\overline{STB}_B$ 信号，$PC_0$ 用作中断请求信号 $INTR_B$，通过中断控制器 8259A 可向 CPU 发中断请求，这些都要由初始化程序来定义。

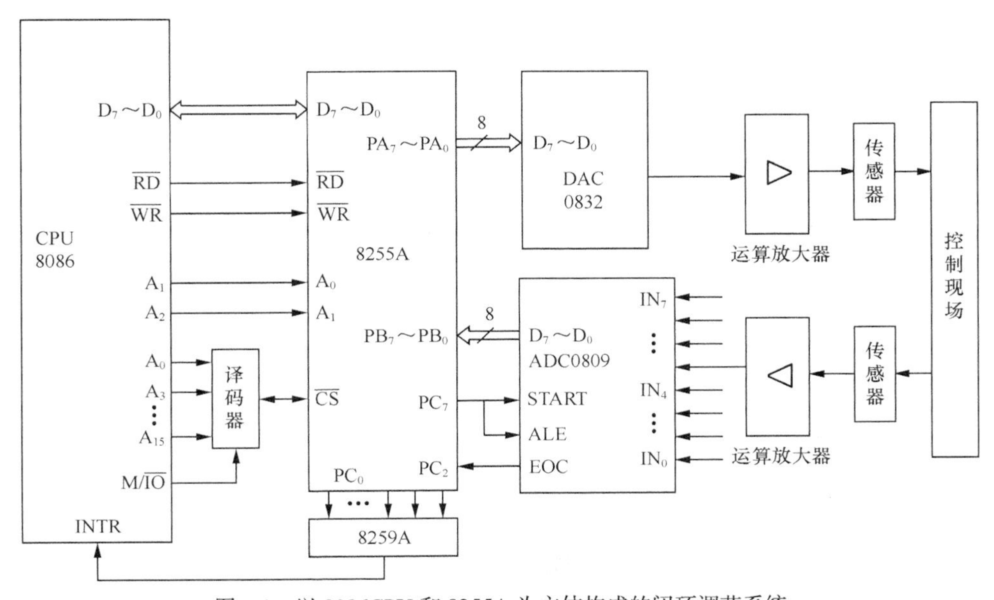


图 8-9　以 8086CPU 和 8255A 为主体构成的闭环调节系统

由 8255A 端口 A 输出的 8 位数字信息，经数/模转换器 DAC0832 转换成模拟量。它输出的模拟量是电流值，因此，DAC0832 常与运算放大器一起使用，以便将模拟电流放大并转换为模拟电压。当 CPU 输出的数字量从 00H ~ FFH 时，运算放大器输出 0 ~ 4.98V 的模拟电压，该电压经传感器可调节控制现场的温度、速度、声音或流量等其他参数。

控制现场的模拟信息经传感器和运算放大器可变换为一定范围内的电压值，这模拟电压经模/

数转换器 ADC0809 可变换为 8 位数字信息送回 8255A 的端口 B，其转换速度取决于从 CLK 端引入的标准时钟，端口 B 可采用查询或中断方式与 CPU 联系。若采用中断方式，中断请求信号经 8259A 中断排队后送 CPU 的 INTR 端。

如果采用中断方式，并定义中断类型码为 40H，那么首先应将相应的中断服务程序定位到存储器中，并将其入口地址的段基址和偏移地址值置入中断入口地址表中从 100H 地址开始的 4 个字节中。

可使用的初始化和控制程序如下：

```
INTT:   MOV  DX,8255A 控制端口
        MOV  AL,86H
        OUT  DX,AL                    ;初始化 8255A
        MOV  AL,05H
        OUT  DX,AL
        MOV  DX,8259A 偶地址端口
        MOV  AL,13H                   ;ICW1: 000 1 0 0 1 1  边沿触发、单级、需设 ICW4
        OUT  DX,AL
        MOV  DX,8259A 奇地址端口
        MOV  AL,40H                   ;ICW2，定义中断类型码分别为 40H～47H
        OUT  DX,AL
        MOV  AL,03H                   ;ICW4: 000 0 0 0 1 1  非特殊、非缓冲、自动 EOI
        OUT  DX,AL
        MOV  AL,0FEH                  ;OCW1: 11111110  IR0 允许中断
        OUT  DX,AL
POUT:   MOV  DX,8255A 端口 A
        MOV  AL,XXH                   ;从端口 A 输出 8 位数据
        OUT  DX,AL
        MOV  DX,8255A 端口 C
        MOV  AL,80H
        OUT  DX,AL                    ;启动 ADC0809
        MOV  AL,0
        OUT  DX,AL
WAIT:   STI
        JMP  WAIT
```

40H 类型中断服务程序：

```
MOV  DX,8255A 端口 B
IN  AL,DX ⋮
…
IRET
```

上述程序将端口 A 定义为方式 0 输出端口，不需要任何控制信号。将端口 B 定义为方式 1 输入端口，需要 $PC_2$ 作输入信号（$\overline{STB}_B$），用来接收 ADC0809 的转换结束命令 EOC，由它将 8 位数字信息锁存到端口 B 的数据输入锁存器中。需要 $PC_0$ 用作输出信号，向 CPU 发出中断请求。

由主程序完成初始化功能后，通过端口 A 输出预置的 8 位数字信息，用来控制现场的某种模拟参数。从现场收集到的模拟量通过端口 B 以中断方式向 8086CPU 报告，CPU 响应该中断请求后可在中断服务程序中利用 IN 指令接收由端口 B 输入的数字信息，并完成必要的计算和处理后可向端口 A 输出新的数字信息，以实现对现场模拟信息的调整过程。对于中断服务程序的具体处理过程应根据实际需要来编制相应的程序。

# 8.2　可编程串行接口 8251A

## 8.2.1　串行通信的基本概念

### 1. 串行通信

串行通信指的是将组成数据的各位一位一位地依次串行地发往线路进行传输，如图 8-10 所示。其特点如下。

① 传输速度较低，一次一位，每一位数据占据一个固定的时间长度。

② 通信成本也较低，只需一条传输线。这种情况只要少数几条线就可以在系统间交换信息。

③ 支持长距离传输，目前计算机网络中所用的传输方式均为串行传输。

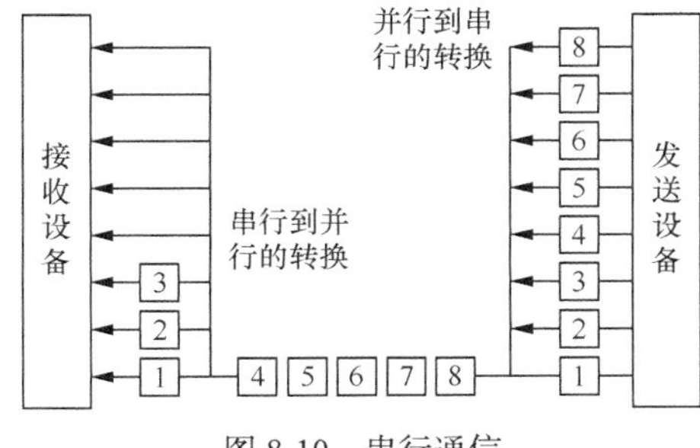


图 8-10　串行通信

### 2. 串行通信线路的工作方式

串行通信线路有如下 3 种方式。

① 单工通信：它只允许一个方向传输数据，如图 8-11（a）所示。A 只作为数据发送器，B 只作为数据接收器，不能进行反方向传输。

② 半双工通信：它允许两个方向传输数据，但不能同时传输，只能交替进行，A 发 B 收或 B 发 A 收，如图 8-11（b）所示。在这种情况下，为了控制线路换向，必须对两端设备进行控制，以确定数据流向。这种协调可以靠增加接口的附加控制线来实现，也可用软件约定来实现。

③ 全双工通信：它允许两个方向同时进行数据传输，A 收 B 发的同时可 A 发 B 收，如图 8-11（c）所示。显然，两个传输方向的资源必须完全独立，A 与 B 都必须有独立的接收器和发送器，从 A 到 B 和从 B 到 A 的数据通路也必须完全分开（至少在逻辑上是分开的）。

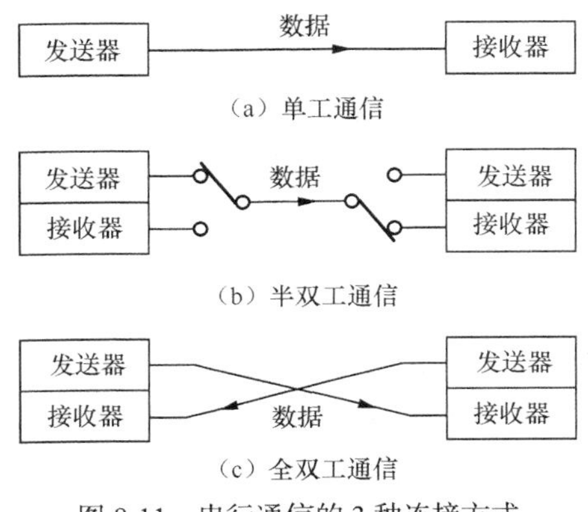


图 8-11　串行通信的 3 种连接方式

### 3. 串行接口

串行接口有许多种类，典型的串行接口如图 8-12 所示。它包括 4 个主要寄存器：控制寄存器、状态寄存器、数据输入寄存器及数据输出寄存器。

控制寄存器用来接收 CPU 送给此接口的各种控制信息，而控制信息决定接口的工作方式。状态寄存器的各位叫状态位，每一个状态位都可以用来指示传输过程中的某一种错误或者当前传输状态。数据输入寄存器总是和串行输入/并行输出移位寄存器配对使用的。在输入过程中，数据一位一位地从外部设备进入接口的移位寄存器，当接收完一个字符以后，数据就从移位寄存器送到数据输入寄存器，再等待 CPU 来取走。输出的情况和输入过程类似，在输出过程中，数据输出寄存器和并行输入/串行输出移位寄存器配对使用。当 CPU 往数据输出寄存器中输出一个数据后，数据便传输到移位寄存器，然后一位一位地通过输出线送到外部设备。

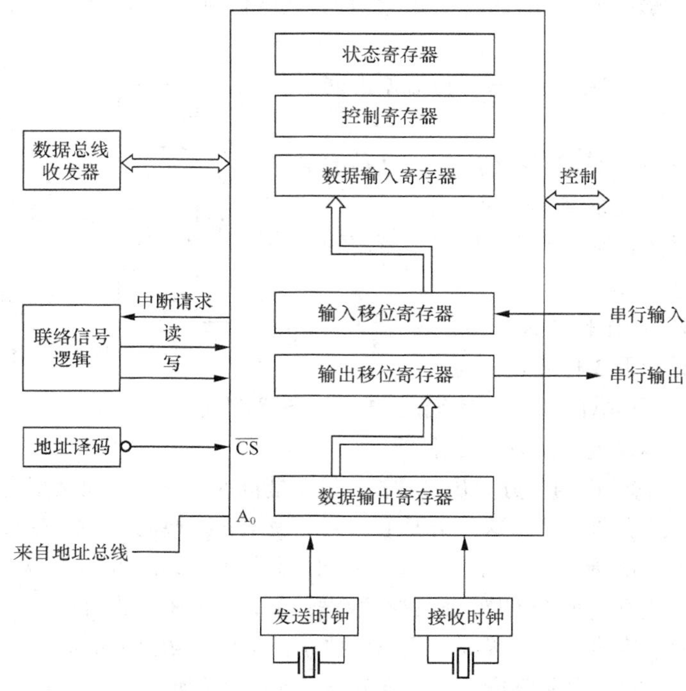

图 8-12　串行接口典型结构

CPU 可以访问串行接口中的 4 个主要寄存器。从原则上说，对这 4 个寄存器可以通过不同的地址来访问，不过，因为控制寄存器和数据输出寄存器是只写的，状态寄存器和数据输入寄存器是只读的，所以，可以用读信号和写信号来区分这两组寄存器，再用一位地址来区分两个只读寄存器或两个只写寄存器。

由于这种串行接口控制寄存器的参数是可以用程序来修改的，所以称作可编程串行接口。

**4. 串行通信数据的收发方式**

串行通信中数据的收发可采用异步和同步两种基本的工作方式。所谓异步通信是指收发端在约定的波特率（每秒钟传送的位数）下，不需要有严格的同步，允许有相对的时间迟延。所谓同步通信是指在约定的波特率下，发送端和接收端的频率保持一致（同步）。

（1）异步通信方式

异步通信所采用的数据格式是以一组不定“位数”数组组成。第 1 位称起始位，它的宽度为 1 位，低电平；接着传送一个字节（8 位）的数据，以高电平为“1”，低电平为“0”；最后是停止位，宽度可以是 1 位、1.5 位或 2 位，在两个数据组之间可有空闲位。异步通信的数据格式如图 8-13 所示。

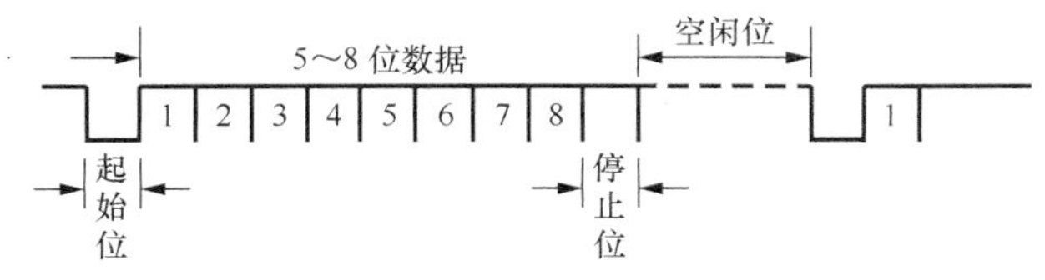


图 8-13 异步通信的数据格式

每秒传送数据的位数称为传送速率，即波特率（band rate）。波特率一般为 300、600、900、1200、2400、…、9600。计算机之间的异步通信速率一经确定后，一般不应变动，但通信的数据是可变动的，也就是数据组之间的空闲位是可变的。

（2）同步通信方式

在同步通信时所使用的数据格式根据控制规程分为面向字符型的及面向比特型的两种。

① 面向字符型的数据格式：面向字符型的同步通信数据格式可采用单同步、双同步及外同步 3 种数据格式，如图 8-14 所示。

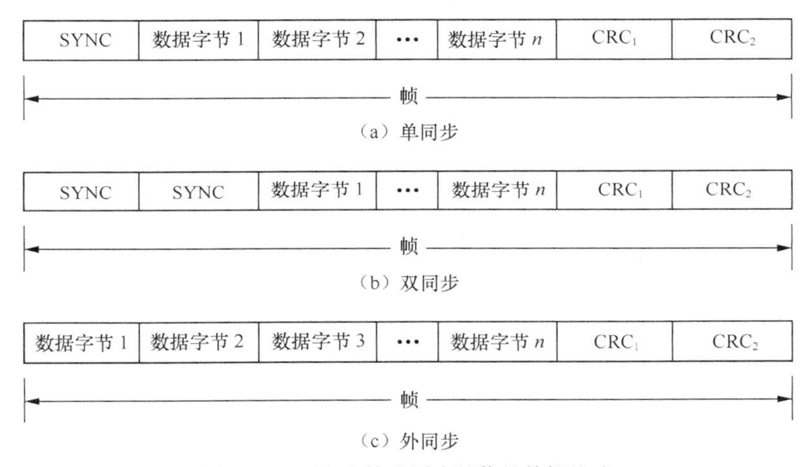


图 8-14 面向字符型同步通信的数据格式

单同步是指在传送数据之前先传送一个同步字符“SYNC”，双同步则先传送两个同步字符“SYNC”。接收端检测到该同步字符后开始接收数据。外同步通信的数据格式中没有同步字符，而是用一条专用控制线来传送同步字符，使接收端及发送端实现同步。当每一帧信息结束时均用两个字节的循环控制码 CRC 为结束。

② 面向比特型的数据格式：根据同步数据链路控制规程（SDLC），面向比特型的数据以帧为单位传输，每帧由 6 个部分组成。第 1 部分是开始标志“7EH”；第 2 部分是一个字节的地址场；第 3 部分是一个字节的控制场；第 4 部分是需要传送的数据，数据都是位（bit）的集合；第 5 部分是两个字节的循环控制码 CRC；最后部分又是“7EH”，作为结束标志。面向比特型的数据格式如图 8-15 所示。

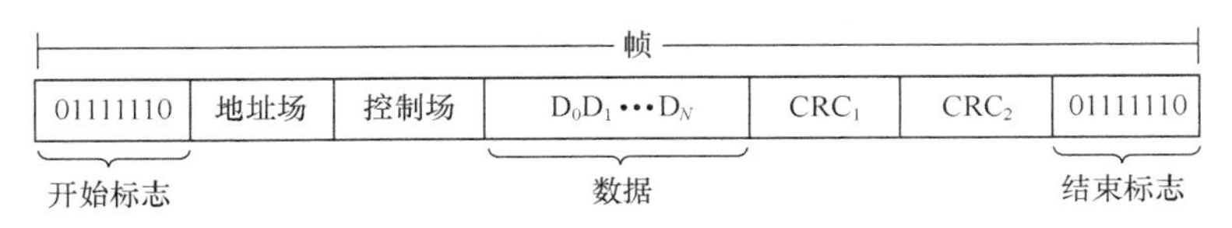


图 8-15 面向比特型同步通信的数据格式

在 SDLC 规程中不允许在数据段和 CRC 段中出现 6 个“1”，否则会误认为是结束标志。因此要求在发送端进行检验，当连续出现 5 个“1”，则立即插入一个“0”，到接收端要将这个插入的“0”去掉，恢复原来的数据，保证通信的正常进行。

通常，异步通信的速率要比同步通信的低。最高同步通信速率可达到 800kbit/s，因此适用于传送信息量大，要求传送速率很高的系统中。

## 8.2.2 可编程串行接口 8251A

8251A 是一个通用串行输入/输出接口，可用来以同步或异步方式与外部设备进行串行通信。它能将并行输入的 8 位数据变换成逐位输出的串行信号；也能将串行输入数据变换成并行数据，一次传送给处理机，广泛应用于长距离通信系统及计算机网络。

### 1. 8251A 芯片内部结构及其功能

8251A 的内部结构如图 8-16 所示，8251A 由发送器、接收器、数据总线缓冲器、读/写控制电路及调制/解调控制电路 5 部分组成。8251A 引脚信号如图 8-17 所示。

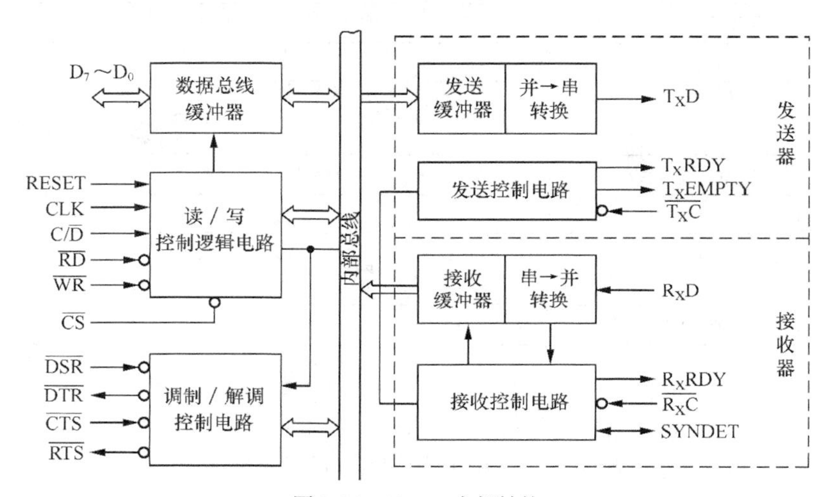

图 8-16 8251A 内部结构

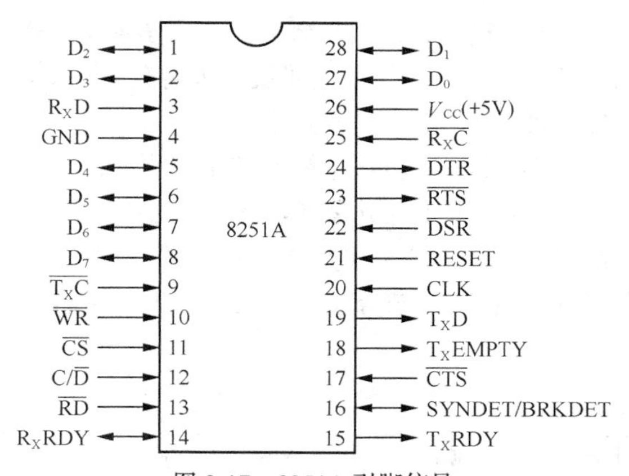

图 8-17 8251A 引脚信号

（1）发送器

8251A 的发送器包括发送缓冲器、发送移位寄存器（并→串转换）及发送控制电路 3 部分，

CPU 需要发送的数据经数据发送缓冲器并行输入，并锁存到发送缓冲器中。如果是采用同步方式，则在发送数据之前，发送器将自动送出一个（单同步）或两个（双同步）同步字符（Sync），然后逐位串行输出数据。如果采用异步方式，则由发送控制电路在其首尾加上起始位及停止位，然后从起始位开始，经移位寄存器从数据输出线 $T_XD$ 逐位串行输出，其发送速率由 $T_XC$ 端上收到的发送时钟频率决定。

当发送器作好接收数据准备时，由发送控制电路向 CPU 发出 $T_XRDY$ 有效信号，CPU 立即向 8251A 并行输出数据。如果 8251A 与 CPU 之间采用中断方式交换信息，那时 $T_XRDY$ 作为向 CPU 发出的发送中断请求信号，待发送器中的 8 位数据发送完毕时，由发送控制电路向 CPU 发出 $T_XEMPTY$ 有效信号，表示发送器中移位寄存器已空。因此，发送缓冲器和发送移位寄存器构成发送器的双缓冲结构。

与发送器有关引脚信号如下。

① $T_XD$——数据发送线，输出串行数据。

② $T_XRDY$——发送器已准备信号，表示 8251A 的发送数据缓冲器已空。输出信号线，高电平有效。只要允许发送（$T_XEN=1$ 及 $\overline{CTS}$ 端有效），则 CPU 就可向 8251A 写入待发数据。$T_XRDY$ 还可作为中断请求信号用，待 CPU 向 8251A 写入一个字符后，$T_XRDY$ 便变为低电平。

③ $T_XEMPTY$——发送器空闲信号，表示 8251A 的发送移位寄存器已空。输出信号线，高电平有效。当 $T_XEMPTY=1$ 时，CPU 可向 8251A 的发送缓冲器写入数据。

④ $\overline{T_XC}$——发送器时钟信号，外部输入。对于同步方式，$\overline{T_XC}$ 的时钟频率应等于发送数据的波特率。对于异步方式，由软件定义的发送时钟是发送波特率的 1 倍（×1）、16 倍（×16）或 64 倍（×64），在要求 1 倍情况时，$\overline{T_XC}\leq 64\text{kHz}$；16 倍情况时，$\overline{T_XC}\leq 310\text{kHz}$；64 倍情况时，$\overline{T_XC}\leq 615\text{kHz}$。

（2）接收器

8251A 的接收器包括接收缓冲器、接收移位寄存器（串→并转换）及接收控制电路 3 部分。

外部通信数据从 $R_XD$ 端，逐位进入接收移位寄存器中。如果是同步方式，则要检测同步字符，确认已经达到同步，接收器才可开始串行接收数据，待一组数据接收完毕，便把移位寄存器中的数据并行置入接收缓冲存储器中；如果是异步方式，则应识别并删除起始位和停止位。这时 $R_XDRY$ 线输出高电平，表示接收器已准备好数据，等待向 CPU 输出。8251A 接收数据的速率由 $\overline{R_XC}$ 端输入的时钟频率决定。

接收缓冲器和接收移位寄存器构成接收器的双缓冲结构。

与接收器有关的引脚信号如下。

① $R_XD$——数据接收线，输入串行数据。

② $R_XRDY$——接收器已准备好信号，表示接收缓冲器中已接收到一个数据符号，等待向 CPU 输入。若 8251 采用中断方式与 CPU 交换数据，则 $R_XRDY$ 信号用作向 CPU 发出的中断请求。当 CPU 取走接收缓冲器中数据后，同时将 $R_XRDY$ 变为低电平。

③ SYNDET/BRKDET——双功能的检测信号，高电平有效。

对于同步方式，SYNDET 是同步检测端。若采用内同步，当 $R_XD$ 端上收到一个（单同步）或两个（双同步）同步字符时，SYNDET 输出高电平，表示已达到同步，后续接收到的便是有效数据。若采用外同步，外同步字符从 SYNDET 端输入，当 SYNDET 输入有效，表示已达到同步，接收器可开始接收有效数据。

对于异步方式，BRKDET 用于检测线路是处于工作状态还是断缺状态。当 $R_XD$ 端上连续收到 8 个“0”信号，则 BRKDET 变成高电平，表示当前处于数据断缺状态。

④ $\overline{R_XC}$——接收器时钟，由外部输入。该时钟频率决定 8251A 接收数据的速率。若采用同步方式，接收器时钟频率等于接收数据的频率；若采用异步方式，可用软件定义接收数据的波特率，情况与发送器时钟 $\overline{T_XC}$ 相似。

一般，接收器时钟应与对方的发送器时钟相同。

（3）数据总线缓冲器

数据总线缓冲器是 CPU 与 8251A 之间信息交换的通道。它包含 3 个 8 位缓冲寄存器，其中两个用来存放 CPU 向 8251A 读取的数据及状态，当 CPU 执行 IN 指令时，便从这两个寄存器中读取数据字及状态字。另一个缓冲寄存器存放 CPU 向 8251A 写入的数据或控制字。当 CPU 执行 OUT 指令时，可向这个寄存器写入，由于两者公用一个缓冲寄存器，这就要求 CPU 在向 8251A 写入控制字时，该寄存器中无将要发送的数据。

（4）读/写控制电路

读/写控制电路用来接收一系列的控制信号，由它们可确定 8251A 处于什么状态，并向 8251A 内部各功能部件发出有关的控制信号，因此它实际上是 8251A 的内部控制器。

由读/写控制电路接收的控制信号如下。

① RESET——复位信号。向 8251A 输入，高电平有效。RESET 有效，迫使 8251A 中各寄存器处于复位状态，收、发线路上均处于空闲状态。

② CLK——主时钟。向 8251A 输入。CLK 信号用来产生 8251A 内部的定时信号。对于同步方式，CLK 必须大于发送时钟（$\overline{TxC}$）和接收时钟（$\overline{RxC}$）频率的 30 倍。对于异步方式，CLK 必须大于发送时钟和接收时钟的 4.5 倍。8251A 还规定 CLK 频率要在 0.74 ~ 3.1MHz 范围内。

③ $\overline{CS}$——选片信号。由 CPU 输入，低电平有效。$\overline{CS}$ 有效，表示该 8251A 芯片被选，通常由 8251A 的高位端口地址译码得到。

④ $\overline{RD}$ 和 $\overline{WR}$——读和写控制信号。由 CPU 输入，低电平有效。

⑤ $\overline{C}/D$——控制/数据信号。$\overline{C}/D=1$，表示当前通过数据总经传送的是控制字或状态信息；$\overline{C}/D=0$，表示当前通过数据总线传送的是数据；均可由一位地址码来选择。

（5）调制/解调控制电路

当使用 8251A 实现远距离串行通信时，8251A 的数据输出端要经过调制器将数字信号转换成模拟信号，数据接收端收到的是经过解调器转换来的数字信号，因此 8251A 要与调制/解调器直接相连。它们之间的接口信号如下。

① $\overline{DTR}$——数据终端准备好信号，向调制/解调器输出，低电平有效。$\overline{DTR}$ 有效，表示 CPU 已准备好接收数据，它可软件定义。控制字中 DTR 位=1 时，输出 $\overline{DTR}$ 为有效信号。

② $\overline{DSR}$——数据装置准备好信号。由调制/解调器输入，低电平有效。$\overline{DRS}$ 有效，表示调制/解调器或外部设备已准备好发送数据，它实际上是对 $\overline{DTR}$ 的回答信号。CPU 可利用 IN 指令读入 8251A 状态寄存器内容，检测 DSR 位状态，当 DSR=1 时，表示 $\overline{DSR}$ 有效。

③ $\overline{RTS}$——请求发送信号。向调制/解调器输出，低电平有效。$\overline{RTS}$ 有效，表示 CPU 已准备好发送数据，可由软件定义。控制字中 RTS 位=1 时，输出 $\overline{RTS}$ 有效信号。

④ $\overline{CTS}$——清除发送信号。由调制/解调器输入，低电平有效。$\overline{CTS}$ 有效，表示调制/解调器已做好接收数据准备，只要控制字中 $T_XEN$ 位=1，$\overline{CTS}$ 有效时，发送器才可串行发送数据。它实际上是对 $\overline{RTS}$ 的回答信号。如果在数据发送过程中使 $\overline{CTS}$ 无效，或 $T_XEN=0$，发送器将正在

发送的字符结束时停止继续发送。

2. 8251A 芯片的控制字及其工作方式

可编程串行通信接口芯片 8251A 在使用前必须进行初始化，以确定它的工作方式、传送速率、字符格式、停止位长度等，可使用的控制字如下。

（1）方式选择控制字

其使用格式如图 8-18 所示。$B_2B_1$ 位用来定义 8251A 的工作方式是同步方式还是异步方式，如果是异步方式还可由 $B_2B_1$ 的取值来确定传送速率。×1 表示输入的时钟频率与波特率相同，允许发送和接收波特率不同，$R_XC$ 和 $T_XC$ 也可不相同，但是它们的波特率系数必须相同；×16 表示时钟频率是波特率的 16 倍；×64 表示时钟频率是波特率的 64 倍。

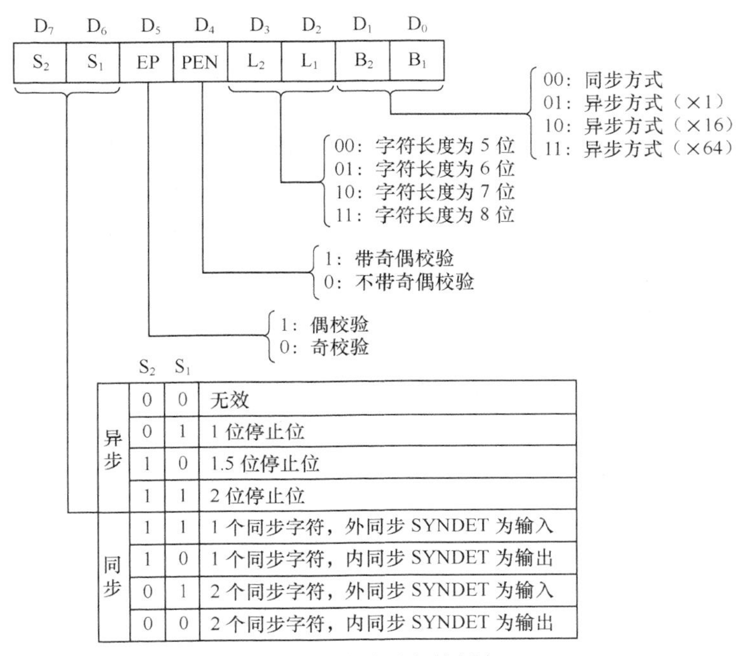


图 8-18　方式选择控制字

因此，通常称 1、16 和 64 为波特率系数，它们之间存在如下的关系：

$$发送/接收时钟频率=发送/接收波特率\times波特率系数$$

$L_2L_1$ 位用来定义数据字符的长度可为 5，6，7 或 8 位。

PEN 位用来定义是否带奇偶校验，称作校验允许位。在 PEN=1 情况下，由 EP 位定义是采用奇校验还是偶校验。

$S_2S_1$ 位用来定义异步方式的停止位长度（1 位、1.5 位或 2 位）。对于同步方式，$S_1$ 位用来定义是外同步（$S_1=1$）还是内同步（$S_1=0$），$S_2$ 位用来定义是单同步（$S_2=1$）还是双同步（$S_2=0$）。

（2）操作命令控制字

其使用格式如图 8-19 所示，$T_XEN$ 位是允许发送位，$T_XEN=1$，发送器才能通过 $T_XD$ 线向外部串行发送数据。

DTR 位是数据终端准备好位。DTR=1，表示 CPU 已准备好接收数据，这时 $\overline{DTR}$ 引线端输出有效。

$R_XE$ 位是允许接收位。$R_XE=1$，接收器才能通过 $R_XD$ 线从外部串行接收数据。

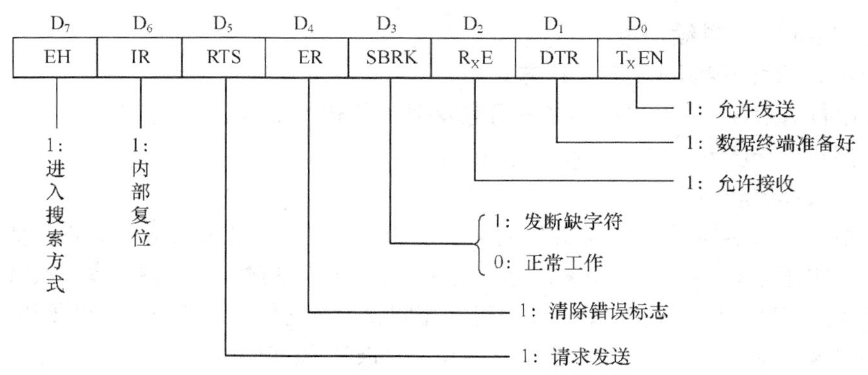


图 8-19　操作命令控制字

SBRK 位是发送断缺字符位。SBRK=1，通过 $T_XD$ 线一直发送“0”信号。正常通信过程中 SBRK 位应保持为“0”。

ER 位是清除错误标志位。8251A 设置有 3 个出错标志，分别是奇偶校验标志 PE，越界错误标志 OE 和帧校验错标志 FE。ER=1 时将 PE、OE 和 FE 标志同时清“0”。

RTS 位是请求发送信号。RTS=1，迫使 8251A 输出 $\overline{RTS}$ 有效，表示 CPU 已做好发送数据准备，请求向调制/解调器或外部设备发送数据。

IR 位是内部复位信号。IR=1，迫使 8251A 回到接收方式选择控制字的状态。

EH 位为跟踪方式位。EH 位只对同步方式有效，EH=1，表示开始搜索同步字符，因此对于同步方式，一旦允许接收（$R_XE$=1），必须同时使 EH=1，并且使 ER=1，清除全部错误标志，才能开始搜索同步字符。此后，所有写入的 8251A 的控制字都是操作命令控制字。只有外部复位命令 RESET=1 或内部复位命令 IR=1 才能使 8251A 回到接收方式选择命令字状态。

（3）状态字

CPU 可在 8251A 工作过程中利用 IN 指令读取当前 8251A 的状态字，其使用格式如图 8-20 所示。

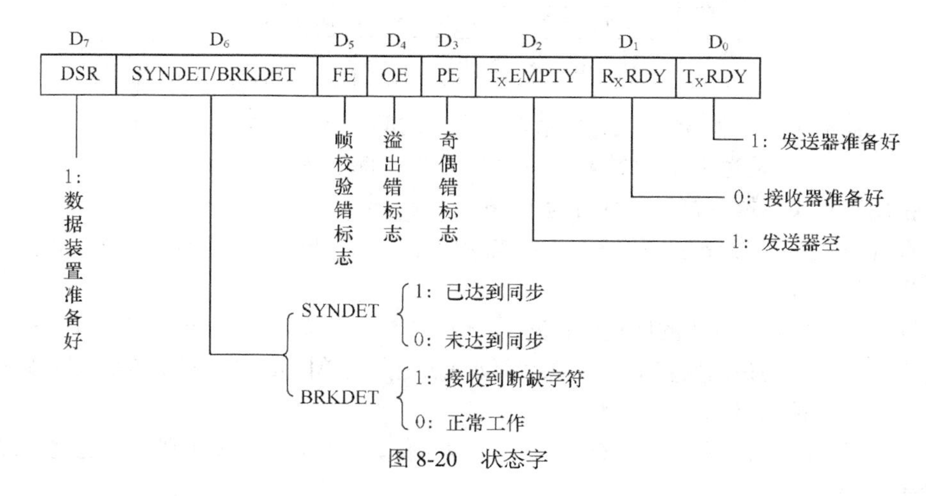


图 8-20　状态字

PE 是奇偶错标志位。PE=1 表示当前产生了奇偶错，它不中止 8251A 的工作。

OE 是溢出错标志位。OE=1，表示当前产生了溢出错，CPU 没有来得及将上一字符读走，下一字符又来到 $R_XD$ 端，它不中止 8251A 继续接收下一字符，但上一字符将被丢失。

FE 是帧校验错标志位。FE 只对异步方式有效。FE=1，表示未检测到停止位，不中止 8251A 工作。

上述 3 个标志允许用操作命令控制字中的 ER 位复位。

$T_X$RDY 位是发送准备好标志，它与引线端 $T_X$RDY 的意义有些区别。$T_X$RDY 状态标志为“1”只反映当前发送数据缓冲存储器已空，而 $T_X$RDY 引线端为“1”，除发送数据缓冲存储器已空外，还有两个附加条件是 $\overline{CTS}=0$ 和 $T_X$EN=1，这说明它们之间存在如下关系：

$T_X$RDY 引线端=$T_X$RDY 状态位 AND（$\overline{CTS}=0$）AND（$T_X$EN=1）

在数据发送过程中，上面两者总是相同，通常 $T_X$RDY 状态位供 CPU 查询，$T_X$RDY 引线端可用作向 CPU 发出的中断请求信号。

$R_X$RDY 位、$T_X$EMPTY 位和 SYNDET/BRKDET 位与同名引线端的状态完全相同，可供 CPU 查询。

DSR 是数据装置准备好位。DSR=1，表示外部设备或调制/解调器已准备好发送数据，这时输入引线端 $\overline{DSR}$ 有效。

CPU 可在任意时刻用 IN 指令读 8251A 状态字，这时 $\overline{C}/D$ 引线端应输入为“1”，在 CPU 读状态期间，8251A 将自动禁止改变状态位。

对 8251A 进行初始化编程，必须在系统复位之后，总是先使用方式选择控制字，并且必须紧跟在复位命令之后。如果定义 8251A 工作于异步方式，那么必须紧跟操作命令控制字进行定义，然后才可开始传送数据。在数据传送过程中，可使用操作命令字重新定义，或使用状态控制字读取 8251A 的状态，待数据传送结束，必须用操作命令控制字将 IR 位置“1”，向 8251A 传送内部复位命令后，8251A 才可重新接收方式选择命令字、改变工作方式完成其他传送任务。

如果是采用同步工作方式，那么在方式选择控制字之后应输出同步字符，在一个或两个同步字符之后再使用操作命令控制字，以后的过程同异步方式。

8251A 初始化编程的操作过程可用流程图来描述，如图 8-21 所示。

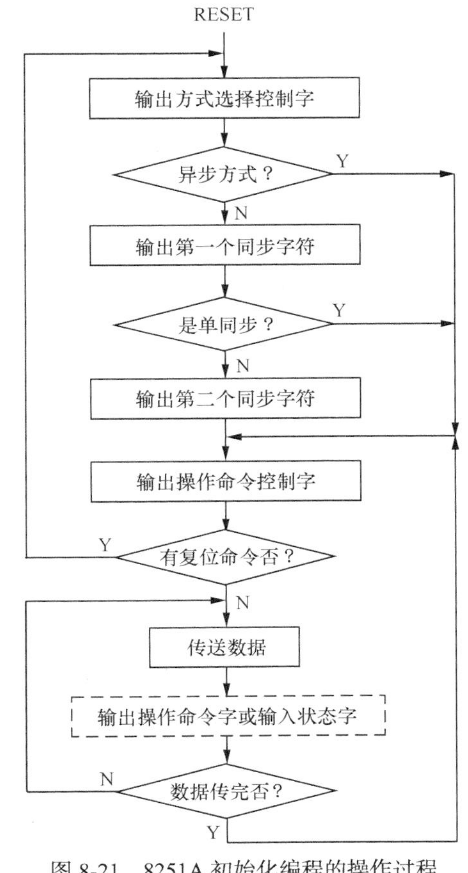

图 8-21　8251A 初始化编程的操作过程

## 8.2.3　串行接口的应用举例

采用 8251A 实现串行通信，其通信结构如图 8-22 所示。可采用异步或同步方式实现单工、双工或半双工通信。

当采用查询方式，异步传送，双方实现半双工通信时，初始化程序由两部分组成，一部分是将一方定义为发送器，另一部分是将对方定义为接收器。发送端 CPU 每查询到 $T_X$RDY 有效，则向 8251A 并行输出一个字节数据；接收端 CPU 每查询到 $R_X$RDY 有效，则从 8251A 并行输入一个字节数据；一直进行到全部数据传送完毕为止。

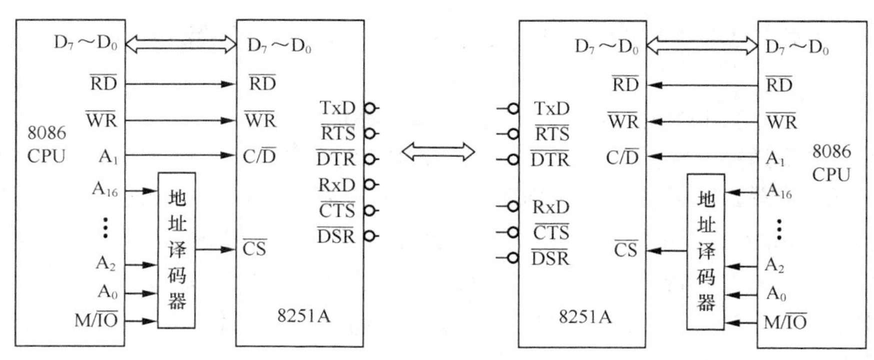


图 8-22　采用 8251A 实现串行通信

发送端初始化程序与发送控制程序如下：

```
STT:    MOV  DX, 8251A控制端口
        MOV  AL, 7FH                  ;将8251A定义为异步方式
        OUT  DX, AL                   ;8位数据,1位停止位,偶校验
        MOV  AL, 11H                  ;取波特率系数为64,允许发送
        OUT  DX, AL
        MOV  DI, 发送数据块首地址
        MOV  CX, 发送数据块字节数       ;设置发送指针和计数值
NEXT:   MOV  DX, 8251A控制端口
        IN   AL, DX
        AND  AL, 01H                  ;查询TXRDY有效否
        JZ   NEXT
        MOV  DX, 8251A数据端口          ;向8251A输出一个字节数据
        MOV  AL, [DI]
        OUT  DX, AL
        INC  DI
        LOOP NEXT
        HLT
```

接收端初始化程序和接收控制程序如下：

```
SRR:    MOV  DX, 8251A控制端口
        MOV  AL, 7FH
        OUT  DX, AL                   ;初始化8251A
        MOV  AL, 14H
        OUT  DX, AL
        MOV  DI, 接收数据块首地址        ;置接收数据块指针和计数值
        MOV  CX, 接收数据字节数
COMT:   MOV  DX, 251A控制端口
        IN   AL, DX
        ROR  AL, 1                    ;查询RXRDY有效否
        ROR  AL, 1
        JNC  COMT
        ROR  AL, 1
        ROR  AL, 1                    ;查询是否有奇偶校验错
        JC   ERR
        MOV  DX, 8251A数据端口
        IN   AL, DX                   ;输入一个字节到接收数据块
```

```
MOV   [DI], AL
INC    DI
LOOP  COMT
HLT
```

# 8.3　定时/计数器接口 8253

8253 可编程计数/定时控制器具有 3 个独立的 16 位计数通道，分别称作通道 0、通道 1 和通道 2，最高计数频率为 2.6MHz。有 6 种工作方式可供每个通道选择，使每个通道既可通过对标准时钟脉冲计数实现定时，又可对外部事件进行计数，并可由软件或硬件控制开始计数或停止计数。

## 8.3.1　定时/计数原理

在微机应用系统中，常常要求有一些实时时钟，以实现对外部事件进行定时或对微机外部输入的脉冲进行计数。一般有 3 种方法可实现定时/计数的要求。

### 1. 软件方法

通过编制一个延时程序段让微处理器执行，利用执行程序所需时钟状态，得到定时的时间。这种方法通用性和灵活性好，但占用 CPU 时间。

### 2. 不可编程的硬件方法

采用分频器、单稳电路或简易定时电路控制定时时间。这种方法不占用 CPU 时间，但通用性、灵活性差。

### 3. 可编程计数器/定时器方法

软件硬件相结合，用可编程定时器芯片构成一个方便灵活的定时电路，可由软件设定定时与计数功能，设定后与 CPU 并行工作，不占用 CPU 时间，使用灵活。

## 8.3.2　内部结构与引脚功能

8253 芯片由数据总线缓冲器、读/写控制电路、控制字寄存器及 3 个计数通道组成，其内部结构如图 8-23（a）所示。8253 芯片有 24 条引脚，双列直插式封装，其引脚信号如图 8-23（b）所示。

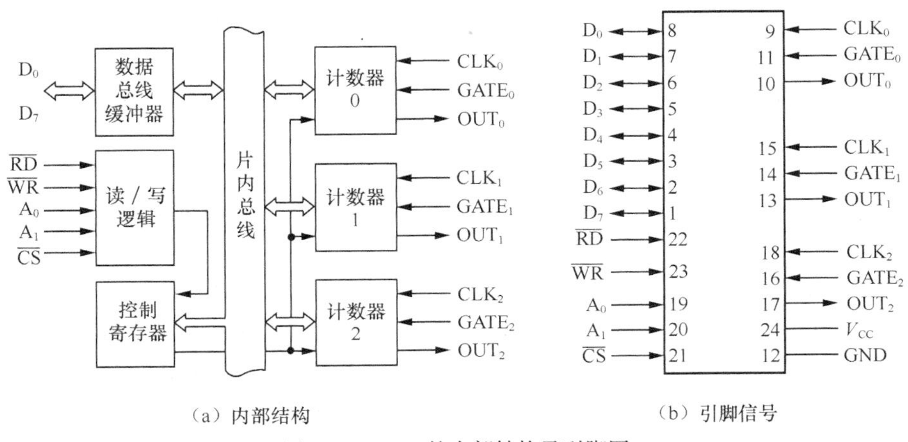


（a）内部结构　　（b）引脚信号

图 8-23　8253 的内部结构及引脚图

1. 数据总线缓冲器

它由 8 位双向三态缓冲器构成，是 CPU 与 8253 之间交换信息的必经之路。

2. 读/写控制电路

用于接收 CPU 送入的读/写控制信号，并完成对芯片内部各功能部件的控制功能，因此，它实际上是 8253 芯片内部的控制器。

3. 控制字寄存器

控制字寄存器用来存放由 CPU 写入 8253 的方式选择控制字，由它来定义 8253 中各通道的工作方式。

4. 通道 0 ~ 通道 2

8253 内部包含 3 个功能完全相同的通道，如图 8-24 所示。

① 一个控制单元，用以控制该计数器的工作方式。

② 一个计数初值寄存器，分为高 8 位和低 8 位，只能写入，不能读出，使计数器能从某个设定的初值开始计数。

③ 一个 16 位计数单元，可进行二进制或十进制（BCD 码）计数。采用二进制计数时，最大计数值是 FFFFH，采用 BCD 码计数时，最大计数值是 9999。

④ 一个 16 位计数值锁存器，分为高 8 位和低 8 位，必要时可用来锁存计数值，以便让 CPU 读取当前计数值。

当某通道用作计数器时，应将要求计数的次数预置到该通道的初值寄存器中，被计数的事件应以脉冲方式从 $CLK_i$ 端输入，每输入一个计数脉冲，计数单元内容减“1”，待计数值计到“0”，$OUT_i$ 端将有输出，表示计数次数到。

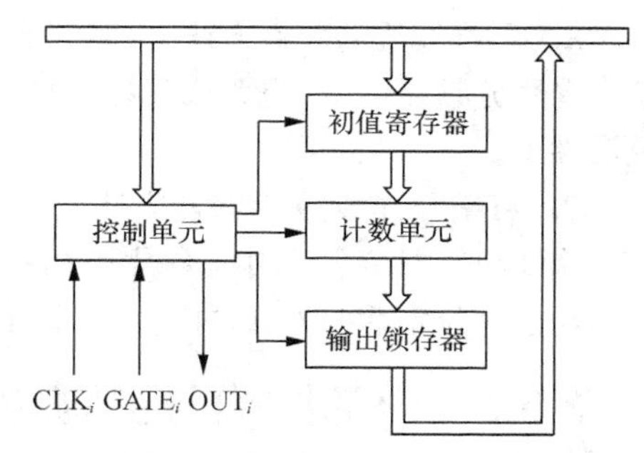


图 8-24 计数通道内部逻辑、计数通道

当某通道用作定时器时，由 $CLK_i$ 输入一定频率的时钟脉冲。根据要求定时的时间长短确定所需的计数值（定时系数=要求定时的时间/时钟脉冲的周期），并预置到初值寄存器中，每输入一个时钟脉冲，计数单元内容减“1”，待计数值计到“0”，$OUT_i$ 将有输出，表示定时时间到。

允许从 $CLK_i$ 输入的时钟频率在 1 ~ 2MHz 范围内。因此，任一通道作计数器用或作定时器用，其内部操作完全相同，区别仅在于前者是由计数脉冲进行减“1”计数，而后者是由时钟脉冲进行减“1”计数。

除此之外，各通道还可用来产生各种脉冲序列。向各个通道输入的门控信号 GATE 的作用随各种不同工作方式而不相同。

5. 引脚功能

① $D_0$ ~ $D_7$：双向数据线，用以传送数据和控制字。计数器的计数值亦通过此数据总线进行读写。

② $CLK_0$ ~ $CLK_2$：每个计数器的时钟输入端。

③ $GATE_0$ ~ $GATE_2$：门控信号，即计数器的控制输入信号，用来控制计数器的工作。

④ $OUT_0$ ~ $OUT_2$：计数器输出信号，用来产生不同工作方式下的输出波形。

⑤ $\overline{RD}$ 、$\overline{WR}$ ：读、写控制信号线，由 CPU 输入，低电平有效。

⑥ $\overline{CS}$ ：片选信号线。由 CPU 输入，低电平有效。通常由端口地址的高位地址译码形成。

当它有效时，才能选中该定时器芯片，实现对它的读或写。

⑦ $A_1$ 和 $A_0$：通道及控制端口选择信号，由 CPU 输入。8253 内部有 3 个独立的通道和一个控制字寄存器，它们构成 8253 芯片的 4 个端口，CPU 可对 3 个通道进行读/写操作，对控制字寄存器进行写操作。这 4 个端口地址由最低 2 位地址码 $A_1A_0$ 来选择。

**6. 端口寻址与读/写控制**

各寻址信号组合功能如表 8-4 所示。

表 8-4　各寻址信号组合功能

| $\overline{CS}$ | $\overline{RD}$ | $\overline{WR}$ | $A_1$ | $A_0$ | 操作说明 |
| --- | --- | --- | --- | --- | --- |
| 0 | 1 | 0 | 0 | 0 | 计数值装入通道 0 计数器 |
| 0 | 1 | 0 | 0 | 1 | 计数值装入通道 1 计数器 |
| 0 | 1 | 0 | 1 | 0 | 计数值装入通道 2 计数器 |
| 0 | 1 | 0 | 1 | 1 | 写方式控制字 |
| 0 | 0 | 1 | 0 | 0 | 读通道 0 计数器 |
| 0 | 0 | 1 | 0 | 1 | 读通道 1 计数器 |
| 0 | 0 | 1 | 1 | 0 | 读通道 2 计数器 |
| 0 | 0 | 1 | 1 | 1 | 无操作 |
| 1 | × | × | × | × | 禁止使用 |
| 0 | 1 | 1 | × | × | 无操作 |

当对 8253 的计数器进行读操作时，可以读出计数值，具体实现方法有如下两种。

① 在计数器停止计数时读计数值。

② 在计数过程中读计数值（通过计数值锁存器读取）。

## 8.3.3　8253 的工作方式

8253 中各通道有 6 种可供选择的工作方式，以完成定时、计数或脉冲发生器等多种功能。

不论哪种工作方式，都会遵守下面几条基本原则。

- 控制字写入计数器时，所有的控制逻辑电路立即复位，输出端 OUT 进入初始状态（高电平或者低电平）。
- 初值写入以后，要经过一个时钟上升沿和一个时钟下降沿，计数执行部件才开始计数。
- 通常，在时钟脉冲 CLK 的上升沿时，门控信号 GATE 被采样。对于一种给定的工作方式，门控信号的触发方式有具体规定，即或者用电平触发，或者用边沿触发。在有的方式中，两种触发方式都允许。具体讲，8253 的方式 0、方式 4 中，门控信号为电平触发；方式 1、方式 5 中，门控信号为上升沿触发；而在方式 2、方式 3 中即可用电平触发，也可用上升沿触发。
- 在时钟脉冲的下降沿，计数器作减 1 计数。0 是计数器所能容纳的最大初值，因为用二进制计数时，16 位计数器中，0 相当于 $2^{16}$，用 BCD 码计数时，0 相当于 $10^4$。

下面介绍 8253 的 6 种工作方式。

**1. 工作方式 0——计数结束中断方式**

工作方式 0 的定时波形如图 8-25（a）所示。当任一通道被定义为工作方式 0 时，$OUT_i$ 输出为低电平；若门控信号 GATE 为高电平，当 CPU 利用输出指令向该通道写入计数值，WR 有效时，

$OUT_i$仍保持低电平，然后计数器开始减“1”计数，直到计数值为“0”，此刻$OUT_i$将输出由低电平向高电平跳变，可用它向CPU发出中断请求，$OUT_i$端输出的高电平一直维持到下次再写入计数值为止。

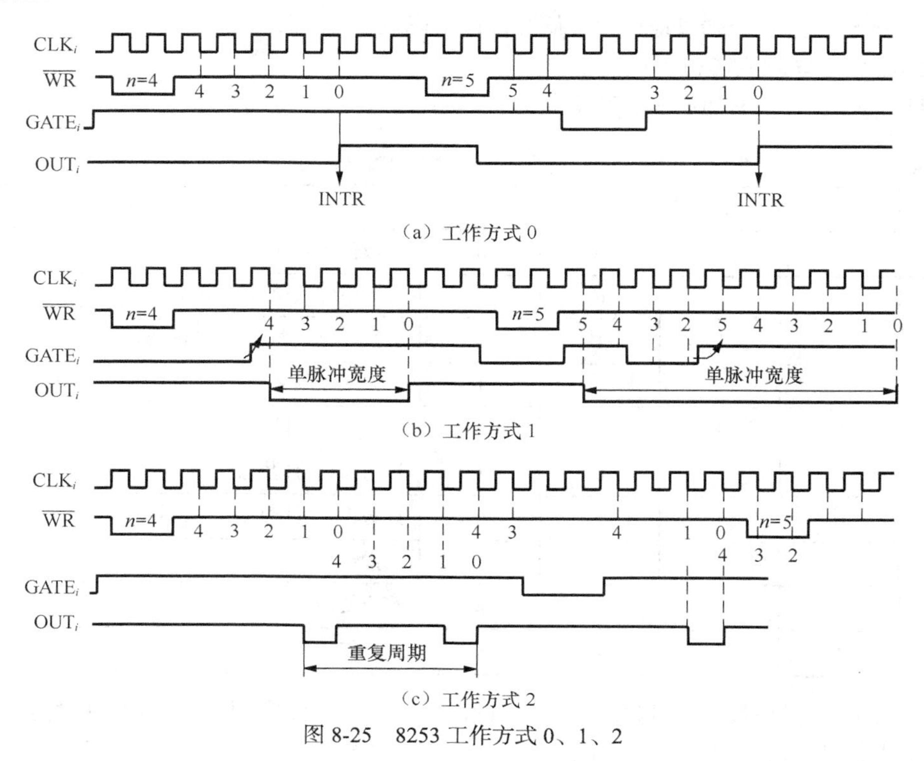


图8-25　8253工作方式0、1、2

在工作方式0情况下，门控信号GATE用来控制减“1”计数操作是否进行。当GATE=1时，允许减“1”计数；GATE=0时，禁止减“1”计数；计数值将保持GATE有效时的数值不变，待GATE重新有效后，减“1”计数继续进行。

显然，利用工作方式0既可完成计数功能，也可完成定时功能。当用作计数器时，应将要求计数的次数预置到计数器中，将要求计数的事件以脉冲方式从$CLK_i$端输入，由它对计数器进行减“1”计数，直到计数值为0，此刻$OUT_i$输出正跳变，表示计数次数到。当用作定时器时，应把根据要求定时的时间和$CLK_i$的周期计算出定时系数，预置到计数器中。从$CLK_i$输入的应是一定频率的时钟脉冲，由它对计数器进行减“1”计数，定时时间从写入计数值开始，到计数值计到“0”为止，这时$OUT_i$输出正跳变，表示定时时间到。

有一点需要说明，任意通道工作在方式0情况下，计数器初值一次有效，经过一次计数或定时后如果需要继续完成计数或定时功能，必须重新写入计数器的初值。

**2. 工作方式1——可编程单脉冲发生器**

工作方式1的波形如图8-25（b）所示。进入这种工作方式，CPU装入计数值$n$后$OUT_i$输出高电平，不管此时GATE输入是高电平还是低电平，都不开始减“1”计数，必须等到GATE由低电平向高电平跳变形成一个上升沿后，计数过程才会开始。与此同时，$OUT_i$输出由高电平向低电平跳变，形成输出单脉冲的前沿，待计数值计到“0”，$OUT_i$输出由低电平向高电平跳变，形成输出单脉冲的后沿，因此，由方式1所能输出单脉冲的宽度为$CLK_i$周期的$n$倍。

如果在减“1”计数过程中，GATE由高电平跳变为低电平，这并不影响计数过程，仍继续计数；但若重新遇到 GATE 的上升沿，则从初值开始重新计数，其效果会使输出的单脉冲加宽，如图 8-27（b）中的第 2 个单脉冲。

这种工作方式下，计数值也是一次有效，每输入一次计数值，只产生一个负极性单脉冲。

### 3. 工作方式 2——速率波发生器

工作方式 2 的定时波形如图 8-25（c）所示。进入这种工作方式，$OUT_i$输出高电平，装入计数值 n 后如果 GATE 为高电平，则立即开始计数，$OUT_i$保持为高电平不变；待计数值减到“1”和“0”之间，$OUT_i$将输出宽度为一个 $CLK_i$周期的负脉冲，

计数值为“0”时，自动重新装入计数初值 $n$，实现循环计数，$OUT_i$ 将输出一定频率的负脉冲序列，其脉冲宽度固定为一个 $CLK_i$周期，重复周期为 $CLK_i$周期的 $n$ 倍。

如果在减“1”计数过程中，GATE 变为无效（输入 0 电平），则暂停减“1”计数，待 GATE 恢复有效后，从初值 $n$ 开始重新计数。这样会改变输出脉冲的速率。

如果在操作过程中要求改变输出脉冲的速率，CPU 可在任何时候重新写入新的计数值，它不会影响正在进行的减“1”计数过程，而是从下一个计数操作周期开始按新的计数值改变输出脉冲的速率。

### 4. 工作方式 3——方波发生器

工作方式 3 的定时波型如图 8-26（a）所示。

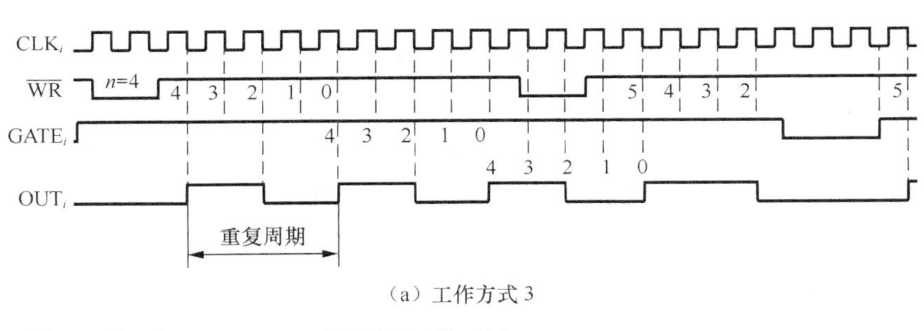


（a）工作方式 3

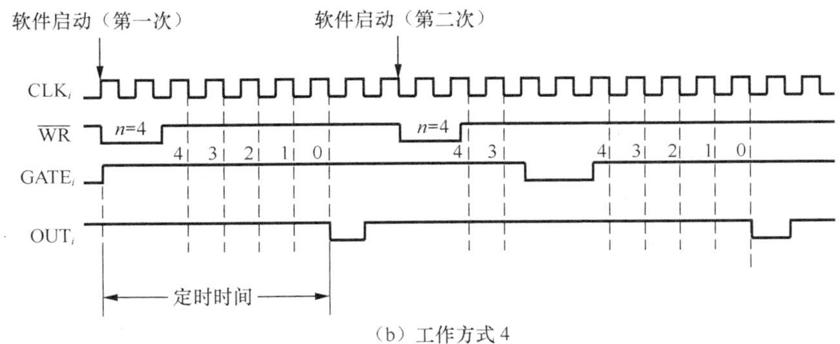


（b）工作方式 4

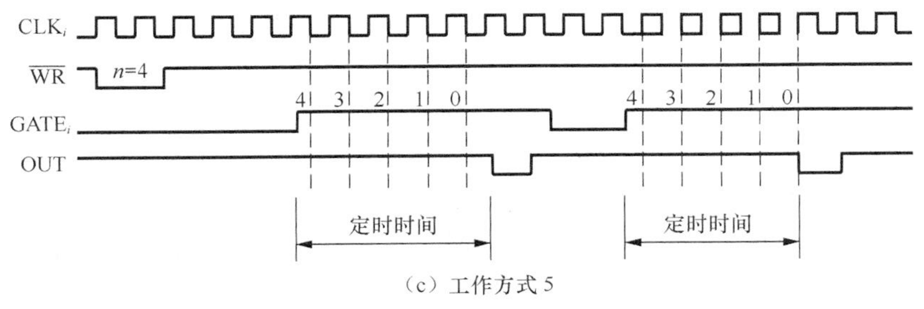


（c）工作方式 5

图 8-26　8253 工作方式 3、方式 4、方式 5

任意通道工作在方式 3，只要计数值 $n$ 为偶数，则可输出重复周期为 $n$ 个 CLK 脉冲的宽度、占空比为 1 : 1 的方波。

进入工作方式 3，$OUT_i$ 输出低电平，装入计数值 $n$ 后，$OUT_i$ 立即跳变为高电平。如果当前 GATE 为高电平，则立即开始减“1”计数，$OUT_i$ 保持为高电平，若 $n$ 为偶数，则当计数值减到 $n/2$ 时，$OUT_i$ 跳变为低电平，一直保持到计数值为“0”，系统才自动重新置入计数值 $n$，实现循环计数。这时 $OUT_i$ 端输出的周期为 $n \times CLK_i$ 周期，占空比为 1 : 1 的方波序列；若 $n$ 为奇数，则 $OUT_i$ 端输出周期为 $n \times CLK_i$ 周期，占空比为（（$n$+1）/2）/（（$n$−1）/2）的近似方波序列。

如果在操作过程中，GATE 变为无效，则暂停减“1”计数过程，直到 GATE 再次有效，重新从初值 $n$ 开始减“1”计数。

如果要求改变输出方波的速率，则 CPU 可在任何时候重新装入新的计数初值 $n$，并从下一个计数操作周期开始改变输出方波的速率。

### 5. 工作方式 4——软件触发方式

工作方式 4 的波形如图 8-26（b）所示。进入工作方式 4，$OUT_i$ 输出高电平。装入计数值 $n$ 后，如果 GATE 为高电平，则立即开始减“1”计数，直到计数值减到“0”为止，$OUT_i$ 输出宽度为一个 $CLK_i$ 周期的负脉冲。由软件装入的计数值只一次有效，如果要继续操作，必须重新置入计数初值 $n$。如果在操作过程中，GATE 变为无效，则停止减“1”计数，到 GATE 再次有效时，重新从初值开始减“1”计数。

显然，利用这种工作方式可以完成定时功能，定时时间从装入计数值 $n$ 开始，则 $OUT_i$ 输出负脉冲（表示定时时间到），其定时时间=$n \times CLK_i$ 周期。这种工作方式也可完成计数功能，它要求计数的事件以脉冲的方式从 $CLK_i$ 输入，将计数次数作为计数初值装入后，由 $CLK_i$ 端输入的计数脉冲进行减“1”计数，直到计数值为“0”，由 $OUT_i$ 端输出负脉冲（表示计数次数到）。当然也可利用 $OUT_i$ 向 CPU 发出中断请求。因此，工作方式 4 与工作方式 0 很相似，只是方式 0 在 $OUT_i$ 端输出正阶跃信号，而方式 4 在 $OUT_i$ 端输出负脉冲信号。

### 6. 工作方式 5——硬件触发方式

工作方式 5 的波形如图 8-26（c）所示。进入工作方式 5，$OUT_i$ 输出高电平，硬件触发信号由 GATE 端引入。因此，开始时 GATE 应输入为 0，装入计数初值 $n$ 后，减“1”计数并不工作，一定要等到硬件触发信号由 GATE 端引入一个正阶跃信号，减“1”计数才会开始，待计数值计到“0”，$OUT_i$ 将输出负脉冲，其宽度固定为一个 $CLK_i$ 周期，表示定时时间到或计数次数到。

这种工作方式下，当计数值计到“0”后，系统将自动重新装入计数值 $n$，但并不开始计数，一定要等到由 GATE 端引入的正跳沿，才会开始进行减“1”计数，因此这是一种完全由 GATE 端引入的触发信号控制下的计数或定时功能。如果由 $CLK_i$ 输入的是一定频率的时钟脉冲，那么可完成定时功能，定时时间从 GATE 上升沿开始，到 $OUT_i$ 端输出负脉冲结束。如果从 $CLK_i$ 端输入的是要求计数的事件，则可完成计数功能，计数过程从 GATE 上升沿开始，到 $OUT_i$ 输出负脉冲结束。GATE 可由外部电路或控制现场产生，故硬件触发方式由此而得名。

如果需要改变计数初值，CPU 可在任何时候用输出指令装入新的计数初值 $m$，它将不影响正在进行的操作过程，而是到下一个计数操作周期才会按新的计数值进行操作。

从上述各工作方式可看出，GATE 作为各通道的门控信号，对于各种不同的工作方式，它所起的作用各不相同。在 8253 的应用中，必须正确使用 GATE 信号，才能保证各通道的正常操作。门控信号的功能表如表 8-5 所示。

表 8-5　　门控信号功能表

| GATE | 低电平或变到低电平 | 上 升 沿 | 高 电 平 |
|---|---|---|---|
| 方式 0 | 禁止计数 | 不影响 | 允许计数 |
| 方式 1 | 不影响 | 启动计数 | 不影响 |
| 方式 2 | 禁止计数并置 OUT 为高 | 初始化计数 | 允许计数 |
| 方式 3 | 禁止计数并置 OUT 为高 | 初始化计数 | 允许计数 |
| 方式 4 | 禁止计数 | 不影响 | 允许计数 |
| 方式 5 | 不影响 | 启动计数 | 不影响 |

## 8.3.4　控制字与初始化

### 1. 控制字

8253 的控制字格式如图 8-27 所示。

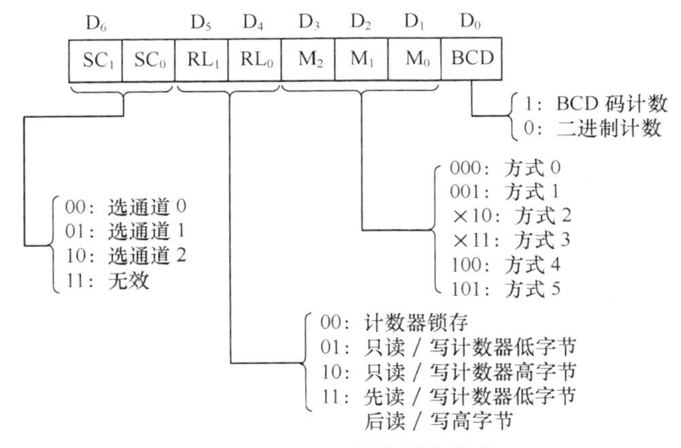


图 8-27　8253 的控制字格式

$SC_1$、$SC_0$ 位用来选择通道。

$RL_1$、$RL_0$ 位用来定义对所选通道中的计数器的操作。$RL_1RL_0$=00 时，将该通道中当前计数器的内容锁存到锁存器中，为 CPU 读取当前计数值作准备。$RL_1RL_0$=01 时，表示只读/写计数器低字节，这是因为只使用计数器的低字节作计数用。$RL_1RL_0$=10 时，表示只读/写计数器高字节，这是因为只使用计数器的高字节作计数用。$RL_1RL_0$=11 时，表示先读/写计数器低字节，后读/写计数器高字节。

BCD 位用来定义是采用二进制计数还是十进制计数。

$M_2M_1M_0$ 位用来定义所选通道的 6 种工作方式。

### 2. 初始化

8253 在实际使用中经常采用以下两种初始化顺序。

① 逐个对计数器进行初始化。

② 先写所有计数器的方式字，再装入各计数器的计数值。

在 IBM 公布的软件 BIOS 中，有专门对 8253 初始化的程序。我们摘录该段程序如下：

```
MOV  AL,36H        ;计数器 0,双字节,方式 3,十六进制计数 00110110
OUT  43H,AL        ;写入控制寄存器
MOV  AL,0
```

```
OUT  40H,AL         ;写低字节
OUT  40H,AL         ;写高字节
MOV  AL,54H         ;计数器 1,只写低字节,方式 2,二进制计数 01010100
OUT  43H,AL         ;写入控制寄存器
MOV  AL,18          ;将低字节计数值 18 写入计数器 1
OUT  41H,AL
MOV   AL,0B6H       ;选择计数器 2,写双字节,方式 3,二进制计数 10110110
OUT   43H,AL        ;装入控制寄存器
MOV   AX,533H
OUT   42H,AL        ;送低字节
MOV   AL,AH
OUT   42H,AL        ;装入高字节
```

请读者分析下面 8253 初始化程序的初始化顺序以及各计数器的工作方式。

```
SET8253:     MOV  DX,0FF07H
             MOV  AL,36H
             OUT   DX,AL               ;0 通道方式 3,二进制计数
             MOV  AL,71H
             OUT   DX,AL               ;1 通道方式 0,十进制计数
             MOV  AL,0B5H
             OUT   DX,AL               ;2 通道方式 2,十进制计数
             MOV  DX,0FF04H
             MOV   AL,0A8H
             OUT   DX,AL
             MOV  AL,61H
             OUT  DX,AL                ;0 通道计数值,先低后高
             MOV  DX,0FF05H
             MOV  AL,00H
             OUT  DX,AL
             MOV  AL,02H
             OUT  DX,AL                ;1 通道计数值,先低后高
             MOV  DX,0FF06H
             MOV  AX,0050H
             OUT  DX,AL
             MOV  AL,AH
             OUT  DX,AL                ;2 通道计数值,先低后高
```

## 8.3.5 定时/计数器 8253 的应用举例

定时/计数器 8253 可与 8086/8088 CPU 相连构成完整的定时、计数或脉冲发生器系统。例如，某 8086 系统中包含一片 8253 芯片，要求完成如下功能：① 利用通道 0 完成对外部事件计数功能，计满 100 次向 CPU 发出中断请求；② 利用通道 1 产生频率为 1kHz 的方波；③ 利用通道 2 作标准时钟。相应的系统结构图如图 8-28 所示。

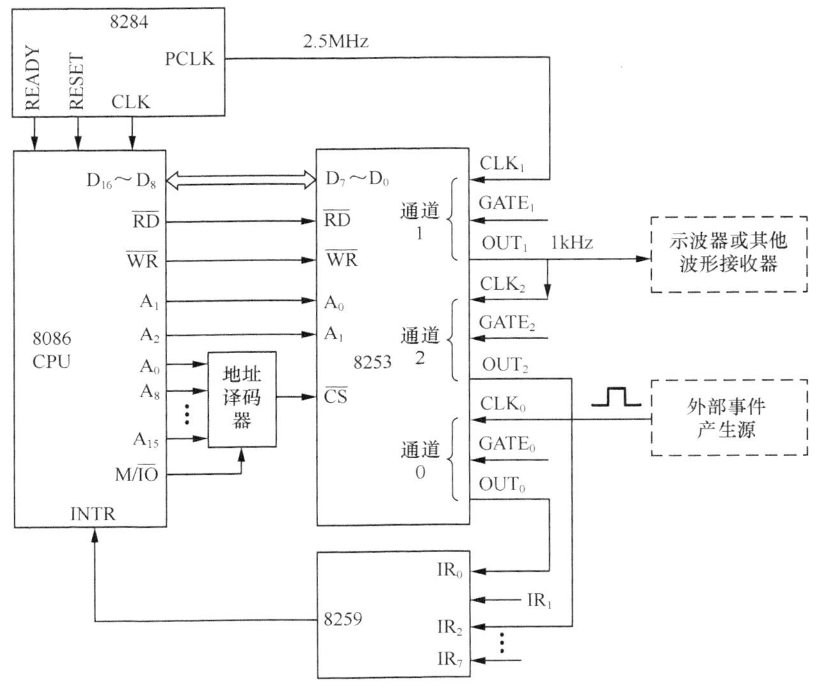


图 8-28 系统结构图

在图 8-28 中，8253 的数据线（$D_7 \sim D_0$）固定与 8086 CPU 的高 8 位数据线（$D_{15} \sim D_8$）相连。由于 8086 CPU 中高 8 位数据线与存储器或 I/O 端口的奇地址的数据线相连，因此要求 8253 的端口地址必须是奇地址（$A_0$=1）。因此图 8-28 中 8253 的端口地址码（$A_1A_0$）与 8086 CPU 的 $A_2A_1$ 相连，而 8086 的 $A_0$ 固定为“1”参加高位地址译码，以形成对 8253 的片选信号 CS，以保证 CPU 访问 8253 的端口地址均为奇地址。

根据图 8-28 的连接方式和对系统的要求，应将通道 0 定义为工作方式 0，完成计数功能，其计数值为 100=64H。通道 1 应定义为工作方式 3，输出频率为 1kHz 的方波，从 $CLK_1$ 输入 2.5MHz 的时钟脉冲，其重复周期为 0.4μs，而输出方波的周期应为 1ms。因此，通道 1 的计数初值应为 1000/0.4=2500（或 2.5MHz/ 1kHz=2500）。通道 2 应定义为方式 0，完成定时功能，每秒钟利用 $OUT_2$ 向 CPU 发出一次中断请求，由于输入时钟频率为 1kHz，计数初值应为 1000。

为完成上述功能，所需要的初始化程序如下：

```
STT:    MOV   DX,8253 控制端口地址
        MOV   AL,10H              ;定义通道 0 工作在方式 0 , 00  01  000  0
        OUT   DX,AL               ;只写计数器低字节
        MOV   DX,通道 0 端口地址
        MOV   AL,64H              ;给通道 0 送计数值
        OUT   DX,AL
        MOV   DX,8253 控制端口
        MOV   AL,76H              ;定义通道 1 为方式 3 , 01  11  011  0
        OUT   DX,AL               ;写两个字节
        MOV   DX,通道 1 端口
        MOV   AX,2500
        OUT    DX,AL              ;给通道 1 送计数初值
```

```
        MOV   AL,AH                 ;先低后高
        OUT    DX,AL
        MOV   DX,8253控制端口
        MOV   AL,0B1H               ;定义通道2为方式0 , 10  11  000  1
        OUT    DX,AL                ;写两个字节,BCD码计数
        MOV   DX,通道2端口
        MOV   AX,1000H
        OUT    DX,AL                ;给通道2送计数初值
        MOV   AL,AH
        OUT    DX,AL
        MOV   DX,8259A偶地址端口
        MOV   AL,13H                ;ICW1: 000 1 0 0 1 1  边沿触发、单级、需设ICW4
        OUT   DX,AL
        MOV   DX,8259A奇地址端口
        MOV    AL,50H               ;ICW2,定义通道0和通道2的
        OUT    DX,AL                ;中断类型码分别为50H和52H
        MOV    AL,03
        OUT    DX,AL                ;ICW4: 000 0 0 0 1 1 非特殊、非缓冲、自动EOI
        MOV    AL,0FAH
        OUT    DX,AL                ;OCW1: 11111010 IR2、IR0 允许中断
        STI
HH:     HLT
        JMP HH
```

完整的程序还应包含两个中断服务程序。其一用来处理通道0发出的计数到中断，这要根据控制现场的实际需要编制相应的处理程序。其二用来处理通道2和1s定时中断，根据系统设计的要求，应设计一个完整的时钟控制程序，这一任务请读者自行完成。

# 习 题 八

## 一、选择题

1．在接口电路中，READY信号和BUSY信号（　　）。

A．都是状态信号　　B．是一对联络信号

C．都是控制信号　　D．READY是状态信号，BUSY是控制信号

2．在8255A中，端口A和端口B的工作方式是（　　）。

A．一样多　　B．A口比B口多一种

C．B口比A口多一种　　D．A口比B口少

3．8255A的工作方式1是（　　）。

A．基本输入/输出方式　　B．选通输入/输出方式

C．双向选通输入/输出方式　　D．位控输入/输出方式

4．8253有（　　）种工作方式。

A．4　　B．5　　C．6　　D．7

5．在8253中，计数器选用（　　）时，OUT输出的是方波。

A．工作方式1　　B．工作方式2　　C．工作方式3　　D．工作方式0

6．在 8253 中，计数器选用（　　）时，OUT 输出的是单稳定状态。

A．工作方式 1　　B．工作方式 2　　C．工作方式 3　　D．工作方式 0

7．在 8253 的 6 种工作方式中，能够自动重复工作的两种方式是（　　）。

A．方式 1，方式 2　　B．方式 2，方式 3

C．方式 2，方式 4　　D．方式 3，方式 5

8．以下 8253 的工作方式与其功能匹配不对应的是（　　）。

A．工作方式 1 为速率波发生器　　B．工作方式 0 为计数结束中断方式

C．工作方式 3 为方波发生器　　D．工作方式 5 为硬件触发方式

9．设异步传输时的波特率为 4800，若每个字符对应 1 位起始位，7 位有效数据位，1 位偶校验位，1 位停止位，则每秒钟传输的最大字符数是（　　）。

A．4800　　B．2400　　C．480　　D．240

10．采用串行接口进行 7 位 ASCII 码传送，带有 1 位奇偶校验位、1 位起始位和 1 位停止位，当波特率为 9600 时，字符传送速率为（　　）。

A．960　　B．873　　C．1371　　D．480

**二、简答题**

1．编一初始化程序，使 8255A 的 $PC_5$ 端输出一个负跳变。如果要求 $PC_5$ 端输出一个负脉冲，则初始化程序又是什么情况?

2．设 8251A 的控制和状态端口地址为 52H，数据输入/输出口地址为 50H（输出端口未用），输入 50 个字符，将字符放在 BUFFER 所指的内存缓冲区中。请写出这段的程序。

3．设 8255A 状态端口地址为 86H，数据端口地址为 87H，外部输入信息准备好状态标志为 $D_7=1$，请用查询方式写出读入外部信息的程序段。

4．设 8255A 状态端口地址为 76H，数据端口地址为 75H，外部设备是否准备好信息由 $D_7$ 位传送，$D_7=1$ 为准备好，$D_7=0$ 为未准备好（忙），请用查询方式写出 CPU 向外部传送数据的程序段。

5．可编程计数/定时器芯片 8253 有几个通道？各采用几种操作方式？简述这些操作方式的主要特点。

6．某系统中 8253 芯片的通道 0~通道 2 和控制字端口号分别为 FFF0H~FFF2H，定义通道 0 工作在方式 2，$CLK_0$=5MHz，要求输出 $OUT_0$=1kHz 方波；定义通道 1 工作在方式 4，用 $OUT_0$ 作计数脉冲，计数值为 1000，计数器计到 0，向 CPU 发中断请求，CPU 响应这一中断后继续写入计数值 1000，重新开始计数，保持每 1 秒钟向 CPU 发出一次中断请求。请编写初始化程序，并画出硬件连接图。

7．用 8255 和 8253 编程，使扬声器发出 600Hz 的可听频率，按任意键停止。

（其中主时钟为 1.9318MHz，一个时钟周期为 $888.2229\times10^{-9}$s）

8．设 8253 控制端口地址为 203H，定时器 0 地址为 200H，定时器 1 地址为 201H。编程序将定时器 0 设为方式 3（方波）、定时器 1 为方式 2（分频），定时器 0 的输出脉冲作为定时器 1 的时钟输入，$CLK_0$ 连接总线时钟 4.77MHz，定时器 1 输出 $OUT_1$ 约为 40Hz。

# 第 9 章 总线技术

微型计算机硬件系统由微处理器、内存、输入设备和输出设备组成，内存通过总线和微处理器相连，而外设则是通过 I/O 接口与总线相连。在微机的系统结构中，通过总线技术不仅可以提高系统的效率和处理速度，简化微机的系统结构，使系统易于扩充，而且还可以大大简化系统的硬件设计。

## 9.1 总线的基本概念

总线（Bus）是一组信号线，用于将两个或两个以上的部件连接起来，形成部件之间的公共通信通路。总线技术是为总线及其插槽以及连接总线插槽的各插件而制定的软硬件技术规范，其目的是为了能方便地构成和扩充系统。

### 9.1.1 总线分类

按照总线的规模、用途及其使用位置，总线分为 3 类。

**1. 芯片总线**

芯片总线（Chip Bus，C-Bus）又称元件级总线，是指大规模集成电路芯片内部，或系统中各种不同器件连接在一起的总线，用于芯片级互连。

芯片总线也称为局部总线，是指用微处理器构成一个部件（如 CPU 插件）或是一个很小的系统时信息传输的通路。例如，微机的微处理器、主控芯片组等部件之间的连接总线。再如，微处理器与主存单元之间专用的存储器总线也可以认为是局部总线。

随着集成电路制造技术的发展，原来只能通过多个芯片构成一个功能单元或一个电路模块，现在却可以选用一块大规模集成电路芯片来实现。所以，大规模集成电路芯片内部也广泛使用总线连接。例如，微处理器内部的高速缓存（Cache）、存储管理单元、执行部件之间的连接，都可以将它们称为片内总线。

**2. 内部总线**

内部总线（Internal Bus，I-Bus）又称系统总线或板级总线，是微机系统中各功能单元（模块）之间的信息传输通路，主要用于微机主机内部的模块级互连。例如，CPU 模块和存储器模块或 I/O 接口模块之间的传输通路，也就是常指的微机总线，是微机系统所特有的、应用最多的总线。在早期或低档微机中，内部总线只有一组，微机系统中的各个功能部件都与该总线相连，而这组总线也往往从微处理器引脚延伸而来，所以这个总线起着举足轻重的作用，一般称其为系统总线。例如，16 位微机的 ISA 总线。随着微机的飞速发展和总线结构的日趋复杂，内部总线从一组变为多组，功能由弱到强，也逐渐不再与微处理器直接连接。例如，现在连接外设的 32 位微机采用的 PCI 总线，虽然其原意是外设部件互连（Peripheral Component Interconnect，PCI），但鉴于它的重要作用，常常也将其称为系统总线。而 PCI 总线是从局部总线概念引出的，所以过去也称 PCI 总线为局部总线。

微型计算机的芯片级总线和内部总线均由数据总线、地址总线和控制总线组成，采用并行传输方式，其数据总线的条数有 8、16、32 或 64 等，每次都是以字节、字、双字或 4 字等为单位传输数据。

3. 外部总线

外部总线（External Bus，E-Bus）是指微机系统与其外部设备之间的信息传输通路，或是微机系统之间互连的数据通路，属于设备级互连。外部总线过去常称为通信总线，是因为大部分是指串行通信总线，如 EIARS-232C 等。利用串行方式工作，发送方需要将多位数据按其二进制位的顺序在一根数据线上逐位发送，接收方逐位接收后，再合并为一个多位二进制数据。相比较而言，并行总线更适合近距离快速传输，串行总线以其成本低、抗干扰能力强等特点，更广泛应用于远距离通信，最典型的应用就是计算机网络。

现在，外部总线的意义常延伸为外设总线，主要用于连接各种外部设备。外部总线种类较多，常与特定设备有关，往往借用电子工业其他领域已有的总线标准，如 Centronic 并行打印机总线、通用串行总线 USB、智能仪器仪表并行总线 IEEE 488（又称为 GPIB 总线）等。

图 9-1 所示为 3 类总线在系统中的位置及相互关系。

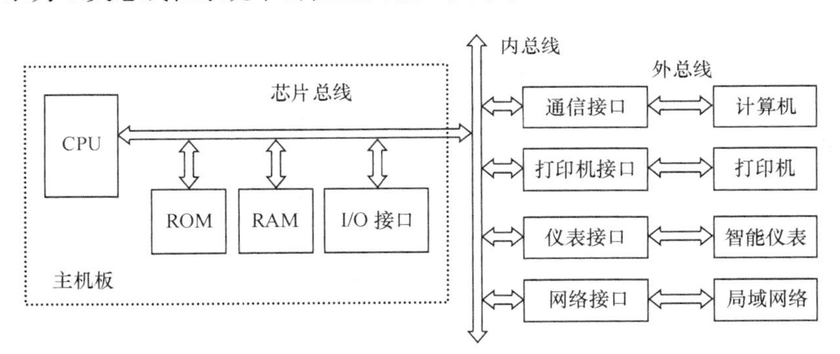


图 9-1　用三级总线构成的微机系统

在 16 位微机系统中，各类微处理器的引脚信号就是芯片总线，如 8086/8088 CPU 的地址线、数据线、控制线等即构成该芯片的片内总线。16 位微机的内部总线有 PC 总线、PC-AT 总线、ISA 总线等。32 位微机出现后又推出许多 32 位的系统总线，如 MCA 总线、EISA 总线、VISA 总线、PCI 总线、AGP 总线等。目前，32 位微机已是多种总线并存的系统结构，高速部件主存储器和显卡分别通过专用的存储总线和 AGP 总线与系统连接，高速外设通过 PCI 总线连接，各种低速外设则利用 ISA 总线和 USB 总线工作。微机内部这样多级多总线的并存，最大限度地发挥了数据传输的效率。

## 9.1.2 总线标准

所谓总线标准，是指国际上正式公布或推荐的互连各个模块的标准，它是把各种不同的模块组成计算机及其应用系统时必须遵守的规范。简单地说，总线标准即是指芯片之间、部件之间、插板之间或系统之间通过总线进行连接和通信时应遵守的一些协议与规范。

通常一个总线标准应包含以下几个方面的规范说明。

① 机械结构规范：指总线的物理连接方式，包括总线信号线的条数，总线的插头、插座的形状、物理尺寸及引脚线的排列方式等。

② 电气规范：指定义信号工作时的高低电平、动态转换时间、负载能力、最大额定值等。

③ 功能规范：指确定各引脚信号的名称、定义、功能与逻辑关系，并对相互作用的协议进行说明，即对总线中每一条线的功能及操作逻辑进行明确的定义。例如，定义信号线之间的时序关系。机器中所有部件的操作都是在处理器产生的控制信号下完成的，这些控制信号必须遵循确定的时序关系。也就是说，机器系统设计的好坏，不仅取决于逻辑关系设计的正确与否，更取决于时序关系的设计与实现。

美国电气与电子工程师协会（IEEE）、国际电工委员会（IEC）和美国国家标准局（ANSI）组织的专门委员会等，常常代表国际化标准组织，从事开发和制订新总线标准的工作。通过对一些业界广泛使用的总线进行遴选、研究和审定，最后核定出相应的总线标准。

### 9.1.3 总线的性能指标

总线的主要性能指标是总线带宽，与此密切相关的两个指标是总线位宽和总线工作频率。

**1. 总线带宽**

总线带宽也称总线最大传输率，表示单位时间内总线上可传送的数据量，通常用字节数/秒（B/s）或兆字节数/秒（MB/s）表示。

**2. 总线位宽**

总线位宽是指总线上能同时传送的数据位数。常见的总线位宽有 1 位、8 位、16 位、32 位、64 位等。当总线工作频率一定时，总线带宽与总线位宽成正比。

**3. 总线工作频率**

总线工作频率也称总线时钟频率，指的是用于控制总线操作周期的时钟信号频率，通常以 MHz 为单位。

总线带宽、总线位宽和总线工作频率可用如下关系表示：

$$总线带宽=总线位宽\times总线工作频率$$

可见，总线位宽越大，总线工作频率越高，则总线带宽便越大。这三者的关系就恰似高速公路上的车道数、行驶车速和车流量的关系，车道数越多，行驶车速越快，则车流量也就越大。

除了上面 3 项主要指标外，衡量总线性能的好坏还有一些其他方面。例如，是否有总线仲裁功能，采用何种总线握手协议，支持什么中断方式，采用什么逻辑体制（正逻辑、负逻辑或混合逻辑）和逻辑电平，使用多大电源电压，地址、数据线是否复用，是否支持突发传输，能否自动配置及可扩展性如何等，这些都将直接影响到总线的整体性能表现。

## 9.2 总线的数据传输过程

总线的数据传输过程是连接在总线上的部件（功能设备）之间的通信过程，根据功能角色的不同，连接在总线上的设备分为主设备和从设备。总线主设备指具有控制总线能力的模块，通常是 CPU 或以 CPU 为中心的逻辑模块，该模块在获得总线控制权之后能启动数据信息的传输。从设备是指那些只能够对总线上的数据请求做出响应，但本身不具备总线控制能力的模块。

早期的微机系统中，一条总线上只有一个主设备，总线一直由它占用，技术简单，实现也比较容易。随着应用的发展，多个主设备共享总线的情况越来越多，这对总线技术提出了新的要求。如何解决各个主设备之间资源争用等问题，这使得总线管理的复杂性大为增加。总线仲裁是在多处理机环境中提出来的。

## 9.2.1　总线请求和仲裁

在多处理机系统中，每个处理机都可以作为总线主设备，都要共享资源，它们都必须通过系统总线才能访问其他资源，总线也可视为是一种重要的公共资源。由于每个处理机都会随机地提出对总线使用的要求，这样就可能发生总线竞争现象。为了防止多个处理机同时控制总线，就要在总线上设立一个处理上述总线竞争的机构，按优先级次序，合理地分配资源，这就是总线仲裁问题。

用硬件来实现总线分配的逻辑电路称为总线仲裁器（Bus Arbiter）。它的任务是响应总线请求，通过对分配过程的正确控制，达到最佳使用总线。

在单处理机系统中，如果系统中接有 DMA 控制器，处理器就有了总线使用的竞争者，这种系统也必须有相应的总线仲裁器，由于这种系统比较简单，几乎所有的微处理芯片中都包含有这种仲裁机构，一般总是将 DMA 请求总线安排成较高的优先级，而处理器自身只具有较低的优先级。

对总线仲裁问题的解决是以优先级（又称优先权）的概念为基础的。通常有 3 种总线分配的优先级技术——串联、并联和循环优先级技术。

### 1. 串联优先级判别法

串联优先级判别法的示意图如图 9-2 所示。

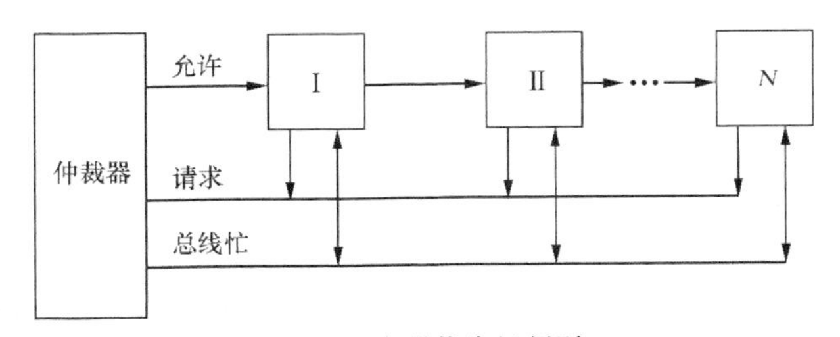


图 9-2　串联优先级判别

图中有Ⅰ，Ⅱ，…，$N$ 等 $N$ 个模块，都可作为总线主设备，各个模块中的“请求”输出端采用集电极（漏极）开路门，“请求”端用“线或”方式接到仲裁器的“请求”输入端，每个模块的“忙”端同仲裁器的“总线忙”状态线相连，这是一个输入输出双向信号线。当一个模块拥有总线控制权时，该模块的“忙”信号端成为输出端，向系统的“忙”状态线送出有效信号（例如低电平）。其他模块的“忙”信号端全部作为输入端工作，检测“忙”线上状态。一个模块若要提出总线“请求”，其必要条件是先检测到“忙”信号输入端处于无效状态。

与之相对应，仲裁器接受总线请求输入的条件，也是“忙”线处于无效状态。进一步可以规定仲裁器输出“允许”信号的条件首先是“忙”线无效，表示总线没有被任一模块占用；其次才是有模块提出了总线请求。“允许”信号在链接的模块之间传输，直到提出总线“请求”的那个模块为止。这里用“允许”信号的边沿触发，它把共享总线的各模块按规定的优先级别链接在链路中的不同位置上。越前面的模块，优先级越高。当前面的模块要使用总线时，便发出信号禁止后面的部件使用总线。通过这种方式，就确定了请求总线各模块中优先级最高的模块。显然，在这种方式中，当优先级高的模块频繁请求时，优先级别低的模块可能很长时间都无法获得总线。一旦有模块占用总线后，“允许”信号就不再存在。这种串联优先级判别法的仲裁机构是三线链式的仲裁机构。

2. 并联优先级别判别法

并联优先级判别法的示意图如图 9-3 所示。图中有 $N$ 个模块，都可作为总线主设备。每个模块都有总线“请求”线和总线“允许”线，模块之间是独立的，没有任何控制关系。这些信号都接到总线仲裁器，任一模块若使用总线，都要通过“请求”线向仲裁器发出“请求”信号。

仲裁器一般由一个优先级编码器和一个译码器组成。该电路接到某个模块或多个模块发来的请求信号后，首先经优先级编码器进行编码，然后由译码器产生相应的输出信号，发往请求总线模块中优先级最高的模块，并把“允许”信号发送给该模块。被选中的模块撤销总线“请求”信号，输出总线“忙”信号，通知其余模块，总线已经被占用。当一个模块占用总线传输结束以后，就把总线“忙”信号撤销，仲裁器也撤销“允许”信号。根据各请求输入的情况，仲裁器重新分配总线控制权。

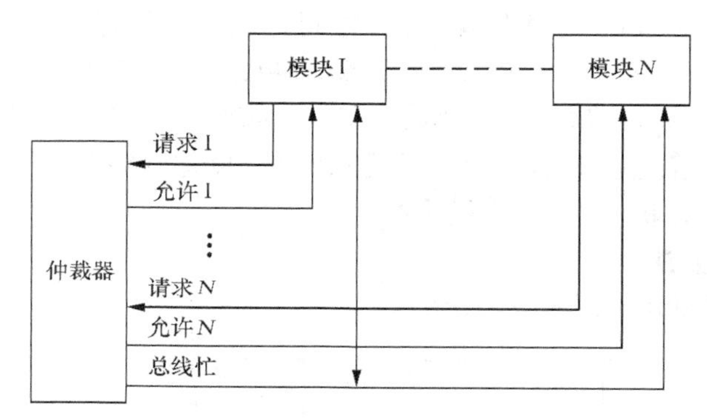


图 9-3 并联优先级判别

3. 循环优先级判别法

循环优先级判别方法类似于并联优先级判别方法，只是其中的优先级是动态分配的，原来的优先级编码器由一个更为复杂的电路代替，该电路把占有总线的优先级在发出总线请求的那些模块之间循环移动，从而使每个总线模块使用总线的机会相同。

在这 3 种优先级判别法中，循环优先级判别法的仲裁电路复杂，需要大量的外部逻辑才能实现；与此相反，串联优先级判别法不需要使用外部逻辑电路，但这种方法中所允许链接的模块数目受到很严格的限制，因为若模块太多，那么链路产生的延迟就将超过系统总线时钟的周期长度（总线优先级仲裁必须在一个总线时钟周期中完成）；从一般意义上讲，并联优先级判别方法比较好，它允许总线上链接许多模块，而仲裁电路又不太复杂，是另外两种方法的折中。

## 9.2.2 总线的数据传输

总线请求信号经总线请求线送到总线仲裁器，如果此时只有一个设备请求使用总线，总线控制部件就会发回总线允许信号，批准该设备使用总线。如果有多个设备同时提出请求使用总线，就由总线仲裁器通过上述的一种优先级判别电路确定哪个主设备获得下一个传送周期的总线使用权，数据的传输步骤如下。

1. 寻址

获得总线使用权的主设备通过总线发出要访问的从设备的地址（如存储器单元地址或外设接口地址），还要发送相应的控制命令，开始本次总线操作。总线上被选中的从设备接收总线上的命令，开始响应总线操作。

2. 数据传送

根据主设备的命令，主设备和从设备开始交流数据或两个从设备在主设备的控制下交流数据。例如 DMA 传输，当从主存往外存（如硬盘）传送数据时，主存是源设备，外存是目的设备，数据从主存传送到外存；反之，当从外存向主存传输数据时，外存是源设备，主存是目的设备，数据从外存传送到主存。

3. 结束传送

数据传送结束时，主设备和从设备从总线上撤销自己发出的信号，主设备放弃对总线的控制权，本次总线传送结束，允许其他设备使用总线。

# 9.3　微机系统中常见标准总线

回顾微机系统总线的发展历程，从 PC/XT 总线开始，经过了 ISA、MCA、EISA 总线的不断改进，但数据传输速率始终是 CPU 和微型计算机技术高速发展的瓶颈问题，特别是随着 Windows 操作系统的出现以及图像处理与传输的要求，新的系统总线必须有更高的数据传输速率。

在总线研究开发过程中，特别是在总线传输图像的研究开发过程中，计算机专家认识到要提高总线传输速度，仅靠增加数据总线位宽是不够的，还需缩短系统总线与 CPU 之间的距离，并使总线的工作速度跟上 CPU 的速度，即能够和 CPU 同步工作。此外，系统总线上挂接的设备并不都需要高速传输数据，不必采用“一刀切”的做法，就是在这样的背景下，PCI 总线被推出。

## 9.3.1　PCI 总线

1991 年底，Intel 公司首先提出了 PCI 的概念，并联合 IBM、Compaq、AST、HP、DEC 等 100 多家公司成立了 PCI 集团，简称 PCISIG（Peripheral Component Interconnect Special Interest Group，外围部件互连专业组）。PCI 工作组负责统筹、强化和推广 PCI 标准，使其成为开放的、非专利的局部总线标准。首次推出 PCI 1.0 版，以后在应用实践的基础上，于 1993 年 4 月和 1995 年 6 月相继推出了 PCI 2.0 版和 PCI 2.1 版。

在很长一段时间内，PCI 总线是微机系统中使用最广泛的总线标准，几乎所有的微机主板上都带有 PCI 插槽。同时，PCI 插槽也是主板上数量最多的插槽类型。就曾经流行的 ATX 台式机主板而言，一般带有 5 ~ 6 个 PCI 插槽，而小一点的 MATX 主板也都带有 2 ~ 3 个 PCI 插槽，其应用非常广泛。

1. PCI 总线的主要性能

（1）数据传输率高

PCI 的数据总线宽度为 32 位，并可扩充到 64 位。它以 33.3MHz 或 66.6MHz 的时钟频率工作。若采用 32 位数据总线，数据传输速率可达 133MB/s；而采用 64 位数据总线，则最高的数据传输速率可达 266 MB/s。

（2）支持猝发传输

通常的数据传输是先输出地址后进行数据操作，即使所要传输数据的地址是连续的，每次也要有输出和建立地址的阶段。而 PCI 支持猝发数据传输周期，该周期在一个地址相位（phase）后可跟若干个数据相位。这意味着传输从某一个地址开始后，可以连续对数据进行操作，而每次的操作数地址是自动加 1 形成的。显然，这减少了无谓的地址操作，加快了传输速度。这种传输方式对使用高性能图形设备尤为重要。

（3）支持多个主设备

在同一条 PCI 总线上可以有多个主设备，各个主设备通过总线仲裁竞争总线控制权。相比之下，在 ISA 总线系统中，DMA 控制器和 CPU 对总线的争用是不平等的，DMA 控制器采用“周期窃取”法向 CPU 申请总线，得到 CPU 的允许后才能使用总线。而 PCI 总线专门设有总线占用请求和总线占用允许信号，各个主设备平等竞争总线。

（4）独立于处理器

传统的系统总线（如 ISA 总线）实际上是 CPU 引脚信号的延伸或再驱动，而 PCI 总线以一种独特的中间缓冲器方式独立于处理器，并将 CPU 子系统与外围设备分开。一般来说，在 CPU 总线上增加更多的设备或部件，会降低系统性能和可靠程度。而有了这种缓冲器的设计方式，用户可随意增添外围设备，而不必担心会导致系统性能的下降。这种独立于 CPU 的总线结构还可保证外围设备互连系统的设计不会因处理器技术的变化而变得过时。

（5）支持即插即用

所谓即插即用（Plug and Play），是指在新的接口卡插入 PCI 总线插槽时，系统能自动识别并装入相应的设备驱动程序，因而立即可以使用。即插即用功能使用户在安装接口卡时不必关电源或设跳线，也不会因设置有错而使接口卡或系统无法正常工作。即插即用的硬件基础是每个 PCI 接口卡（PCI 设备）中的 256 个字节的配置寄存器。在操作系统启动时，或在 PCI 接口卡刚接入 PCI 总线驱动程序时要访问这些寄存器，以便对其初始化，并装入相应的设备驱动程序。

（6）适用于多种机型

PCI 总线适用于各种类型的计算机系统，如台式计算机、便携式计算机、服务器等。

通过支持 3.3V 的电源环境，PCI 总线可应用于便携式计算机中。在服务器环境下，往往要求能连接较多的外围设备，而 PCI 总线规则规定一个计算机系统中可同时使用多条 PCI 总线，这又使得 PCI 总线非常适合应用于服务器中。

### 2. PCI 总线的系统结构

配有 PCI 总线的微机系统结构如图 9-4 所示，从图中可以看出：

① 驱动 PCI 总线所需的全部控制由 PCI 桥实现。PCI 桥实际上就是一个总线适配器，实现 CPU 总线与 PCI 总线之间的适配耦合。桥电路提供了一个低延迟的访问通路，从而使 CPU 能直接访问通过它映射于存储器空间或 I/O 空间的 PCI 设备；同时也提供了能使 PCI 主设备直接访问主存的高速通路。该桥电路还能提供数据缓冲功能，以使处理器与 PCI 总线上的设备并行工作而不必相互等待。另外，桥电路可使 PCI 总线的操作与 CPU 局部总线分开，以免相互影响，实现了 PCI 总线的独立驱动控制。

② 扩展桥电路可以将 PCI 局部总线转换为 ISA、EISA、MCA 等标准系统总线，从而可继续使用原有的 I/O 设备，以增加 PCI 总线的兼容性和选择范围。通常，典型的 PCI 局部总线最多支持 3 个插槽。

③ 如果一个系统中要连接多个 PCI 设备，可通过增加桥电路的方式形成多条 PCI 局部总线。在一个系统中最多可有 256 条 PCI 局部总线。通常，把连接 CPU 总线与 PCI 总线的桥电路称为主桥或宿主桥（Host Bridge），连接 PCI 总线与 PCI 总线的桥电路称为 PCI-PCI 桥，连接 PCI 总线

与其他总线的桥电路称为 PCI 扩展桥。

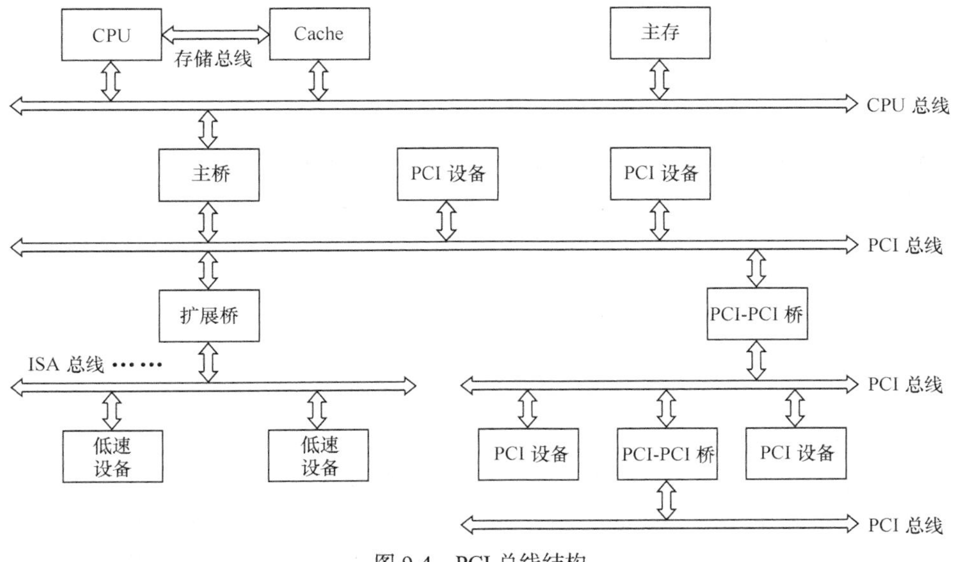


图 9-4　PCI 总线结构

### 3. PCI 总线的信号定义

微机主板上的 PCI 总线是一个白色双列插槽，共 94 个引脚。这些引脚信号多数不与 IA-32 微处理器对应，因为 PCI 总线独立于微处理器，不仅适用于 IA-32 微处理器，也适用其他微处理器。32 位 PCI 总线只使用 1 ~ 62 引脚，而 64 位 PCI 总线才使用所有 94 个引脚，如图 9-5 所示。PCI 信号名称选自 PCI SIG 联盟的标准文档，其中“#”表示低电平有效，替代了上划线，例如：$\overline{\text{INTA}}$ 表示为 INTA#。

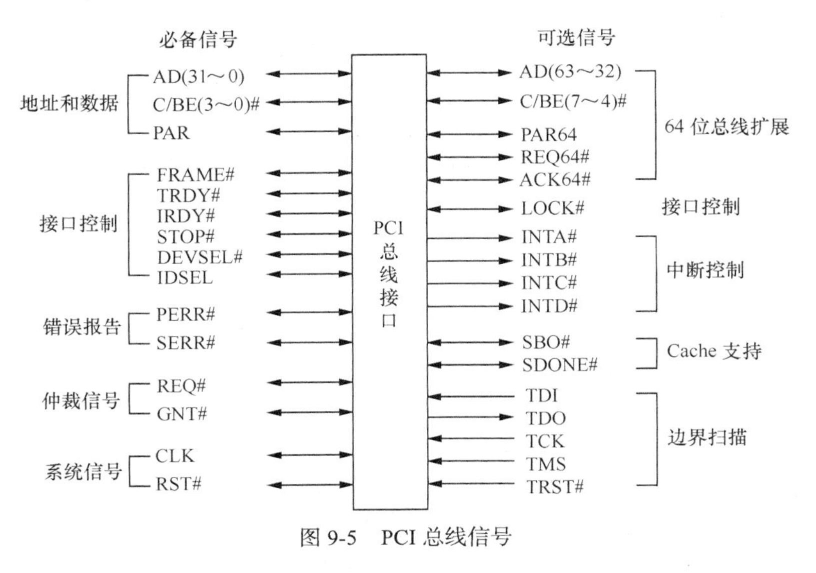


图 9-5　PCI 总线信号

（1）地址和数据引脚

① AD(31 ~ 0)：32 位地址和数据复用信号。扩展到 64 位时，则还有高 32 位地址和数据 AD(63 ~ 32)信号。

② C/BE(3 ~ 0)#：总线命令和低 4 字节有效复用信号。扩展到 64 位时则还有高 4 字节 C/BE(7 ~ 4)#信号。

③ PAR：奇偶校验信号。对 AD(31 ~ 0)和 C/BE(3 ~ 0)#进行偶校验。

④ REQ64#：请求 64 位传送信号。

⑤ ACK64#：允许 64 位传送信号。

⑥ PAR64：奇偶校验信号。对扩展的 AD(63 ~ 32)和 C/BE(7 ~ 4)#信号进行偶校验。

由于使用高集成度的 PCI 芯片组、共用数据和地址信号线，PCI 卡可以大大减小线路板面积、降低制造成本。

（2）接口控制引脚

PCI 接口控制信号控制 PCI 的各种操作。

① FRAME#：帧信号。主设备驱动，低有效。表示一个总线周期的开始，并一直保持有效到传送结束。

② IRDY#：初始方就绪（Initiator Ready）信号。当前主设备驱动，低有效。读数据时表示主设备已经准备好接收数据，写数据时表示主设备数据已经在数据线上。

③ TRDY#：目标方就绪（Target Ready）信号。当前目标设备（被选择交换数据的主设备、从设备）驱动，低有效。读数据时表示有效数据已经放置到数据线上，写数据时表示目标设备已经准备好接收数据。

④ STOP#：停止信号。它表示目标设备希望主设备停止当前的操作。

⑤ DEVSEL#：设备选择（Device Select）信号。由被选中的设备发出，表示该设备被选中。

⑥ IDSEL：初始化设备选择（Initialization Device Select）信号。在配置读和写总线周期时用作芯片选择信号。

⑦ LOCK#：封锁信号。表示当前总线周期必须完成操作，不能被分隔打断。

（3）总线仲裁引脚

① REQ#：总线请求（Request）信号。告知总线仲裁器：有设备请求使用总线。

② GNT#：总线响应（Granted）信号。告知请求设备：总线仲裁器允许使用总线。

PCI 支持多处理器系统，允许其他微处理器成为主控设备控制总线。PCI 采用集中式同步仲裁方案，每个主设备都有一个请求 REQ 和响应 GNT 信号，这些信号连接到一个中央仲裁器，使用简单的请求响应握手机制获取总线控制权。总线仲裁可以在数据传输的同时进行，不会浪费总线周期，所以被称为隐藏式仲裁。

除此之外，还有时钟 CLK 和复位 RST#系统信号，校验错 PERR#和系统错 SERR#的错误报告信号，4 个 INTA# ~ INTD#中断请求信号，支持高速缓存 Cache 操作的信号，5 个遵循 IEEE 1149.1 标准的测试和边界扫描（JTAG）信号等。

#### 4. PCI 总线周期

PCI 总线周期由 C/BE(3 ~ 0)#的总线命令确定，如表 9-1 所示。

尽管 PCI 总线的性能优良，实现了时钟频率为 66 MHz 时 266 ~ 533 MB/s 的最高数据传输率。但随着高性能处理器、主板及各种新型外设对传输带宽日益增长的需求，Intel 公司研发推出了新一代 PCI 总线规范 PCI-X 和 PCI-X 2.0。PCI-X 主要适用于 133 MHz 总线时钟频率的台式微机主板，PCI-X 2.0 则主要适用于 533 MHz 总线时钟频率的新型主板。同时，在服务器领域，几家联合厂商改进制定 PCI-X 2.0、PCI-X 3.0 规范，将时钟频率提升到 266MHz、533MHz，甚至 1GMHz，以满足数据传输的需要。可以相信，在未来实践应用的不断促进下，PCI 总线还会有更大更新的发展。

表 9-1　　　　PCI 总线周期

| C/BE(3 ~ 0)# | 总线周期 | C/BE(3 ~ 0)# | 总线周期 |
|---|---|---|---|
| 0000 | 中断响应（Interrupt Acknowledge） | 1000 | 保留（Reserved） |
| 0001 | 特殊周期（Special Cycle） | 1001 | 保留（Reserved） |
| 0010 | I/O 读（I/OI Read） | 1010 | 配置读（Configuration Read） |
| 0011 | I/O 写（I/O Write） | 1011 | 配置写（Configuration Write） |
| 0100 | 保留（Reserved） | 1100 | 存储器多重读（Memory Read Multiple） |
| 0101 | 保留（Reserved） | 1101 | 双地址周期（Dual Address Cycle） |
| 0110 | 存储器读（Memory Read） | 1110 | 存储器行读（Memory Read Line） |
| 0111 | 存储器写（Memory Write） | 1111 | 存储器写与无效（Memory Write and Invalidate） |

## 9.3.2　AGP 总线

加速图形端口（Accelerated Graphics Port，AGP）是 Intel 公司为了提高视频带宽而设计的总线规范。AGP 总线技术的核心内容有两个方面：一是使用 PC 的主内存作为显存的扩展延伸，这样就大大增加了显存的潜在容量；二是使用更高的总线频率 66MHz、133MHz 甚至 266MHz，极大地提高了数据的传输效率。

AGP 总线是一种专用的显示总线，AGP 技术的出现让显示卡从 PCI 总线上独立出来，使得 PCI 声卡、SCSI 设备、网络设备、I/O 设备等的工作效率随之得到提高。AGP 总线上视频信号的传输速率可以从 PCI 的 132 MB/s 提高到 266 MB/s、532 MB/s 或更高。AGP 插槽可以插入符合该规范的 AGP 显示卡。

图 9-6 所示为 AGP 总线在微机系统中所处的结构位置。

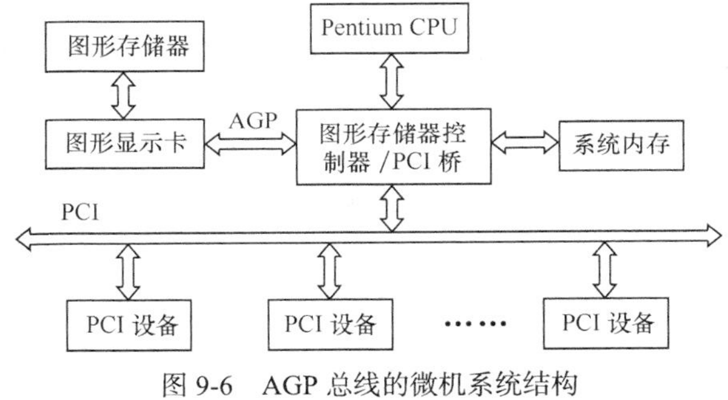


图 9-6　AGP 总线的微机系统结构

### 1. AGP 总线产生的背景

尽管微机的图形处理能力在不断增强，但要完成细致的大型 3D 图形描绘，PCI 结构的性能仍然有限，为了使微机的 3D 应用能力能同图形工作站一比高低，Intel 公司开发了 AGP 标准。AGP 采用点对点连接，即连接控制芯片和 AGP 显示卡，使 3D 图形数据越过 PCI 总线，直接送入显示子系统，从而解决使用 PCI 总线时形成的系统瓶颈问题。

PCI 总线在 3D 应用中的局限性主要表现在 3D 图形描绘中。储存在 PCI 显卡的显示内存中的数据不仅有影像数据，还有纹理数据（Texture Data），*z* 轴的距离数据及 Alpha 变换数据等，特别是纹理数据的信息量相当大。如果要描绘细致的 3D 图形，就要求显存容量很大；再加上必须采用较快速的显存，最终造成显示卡价格的昂贵。

为了解决这个问题，一个有效的办法就是将纹理数据从显示内存移到主存，以便减少显卡内存的容量，从而降低显示卡的成本。

从整个系统来看，增加显示卡内存不如增加主存划算，而且把纹理数据储存在主存比储存在显示内存可更有效利用主存。存储纹理数据所需的内存空间依应用程序而定，也就是说，当应用程序结束后，它所占用的主存空间又可恢复，纹理数据并不永远占用主存的空间。然而遗憾的是，当纹理数据从显示内存移到主存时，由于纹理数据传输量很大，数据传输的瓶颈就从显示卡上的内存总线转移到了 PCI 总线上。例如，显示 1024×768×16 位真彩色的 3D 图形时，纹理数据的传输速度需要 200 MB/s 以上，而此时 PCI 总线最高数据传输速度仅为 133 MB/s，因而成为系统的主要瓶颈。

AGP 总线的研制出现，在主存与显示卡之间提供了一条直接的通道，让 3D 图形数据越过 PCI 总线直接送入显示子系统，解决了 PCI 总线形成的系统瓶颈问题，从而实现了以相对低价格来达到高性能 3D 图形的描绘功能。

### 2. AGP 总线的主要性能

AGP 以 66 MHz PCI Revision 2.1 规范为基础，其主要功能特性如下。

（1）数据读写的流水线操作

AGP 提供了针对主存的数据读/写流水线（pipelining）操作功能。采用流水线操作大大减少了内存等待时间，数据传输速度有了很大的提高。

（2）高速的数据传输频率

AGP 具有 1x、2x、4x、8x 4 种工作模式，使数据传输速率分别达到 266 MB/s，533 MB/s，1066 MB/s 和 2133 MB/s。

（3）直接内存执行 DIME

AGP 允许 3D 纹理数据不经过图形控制器内的显示缓存区，直接存入系统内存，从而让出显示缓存区和带宽，供其他功能模块使用。这种允许显示卡直接操作主存的技术称为 DIME（Direct Memory Exceute）。DIME 功能极大地提高了数据传输速率。

（4）地址与数据信号的分离

采用多路分配技术（Demultiplexing）将地址和数据信号分离，同时引入边带寻址（Side Band Address，SBA）总线技术，对提高内存访问速度十分有利。

（5）并行操作

允许在 CPU 访问系统 RAM 的同时 AGP 显卡访问 AGP 内存，且显示带宽为 AGP 显示卡独用，从而进一步提高了系统性能。

（6）物理接口特点

从外观上看，AGP 插槽和插卡引脚采用的是与 EISA 相似的上下层结构，因而连接器尺寸较小。

### 3. AGP 总线的模式发展

在 AGP 的发展初期，从中受益最大的是一些以 3D 游戏为主的 3D 程序，要真正达到良好的 3D 图形处理能力，应该采用 2x 以上的工作模式。在 lx 模式下，由于带宽不足，并不能适合 DIME 的速度，3D 图形处理能力仍然是不理想的。AGP 的发展经历了 AGP 1x、AGP 2x、AGP 4x 和 AGP 8x 4 个阶段。

1996 年 7 月 AGP 1.0 首次发布，分为 1x 和 2x 两种模式，数据传输带宽分别达到了 266MB/s 和 533MB/s。AGP 1.0 是在 PCI 2.1 规范基础上经过扩充和加强而形成的，其工作频率为 66MHz，工作电压为 3.3V，在一段时间内基本满足了显示设备与系统交换数据的需要。目前带有这种 AGP 规范的主板已被淘汰。

1998 年 5 月 AGP 2.0 正式发布，工作频率依然是 66MHz，但工作电压降低到了 1.5V，并且增加了 4x 模式，数据传输带宽达到了 1066MB/s，数据传输能力大大增强。同期还推出了专为高端图形工作站而设计的 AGP Pro 接口，该接口完全兼容 AGP 4x 规范，使得 AGP 4x 的显卡也可以插在这种插槽中正常使用。

2000 年 8 月 Intel 推出 AGP 3.0 规范，工作电压降到 0.8V，并增加了 8x 模式，这时它的数据传输带宽达到了 2133MB/s，数据传输能力相对于 AGP 4x 成倍增长，能较好地满足显示设备的带宽需求。

#### 4. AGP 总线与 PCI 的比较

尽管 AGP 总线由 PCI 发展而来，但它完全不可能取代 PCI。AGP 与 PCI 根本上的区别在于 AGP 是一个“端口”，这意味着它只能接插一个终端，而这个终端又必须是图形加速卡。PCI 则是一条总线，它可以连接许多不同种类的终端，可以是显卡、声卡、网卡或者 SCSI 卡等。所有这些不同的终端都必须共享这条 PCI 总线和它的带宽，而 AGP 则为图形加速卡提供了直接通向芯片组的专线，从那里它又可以通向 CPU、系统内存或者 PCI 总线。

从总线协议上讲，AGP 是对 PCI 的扩充与增强。具体表现在两个方面：一是在保留大部分 PCI 接口信号基础上增加了新的接口信号；二是在保留 PCI 原有协议的基础上增加了新的协议，即 AGP 协议。因此，在 AGP 总线上既可以用 PCI 协议进行传输，也可以用 AGP 协议进行传输，还可以用这两种协议的结合进行传输。但是，AGP 不是 PCI 的升级版本，AGP 插槽与 PCI 完全不兼容。

### 9.3.3 标准外部总线 SATA

SATA（Serial Advanced Technology Attachment，Serial ATA）是一种串行标准总线，相对于早期使用的并行 ATA（Parallel ATA，PATA）总线标准来说，SATA 因采用串行方式传输数据而得名。它主要用作计算机系统主机箱内部主板和硬盘、光盘驱动器等大容量存储设备之间的连接总线。

到目前为止，SATA 有 3 个版本，如表 9-2 所示。由表 9-2 可见，SATA 一次只传输 1 位数据，但它的数据传输速率很高，且每更新一次版本，总线速率和带宽都翻了一番。

表 9-2 SATA 标准的 3 个版本

| SATA | 总线位宽/b | 总线带宽/Gb/s | 数据周期/时钟周期 | 发表时间/年 |
|---|---|---|---|---|
| SATA-150 | 1 | 1.5 | 1 | 2001 |
| SATA-300 | 1 | 3 | 1 | 2004 |
| SATA-600 | 1 | 6 | 1 | 2009 |

除了表 9-2 所示的 3 种版本外，近年来还专门面向外接驱动器而制定了一种称为 eSATA（External Serial ATA）的 SATA 子标准，并推出了相应的产品在市面流通。

SATA 与早期并行 PATA 总线相比在性能上有突出的优点，主要表现在以下几方面。

（1）传输速率高

即使 SATA 1.0 的数据传输率也达到 1.5 GB/s，比最快的 PATA（即 ATA/ 133）所能达到的最高数据传输率（133 MB/s）要高得多，SATA 2.0 和 SATA 3.0 就更高了，分别达到 3.0 GB/s 和 6.0 GB/s。

（2）传输距离长

作为一种机箱内部的模块级总线，传输电缆允许 1 ~ 2m，这比 PATA 的最长距离（50 cm）增长了 1 倍以上。

（3）纠错能力强

SATA 总线接口对指令和数据都能进行 CRC 校验，若发现传输出错会自动纠正。相比而言，PATA 总线只对数据作 CRC 校验，一旦接收方发现数据传输出错只是将数据丢弃，要求发送方重发，显然 SATA 传输标准的纠错能力强，数据传输可靠性高。

（4）工作信号电压低，抗干扰能力强

SATA 使用一种称为非归零（Non-Return Zero，NRZ）的物理传输方式和差动信号放大系统（differential-signal-amplified-system），用一对信号线按平衡方式传输数据。这种差分传输方式能有效地将噪声从正常信号中滤除，因而可将工作信号电压设置得很低。SATA 规定两根信号线上分别使用+0.25V 和–0.25V 电压，两线电压差（即差模电压）的峰—峰值只有 0.5V。这比 PATA 高达 5V 的传输电压要低得多，其结果不仅利于节省电力，降低驱动 IC 的生产成本，也有利于减少电磁辐射，增强抗干扰能力。

（5）稳定可靠性好

SATA 使用了一种称为 8B/10B 或 RLL 0,4 的一种游程长度受限码，这里的 RLL 是 Run Length Limited 的缩写。RLL 0,4 的意思是：字符编码中连续 0 的最少个数为 0，连续 0 的最多个数为 4，保证传输线上不出现连续 4 位以上的 0，最少可以没有 0。在此基础上还要增加限制，使编码中 1 和 0 的个数差不能大于 2。这样，一个 10 位编码字符中，0 不超过 6 个，1 不超过 4 个，或 1 不超过 6 个，0 不超过 4 个，使传输线上的信号波形变得规整平稳，相当于为电路提供了一个稳定的负载。显然，这有利于提高数据传输的可靠性。加之 SATA 的连接器采用的是较细的排线，有利于机箱内部的空气流通，这也对增加系统工作的稳定性、可靠性有利。

（6）提高了平均硬盘访问速度

从 SATA 2.0 标准起，引入一种称为原生命令队列（Native Command Queuing，NCQ）的新功能，它将对硬盘的所有待操作命令，按照处理起来机械效率最高的算法排序，有利于减小硬盘内部机械部件惯性的影响，缩短旋转等待时间和寻道等待时间，提高平均硬盘访问速度和检索效率。

（7）支持热插拔

SATA 支持热拔插，像 USB 和 IEEE1394 一样，在不关机的情况下就能完成增加或移除硬盘的工作，并且不对硬盘和控制器造成损害。

由上可知，SATA 具有优越的性能，是取代传统 PATA 的理想接口。

### 9.3.4 PCI Express 总线

PCI Express 总线是一种全新总线规范，完全不同于过去的 PCI 总线。与 PCI 以及更早期的计算机总线的共享并行架构相比，PCI Express 总线采用点对点串行方式连接，每个设备都有自己专用的连接，不需要向整个总线请求带宽，这样可以把数据传输率提高到 PCI 所不能提供的高带宽。

#### 1. PCI Express 总线的提出

2001 年初，Intel 公司提出了 3GIO（Third Generation I/O Architecture，第三代 I/O 体系结构）的概念，新研发的 3GIO 模式将取代以 PCI 总线为代表的第二代总线标准。PCI Express 在被正式命名之前称为 3GIO。

3GIO 的提出主要是因为 PCI 总线无法满足日益增长的带宽需求。最高版本 PCI 2.3 支持 32 位和 64 位两种数据宽度，支持 33MHz、66MHz 和 133MHz 3 种总线时钟频率，其最大带宽为 1064Mbit/s。为了满足吉比特（千兆）以太网卡、基于 Ultra SCS1320 的磁盘阵列控制器等高数据吞吐量的设备对带宽的需求，引入了新一代 PCI 总线 PCI-X。2000 年发布了 PCI-X 1.0 标准，其数据宽度为 64 位，工作频率为 133MHz，最大带宽为 1.06Gbit/s。后来发布的 PCI-X 2.0 标准将带宽提高到 4.3Gbit/s。一系列的改进已使 PCI 总线接近其性能极限，在频率上很难再有提高，在工作电压方面也无法轻易降低，数据传输操作的各个方面都受到限制。然而从另一方面讲，微处理器的主频将要超过 1GHz，存储器速度将进一步提高，而连接设备的速度将会变得更快，如图形设备、LAN 网卡、1394 标准设备等，这些都需要带宽更高的 I/O 体系结构。

从工作模式来考虑，第二代总线（包括 PCI 总线、AGP 总线和 PCI-X 总线）都是并行总线，总线接口的引脚数目过多，板卡设计过于复杂。于是，Intel 公司提出开发新一代总线 3GIO 的设想，并同时得到了 PC-SIG（PCI 特殊兴趣组织）的支持。

2002年4月，新一代3GIO总线被正式命名为PCI Express。同年7月，PCI-SIG正式发布了PCI Express 1.0版规范，它采用高速串行工作原理，接口传输速率达到2.5GHz。2007年初发布了PCI Express 2.0版规范，该版本则在1.0版本基础上更进了一步，将接口速率提升到了5GHz，传输性能也翻了一番。

2007年8月，在对可制造性、成本、功耗、复杂性、兼容性等诸多方面进行综合、平衡之后，PCI-SIG宣布了PCI Express 3.0版规范，其数据传输带宽将在PCI Express 2.0技术标准的基础上再次翻倍，将数据传输率提升到8GHz，并同时保持了对PCI-E 2.0/1.0的向下兼容，继续支持2.5GHz、5GHz信号机制。在PCI-SIG网站上，PCI Express有时也简写为PCI-E或PCIe。

### 2. PCI Express总线的主要性能

（1）采用串行传送方式

与原有的ISA、PCI和AGP总线不同，PCI Express采用串行方式传输数据。PCI Express的目标是低成本、高性能。为实现这一目标，采用串行传送方式是必然的选择。仅从主板走线来看，与PCI相比，PCI Express的导线数量可减少75%左右。由于是串行传送，所以可采用差分驱动、差分接收的方式，接收端通过识别两根输入线的电位差来确定输入的信息。这样信号的电平幅度可大幅降低，易于实现高速化。

（2）点对点通信机制

PCI总线是多个设备共享一条数据传送通道的共享总线方式，在一个时间段内只能有一对设备进行数据传送。实际上，连接在同一条PCI总线上的设备共享该PCI总线的带宽。而PCI Express通过设置交换部件（switch）提供点对点连接，某个设备在传送数据时不会影响其他设备。

（3）高性能数据传输

PCI Express最初技术规范中的数据传输速率为2.5Gbit/s，目前已实现8Gbit/s的数据传输速率，预计将来要达到10Gbit/s。

（4）支持多平台连接

PCI Express不仅可以作为系统的内部总线，还可以实现芯片组芯片之间的连接，甚至还可延伸到系统的外部，即各种设备通过PCI Express电缆直接与系统内部的PCI Express总线相连。此外，PCI Express不仅用于台式计算机、便携式计算机，还应用于工作站和服务器。

（5）支持即插即用和热拔插

PCI Express总线不但支持即插即用功能，还支持热拔插功能，允许在系统工作时连接和断开外部设备，使外设的使用更方便。

### 3. PCI Express比PCI的技术优势

① PCI Express总线采用点对点的串行连接，与PCI的并行连接方式比较，每个传输通道独享带宽。PCI Express总线支持双向传输模式，还可以运行全双工模式。相对于传统PCI总线在单一时间周期内只能实现单向传输而言，PCI Express的双单工连接能提供更高的传输速率和质量，它们之间的差异跟半双工和全双工类似。

② PCI Express总线支持双向传输模式和数据分通道传输模式。其中数据分通道传输模式即为PCI Express总线的x1、x2、x4、x8、x12、x16和x32多通道连接模式，x1单向传输带宽即可达到250MB/s，双向传输带宽更能够达到500MB/s，这个已经不是普通PCI总线所能够相比的了。

③ 虽然PCI Express在硬件特性上和PCI有较大区别，但是在软件上能够与PCI兼容。这主要是因为PCI Express具有与PCI兼容的配置以及设备驱动程序接口。PCI Express中保留了关键的PCI特征，如应用模型、存储结构、软件接口等与传统PCI总线保持一致，但是PCI的并行方

式被一种具有高度扩展性的、完全串行的方式所代替。

当代的处理器的主频速度已经停滞在 3.6～4GHz，因此整个微机行业不得不寻求其他途径来加速硬件的处理性能。在这方面，系统内部需要一个高速数据传输通道，这就是 PCI Express 承载的使命。PCI Express 是一项开放标准的技术，能够支持高速显示卡、扩展卡，以及计算机各个部件，让它们协同工作。PCI Express 系统总线目前已经被认为是多核处理器性能发挥最重要的因素之一。2010 年 6 月，PCI Express 3.0 版本的 0.71 版发布，很好地修正了向下兼容性的问题，未来一定会有许多使用全新 PCI Express 3.0 技术的各种产品地问世。

### 9.3.5 USB 通用串行总线

十几年前的计算机使用者大都有过这样的经历，在传统微机的机箱背面，有一大堆线缆与插口，如显示器信号线、键盘连接线、鼠标连接线、打印机连接线等线缆以及相应的插口，而这些插口有方插口、圆插口，同时各插口的插孔数也不尽相同。这样，如果要从微机上拆卸或安装一个外部设备，就必须把外设插头同机箱上对应的插口相接插，方插头要对方插口，圆插头要对圆插口，不能插错。而且，一旦需要安装或拆卸某个外部设备，除了要关掉电源外，还要手动安装或卸载专属于该外设的驱动程序，这样才能让微机来识别这一外设。而如今若要拆装某一外设变得非常简单，因为大部分外部设备都有了 USB 接口。

#### 1. USB 总线概述

USB（Universal Serial Bus，通用串行总线）实际上是一个万能插口，用户可以将具有 USB 接口的外设装置——包括显示器、键盘、鼠标、调制解调器、游戏杆、打印机、扫描仪、数码相机等的 USB 插头插入标准的 USB 插口。同时，还可将一些 USB 外设进行串接，这样，可以使一大串设备共用 PC 上的一个端口。此外，一些 USB 产品，如数码相机和扫描仪，甚至可以不要使用独立电源即可工作，因为 USB 总线可提供电源。

USB 是 Compaq、DEC、IBM、Intel、Microsoft、NEC（日本）和 Northern Telecom（加拿大）7 大公司于 1994 年 11 月联合开发的计算机串行接口总线标准，1996 年 1 月 15 日颁布了 USB 1.0 版本规范。这是第一个为 USB 产品设计提出的标准。1998 年，在对以前版本的标准进行阐述和扩充的基础上，发布了 USB 1.1 标准规范。第三个版本的 USB 2.0 发布于 1999 年之后，随着 USB 的普及与推广，USB 的成员一直持续不断地增加，如今已是非常庞大的组织了。

USB 是用于将适用 USB 的外围设备连接到计算机的外部总线结构，其主要用于中速和低速外设的连接。USB 设备最终解决了对串行设备和并行设备如何与计算机相连的问题，大大简化了计算机与外设的连接过程。USB 是通过 PCI 总线和微机的内部系统数据线连接，实现数据的传输。USB 同时又是一种通信协议，它支持主系统（host）和 USB 的外围设备（device）之间的数据传送。

目前，USB 接口已成为微机上标准配置的接口类型，其应用也越来越广泛，除了一些计算机传统的外设如键盘、鼠标、打印机等逐渐采用 USB 接口方式与主机连接外，各种常见的外连设备及家电产品也纷纷加入了 USB 的行列，如配有 USB 端口的游戏操纵杆、模拟飞行操纵杆、存储设备（如 Zip 驱动器）、调制解调器、扬声器，以及数码相机、扫描仪、网络摄像机、视频电话与科学数据采集设备等。

USB 总线是一个易于使用，成本低廉，快速双向传输的串行总线接口。它具有如下特点。

（1）可热插拔、使用方便、扩充能力强

在具有 USB 功能的主机、操作系统和外部设备的支持下，USB 设备不需要用户设置，可以由操作系统自动检测、安装和配置驱动程序，实现了“即插即用”。USB 设备不需要打开微机机箱，可以在微机正常工作状态进行插入或拔出（即动态热插拔），方便用户连接。各种不同类型的 USB 设备使用相同的接口、相同的连接电缆（虽然硬件插座和插头有 A 型 B 型之分）。通过集线器，理论上可以连接多达 127 个 USB 设备。

（2）带宽大、支持多种传输速度、适用面广

USB 总线具有 3 种传输速率：低速（Low Speed）的 1.5Mbit/s、全速（Full Speed）的 12Mbit/s 和高速（High Speed）的 480Mbit/s，USB 2.0 版本才支持高速传输方式。这样的传输速率大概是同期标准串口的 100 倍（115kbit/s）以及标准并口的 10 倍。

多种传输速率可以满足不同工作速度的外部设备，如键盘、鼠标等采用低速、低成本 USB 传输。高速的 USB 总线接口则能够更好地支持声频和视频的实时传输以及大容量存储设备。

（3）低功耗、低成本、占用系统资源少

USB 总线包含+5V 电源，可以为 USB 设备提供基本的供电。USB 设备处于待机状态时，可以自动启动省电功能来降低耗电量。USB 是一种开放性的不具专利版权的工业标准，所以 USB 接口的软硬件虽然复杂，但其组件和电缆都不贵，不会给主机和设备增加很多成本。例如，Intel 作为 USB 的主要支持公司，其 PC 的芯片组就具有 USB 功能，USB 总线只占有相当于一个传统外设所需的资源（中断、DMA 等），不需要主存和 I/O 地址空间。

USB 总线虽有许多优点，但也存在连接电缆较短（最长 5m）、协议复杂等不足。

### 2. USB 配置结构

USB 系统采用层次化星型拓扑结构（Tiered Star Topology），由主机（Host）、集线器（Hub）和功能（Function）设备组成，如图 9-7 所示。每个星型结构的中心是集线器，主机与集线器或功能设备之间，或者集线器与集线器或功能设备之间是点对点连接。主机处于最高层（根层），受时序限制，结构中最多有 5 层（包括根层），具有集线器和功能设备的组合设备占两个层次。

USB 系统中只能有一个主机（在计算机主板上）。主机集成有主控制器和根集线器（Root Hub），根集线器提供多个接入点来连接 USB 设备。

USB 设备包括集线器和功能设备。集线器是专门用于提供额外 USB 接入点的 USB 设备；功能设备是向系统提供特定功能的 USB 设备，如 USB 接口的鼠标器、键盘、打印机、MP3 播放器、摄像头等。

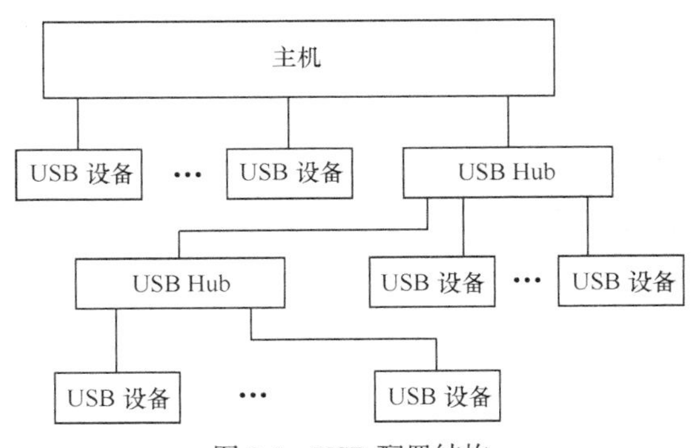

图 9-7　USB 配置结构

对于连接在微型计算机上的 USB 设备，微机是主设备，控制 USB 总线上所有的信息传输。由于集线器的作用，逻辑上每个 USB 设备都好像直接挂接在主机的根集线器上。当有 USB 设备进行连接或拆除时，集线器将报告状态变化。当接入一个 USB 设备时，主机查询集线器状态位，并通过端口找到和分配一个唯一的 USB 地址给它。当一个 USB 设备从集线器上拆除时，集线器向主机提供设备已拆除信息，然后由相应的 USB 系统软件来处理撤销。如果拆除一个集线器，USB 系统软件将撤销该集线器及其连接的所有 USB 设备。

### 3. USB 的接口类型

所有 USB 设备都需要通过 USB 电缆来实现与计算机主机的物理连接才能正常使用。USB 电缆分为屏蔽型和非屏蔽型两种，我们使用的大多数都是非屏蔽型的 USB 电缆。不管何种类型的电缆，它们的接头都是一样的，一端为扁形的接口，称为下行端口，用于连接主机或 USB Hub 的扩

展端口，另一端为方形接口，称为上行端口，用于连接 USB 设备及 USB Hub，如图 9-8 所示。

4. USB 电气特性

USB 采用 4 线电缆实现上行（Upstream）集线器和下行（Downstream）USB 设备的点到点连接，USB 允许使用不同长度的电缆，可达到若干米。其中 D+和 D–两根差分信号线传送串行数据，$V_{bus}$ 和 GND 两根信号线为下行设备提供电源，如图 9-9 所示。为了便于区别，这 4 根导线选用不同颜色进行区分：D+为绿色、D–为白色，它们是一对双绞数据线；$V_{bus}$ 为红色、GND 为黑色，它们是一对非双绞电源线。

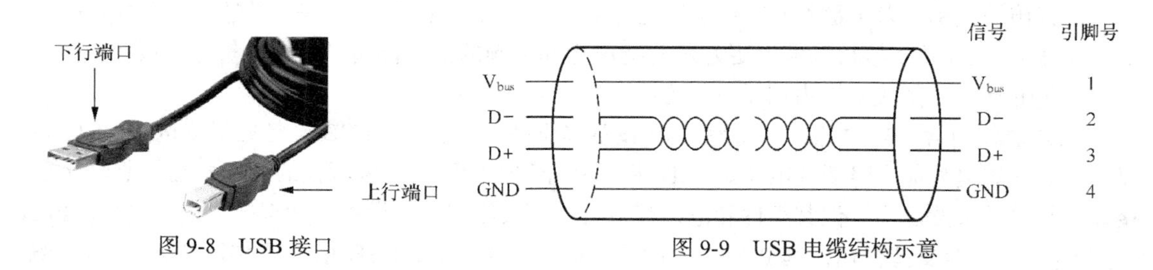


图 9-8　USB 接口

图 9-9　USB 电缆结构示意

USB 电缆通过电源线 $V_{bus}$ 和地线 GND 为直接相连的 USB 设备提供+5V 电压、500 mA 电流的电源。USB 设备可以完全依靠电缆提供电源，也可以具有自己的电源。

所有 USB 设备都有一个上行连接，通常采用 A 型接口，而下行连接一般采用 B 型接口。这两种接口机械上不可以互换，这样就避免了在集线器上非法的循环连接。

5. USB 总线协议

USB 是一种协议总线，即主机与设备之间的通信需要遵循一系列的约定。USB 总线对在总线上传输的信息格式、应答方式等均有规定，即具有总线协议。USB 总线上的所有设备必须遵循这个协议进行操作，是一种基于标记包（token-based）、采用查询方式的协议总线。

USB 主机在逻辑上由 USB 主控制器、系统软件和客户软件构成。主控制器支持将 USB 设备连接到主机，系统软件控制主控制器与 USB 设备之间的正确通信，客户软件支持用户与 USB 外设通信。USB 外设对应用户的不同需求，具有不同的功能。但对于主机来说，逻辑接口相同，只要遵循 USB 协议就可以完成主机与外设之间的数据传输。

USB 总线协议主要包括 USB 总线的数据传输方式和 USB 包的格式。

（1）USB 的数据传输方式

控制传输：在 USB 设备初次安装时，USB 系统软件使用控制传输方式设置 USB 设备参数、发送控制指令、查询状态等。

批量传输：打印机、扫描仪等设备需要传输大量数据，可以使用批量传输方式连续传输一批数据。

中断传输：该方式传输的数据量很小，但需要及时处理，以保证实时性，主要用于键盘、鼠标等设备。

同步传输：该方式以稳定的速率发送和接收信息，保证数据的连续和及时，用于数据传输正确性要求不高而对实时性要求高的外设，如麦克风、喇叭、电话等。

（2）USB 总线协议具有的信息包

标记包（Token）：所有的信息交换都以标记包为首部，标志着传输操作的开始，由主机发出。

数据包（Data）：主机与设备之间以数据包形式传输数据。

应答包（Handshake）：设备使用应答包报告数据交换的状态。

特殊包（Special）：当主机希望以低速方式与低速设备通信时，需要先将一个特殊包作为开始包发送，然后才能与低速设备通信。

（3）基于时间片的传输控制

在 USB 总线上，数据的传输是以帧（frame）为单位进行的，即发送方需要按照一定的格式对要传输的数据进行组织，设置一些附加信息，组织成帧；接收方按照同样的格式来接收和理解帧。帧的传送时间与选定的数据传输速率有关：对于全速和低速传输，一帧的传送时间为 1ms，而对于高速传输，一帧（称为微帧）的传送时间为 125μs。

一帧中能实现的最大数据传输量，即所能传输的最大字节数称为带宽。USB 采用共享带宽分配方案，如图 9-10 所示。USB 允许同步传输和中断传输占用高达 90%的带宽，剩余 10%的带宽用于控制传输，批量传输仅在带宽满足要求的情况下才会出现。由此可见，USB 的数据传输是基于时间片的。显然，某一类型的传输在一帧中所能传输的数据量是有限的。为此，在 USB 系统中引入了传输、事务（transaction）和事务处理的概念。

所谓传输，是指待传输的通常具有某种实际意义的一批数据，如要打印的一页数据。所谓事务，是指在一帧中所能传输的内容，如对于批量传输，一个事务最多只能容纳 64B 信息。因此，一个超出事务传输能力的传输需要分解成若干个事务。在一帧中，一个事务是通过一次事务处理来实现的。通常，一次事务处理由 3 个阶段组成：标记包阶段、数据包阶段和应答包阶段。包是帧的基本成分，是构成事务处理的基本单位。这里所说的 3 种包被用于事务处理。每一种包都有自己特定的格式。例如，在事务处理中真正完成数据传输的数据包则由包标识 PID、要传送的数据和 CRC 校验码这 3 个部分组成。

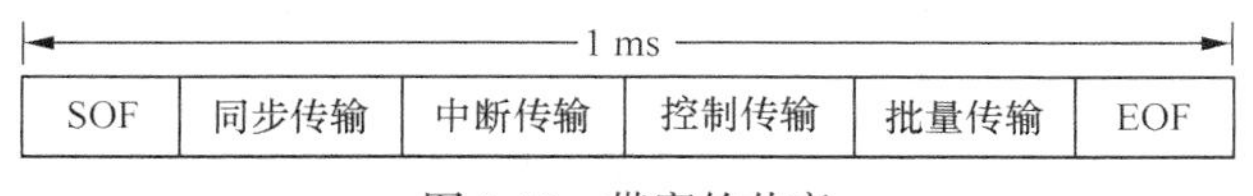


图 9-10　带宽的共享

总之，USB 总线由硬件实现，开发商提供了各种处理 USB 通信细节的控制芯片，一些功能以代码形式固化在硬件上，一些控制器是完整的微型计算机。但 USB 通信协议和数据传输主要依靠系统软件实现。尽管 USB 总线协议很复杂，但 USB 协议的相关文档可以从互联网上获得，很多 USB 控制器建立在通用的结构上，如 Intel 8051 微控制器。使用这些控制芯片，基于应用层开发 USB 产品，程序员不必考虑通信协议、驱动程序、自动配置过程和底层数据传输过程等，可以直接调用接口函数。如果为 USB 产品编写驱动程序，则需要更深入地学习 USB 总线协议等相关技术。

# 习 题 九

## 一、单选题

1. 计算机使用总线结构的主要优点是便于实现积木化，同时减少了信息线的条数，其缺点是（　　）。

A．地址信息、数据信息、控制信息不能同时出现

B．地址信息与数据信息不能同时出现

C．信息传输的速度减慢

D．两种信息源的代码在总线中不能同时传送

2．计算机使用总线结构便于增减外设，同时（　　）。

A．减少了信息的传输量　　B．提高了信息的传输量

C．减少了信息传输线的条数　　D．增加了信息传输线的条数

3．连接微机各功能部件构成一个完整微机系统的总线称为（　　）。

A．片内总线　　B．片间总线　　C．系统总线　　D．外部总线

4．下列不属于系统总线的是（　　）。

A．PCI　　B．ISA　　C．EISA　　D．EIARS-232C

5．计算机系统的内部总线，主要可分为（　　）、数据总线和地址总线。

A．DMA 总线　　B．控制总线　　C．PCI 总线　　D．EIARS-232C

6．下列有关对总线的描述，不正确的是（　　）。

A．总线是可共享的　　B．总线是可独占的

C．总线的数据传输是串行的　　D．通过总线仲裁实现对总线的占用

7．通过总线可以（　　）。

A．减少部件之间的连接信号　　B．提高部件之间的传输速度

C．增加数据信号线的条数　　D．增加地址信号线的条数

8．下列不属于外部总线标准的是（　　）。

A．IEEE1394　　B．USB　　C．SCSI　　D．ISA

9．USB 2.0 的数据传输率可达（　　）。

A．12Mbit/s　　B．480Mbit/s　　C．12Mbit/s　　D．480Mbit/s

10．下列描述 PCI 总线中基本概念表述不正确的是（　　）。

A．PCI 设备不一定是主设备

B．PCI 总线是一个与处理器有关的高速外围总线

C．PCI 总线的基本传输机制是猝发式传送

D．系统中允许有多条 PCI 总线

## 二、简答题

1．什么是总线？简述微机系统的总线分类。

2．什么是总线仲裁？总线仲裁的主要策略有哪些？

3．衡量总线的性能优劣主要是通过哪些方面来进行的？

4．微机中常见的总线类型有哪些？简述它们之间的主要区别。

5．PCI 总线提供了哪几类“桥”？分别起到了什么作用？

6．SATA 总线采用哪种方式传输数据？主要的应用领域在哪里？

7．USB 总线的主要性能有哪些？USB 系统采用怎样的拓扑结构？

# 第 10 章 人机接口

本章主要讲解常用人机交互设备的工作原理、与微机的连接及编程方法，主要包括键盘接口及显示器接口。

所谓人机交互设备，是指人和计算机之间建立联系、交流信息的相关输入/输出设备，这些输入/输出设备直接与人的运动器官（如手、口）或感觉器官（如眼、耳）有关。通过人机交互设备，人们把要执行的命令和数据送给计算机，同时又从计算机获得易于理解的信息。常规的人机交互设备有键盘、鼠标、显示器、打印机等。

所谓人机交换设备接口是指这些设备同计算机连接用到的接口电路。

## 10.1 键 盘 接 口

键盘是微机应用系统中不可缺少的外围设备，即使是单板机通常也配有十六进制的键盘。操作人员通过键盘可以生成程序，进行数据输入/输出、程序查错、程序执行等操作。它是进行人—机会话的重要输入工具。

### 10.1.1 键盘概述

**1. 编码键盘**

编码键盘带有必要的硬件电路，能自动提供按键的 ASCII 编码，并能将数据保持到新键按下为止，还有去抖动和防止多键、串键等保护装置。编码键盘软件简单，它根据编码就能识别是什么键按下，但硬件电路复杂，价格较贵。

**2. 非编码键盘**

它仅仅是按行、列排列起来的矩阵开关，其他的工作如识别键、提供代码、去抖动等均由软件来解决。目前微型机中，一般为了降低成本，简化硬件电路，大多采用非编码键盘，所以下面仅介绍非编码键盘的接口电路。

### 10.1.2 键盘的工作原理

**1. 键盘的基本结构**

常用的非编码键盘有线性键盘和矩阵键盘，如图 10-1 所示。线性键盘是指其中每一个按键均有一条输入线送到计算机的接口，若有 $N$ 个键，则需 $N$ 条输入线。一般非编码式键盘采用矩阵结构。

非编码键盘中为了检测哪个键被按下，通常用硬件方法或软硬件结合的方法，但无论采用哪种方法，必须解决如下问题：

- 识别键盘矩阵中被按键；
- 清除按键时产生的抖动干扰；
- 防止串键；
- 产生被按下键的相应编码。

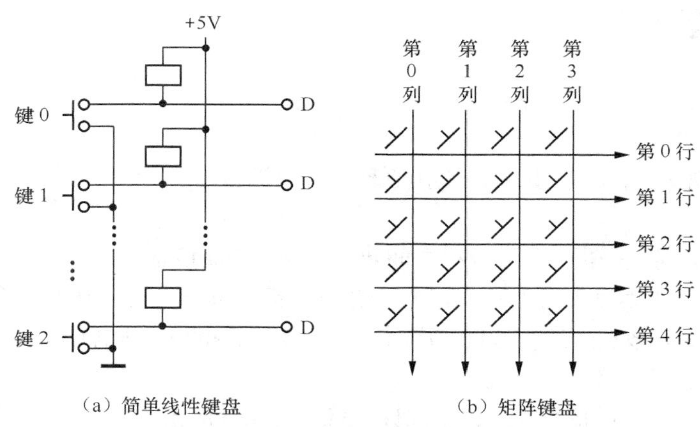


（a）简单线性键盘　　（b）矩阵键盘

图 10-1　线性键盘和矩阵键盘

### 2. 按键识别方法

常用的按键识别方法有行扫描法、行反转法和行、列扫描法。

（1）行扫描法识别按键

行扫描法识别按键的过程是：首先判断是否有键被按下，即先进行全扫描，将所有行线置成低电平；然后扫描全部列线，如果扫描到的列值全是高电平，则说明没有任何一个键被按下；如果读入的列值不是全 1，则说明有键按下，再用逐行扫描的方法确定哪一个键被按下。先扫描第一行，即置该行为低电平，其他行为高电平，然后检查列线，如果某条列线为低电平，则说明第一行与该列相交的位置上的按键被按下；如果所有列线全是高电平，则说明第一行没有键被按下，接着扫描第二行，依此类推，直到找到被按下的键。

（2）行反转法识别按键

行反转法又称线反转法，利用一个可编程的并行接口（如 8255A）来实现。其基本原理是：将行线接一个并行口，先让它工作在输出方式，将列线接到一个并行口，先让它工作在输入方式。编程使 CPU 通过输出端口往各行线全部送低电平，然后读入列线的值。如果有某一个键被按下，则必有一条列线为低电平。然后进行线反转，通过编程对两个并行端口进行方式设置，使连接行线的端口工作在输入方式，并将刚才读到的列线值通过所连接的并行口再输出到列线，然后读取行线的值，那么闭合键所对应的行线必为低电平，这样当一个键被按下时，就可以读到一对唯一的列值和行值。

### 3. 抖动和重键问题

在键盘设计时，除了对键码的识别外，还有两个问题需要解决：抖动和重键。

当用手按下一个键时，往往会出现按键在闭合位置和断开位置之间跳几下才稳定到闭合状态的情况；在释放一个键时，也会出现类似的情况，这就是抖动。抖动的持续时间随操作员而异，不过通常总是不大于 10ms。大家容易想到，抖动问题不解决就会引起对闭合键的错误识别。去抖动电路如图 10-2 所示。

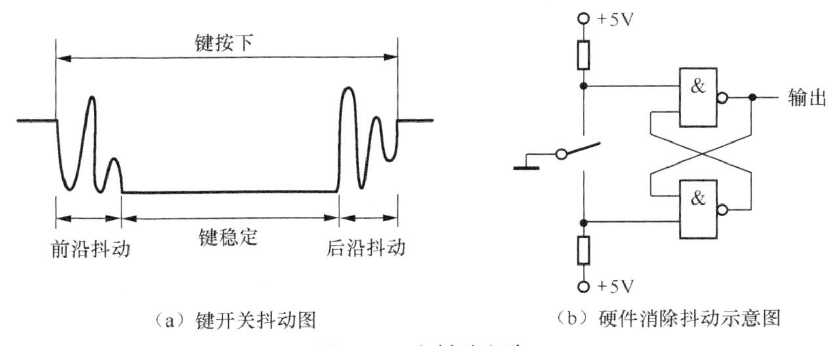


（a）键开关抖动图　（b）硬件消除抖动示意图

图 10-2　去抖动电路

在扫描键盘过程中，还要防止按一次键而产生多次处理的情况。

## 10.1.3　键盘接口及工作原理

### 1. 接口电路

如图 10-3 所示，该键盘有 6 条行选择线和 5 条列选择线，使用一个输出口作为行选择线输出。

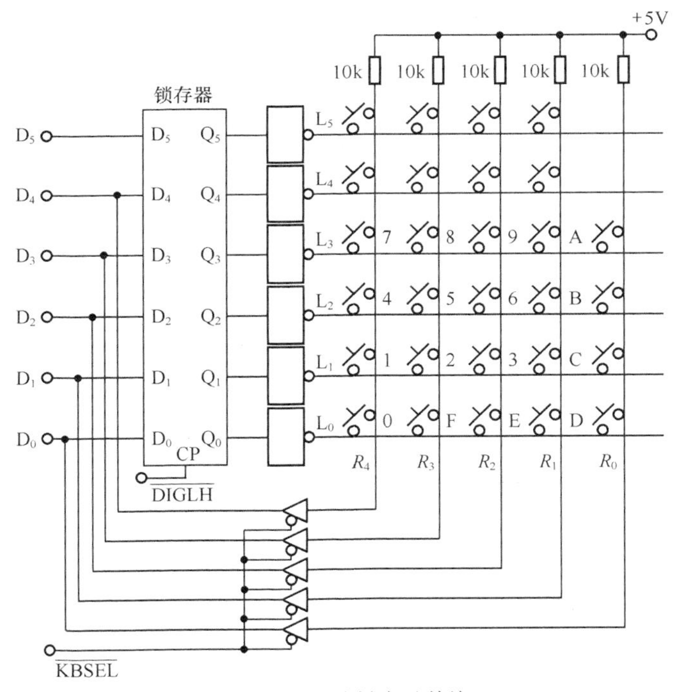


图 10-3　矩阵式键盘及其接口

### 2. 键值的确定

如图 10-3 所示，当某一个键按下时，根据该键所处的行列号，CPU 可以通过接口得到相应的行寄存器值及列寄存器值，如表 10-1 所示。

表 10-1　　行列寄存器值一览表

| 行号（$L_i$） | 行寄存器值 | 列号（$R_i$） | 列寄存器值 |
|---|---|---|---|
| 0 | 01H | 0 | 1EH |
| 1 | 02H | 1 | 1DH |
| 2 | 04H | 2 | 1BH |
| 3 | 08H | 3 | 17H |
| 1 | 10H | 4 | 0FH |
| 5 | 20H | | |

例如，键“8”处于第 3 行，第 3 列。那么，当按下该键时，行寄存器和列寄存器的值分别为 08H 和 17H。为了简化键值表，我们将行寄存器和列寄存器两个字节的值拼成一个字节。拼字的规律是：

(FFH–行号) × 16+列寄存器值

从而得到查表值。例如，键“8”的查表值可按上述规律计算得

键“8”查表值=(FFH–03H) × 16+17H=C0H+17H=D7H

键值表如表 10-2 所示。

表 10-2　　键值表

| 查 表 值 | 键　　值 | 查 表 值 | 键　　值 |
|---|---|---|---|
| FFH | 0 | 0BH | E |
| EFH | 1 | 07H | F |
| F7H | 2 | 0EH | EXEC |
| FBH | 3 | FEH | SS |
| DFH | 4 | EEH | MON |
| E7H | 5 | DEH | NEXT |
| EBH | 6 | CDH | REGEXAM |
| CFH | 7 | CBH | PEGEXAM |
| D7H | 8 | C7H | PROTEXAM |
| DBH | 9 | BFH | MEMEXAM |
| DDH | A | BDH | BP |
| EDH | B | BBH | PVNCH |
| FDH | C | B7H | LOAD |
| 0DH | D | AFH | PROG |

### 3. 键盘扫描及译码程序

键盘扫描及译码程序的流程图如图 10-4 所示。首先向行寄存器送 FFH，由于 8 位锁存器输出加有反相器，故使所有行线置为低电平。

```
;键盘扫描程序
DECKY:  MOV  AL,3FH
        MOV  DX,DIGLH
        OUT   DX,AL            ;行线全部置为低电平
        MOV  DX,KBSEL
        IN    AL,DX
        AND  AL,1FH
        CMP  AL,1FH            ;判有无键闭合
```

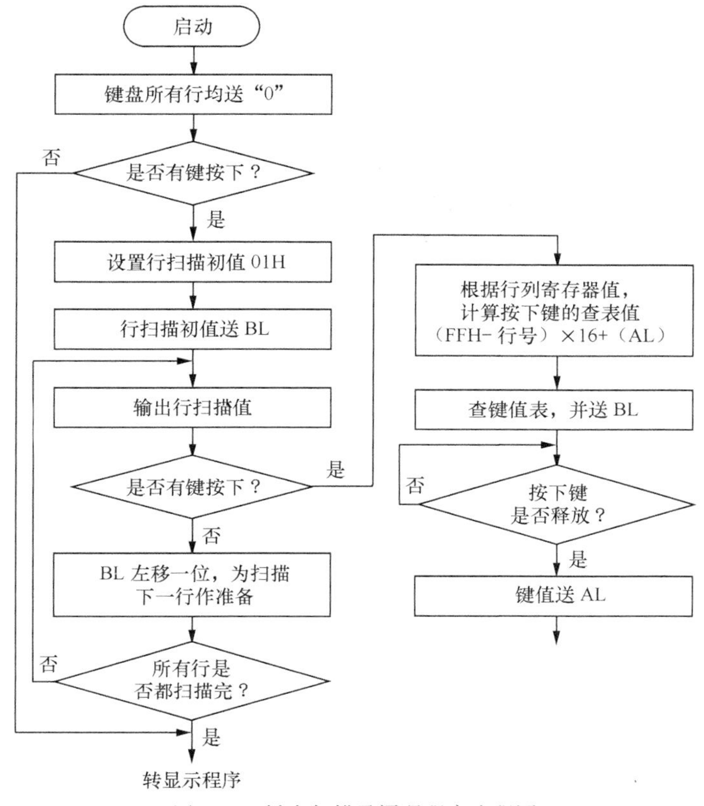


图 10-4　键盘扫描及译码程序流程图

```
        JZ    DISUP             ;无键闭合转显示程序
        CALL  D20MS             ;消除键抖动,D20MS 为 20ms 延时子程序
        MOV   BL,01H            ;初始化行扫描值
KEYDN1: MOV   DX,DIGLH
        MOV   AL,BL
        OUT   DX,AL             ;行扫描
        MOV   DX,KBSEL
        IN    AL,DX             ;该行是否有键闭合
        AND   AL,1FH            ;有则转译码程序
        CMP   AL,1FH
        JNZ   KEYDN2
        SHL   BL,1
        MOV   AL,40H
        CMP   AL,BL             ;所有行都扫描完否
        JNZ   KEYDN1            ;未完
        JMP   DISUP             ;完转显示
KEYDN2: MOV   CH,00H            ;键盘译码程序
KEYDN3: DEC   CH
        SHR   BL,1
        JNZ   KEYDN3
```

```
        SHL   CH,1
        SHL   CH,1
        SHL   CH,1
        SHL   CH,1
        ADD   AL,CH              ;实现(FFH-行号)×16+列
        MOV   DI,OFFSET KYTBL    ;端口值
KEYDN4: CMP   AL,[DI]            ;寻找键值
        JZ  KEYDN5
        INC   DI
        INC   BL                 ;表序号加 1
        JMP   KEYDN4
KEYDN5: MOV   DX,KBSEL
KEYDN6: IN    AL,DX
        AND   AL,1FH
        CMP   AL,1FH             ;检测键是否释放
        JNZ   KEYDN6             ;未释放继续检测
        CALL  D20MS              ;消除键抖动
        MOV   AL,BL              ;键值送 AL
```

### 10.1.4 PC 键盘接口

#### 1. IBM PC 键盘特点

IBM PC 系列键盘具有两个基本特点：

- 按键均为无触点的电容开关；
- PC 系列键盘属于非编码键盘。

PC 系列键盘不是由硬件电路向 CPU 输出按键所对应的 ASCII 码值，而是由单片机扫描程序识别按键的当前位置，然后向键盘接口输出该键的扫描码。按键的识别、键值的确定以及键代码存入缓冲区等工作全部由软件完成。

PC 系列机键盘主要由 3 种基本类型的键组成。

- 字符数字键：包括 26 个大写英文字母和 26 个小写英文字母，数字 0～9 以及%、$、#等常用字符。
- 扩展功能键：如 Home，End，Backspace，Delete，Insert，PgUp，PgDn 以及功能键 F1～F10。
- 与其他键组合使用的控制键：如 Alt、Ctrl、Shift 等。

字符数字键给计算机传送一个 ASCII 码字符，而扩展功能键产生一个动作，如按 Home 键能把光标移到屏屏幕的左上角，按 End 键使光标移到屏幕上文本的末尾。

#### 2. 微机与键盘的接口

目前 PC 上常用的键盘接口有 3 种，第一种是老式的直径为 13mm 的 PC 键盘接口，第二种是最常用的直径 8mm 的 PS/2 键盘接口，第三种是 USB 接口的键盘。

扫描码：按键的识别采用行列扫描法，即根据对行线和列线的扫描结果来确定闭合键的位置，这个位置值称为按键的扫描码，通过数据线将 8 位扫描码送往主机。

计算机系统与键盘发生联系通过硬件中断 09H 或软件中断 16H。硬件中断 09H 是由按键动作引发的中断。在此中断中对所有键盘进行了扫描码定义。

3．键盘缓冲区的作用

键盘与 CPU 通信时所使用的硬件中断程序，需借助于键盘缓冲区来传递键值。

键盘缓冲区的作用体现在以下两个方面。

- 可实现键盘实时输入要求。用户按键完全是随机的，开辟键盘缓冲区就可以实现实时处理键入的要求。

- 满足随机应用的需要。应用程序需要键盘输入的时刻不一定与按键同步，键盘缓冲区可协调键盘与应用程序间的同步问题。此外，键盘缓冲区满足操作员快速键入的要求。

4．键盘中断调用

我们可以用 BIOS 中断，也可以用 DOS 中断进行键盘输入。下面分别讨论这两种键盘中断。

（1）BIOS 中断调用

类型 16H 的中断提供了基本的键盘操作，它的中断处理程序包括了 3 个不同的功能分别根据 AH 寄存器中的子功能号来确定。

- 0 号功能

功能：从键盘读入一个字符。

入口参数：0 送 AH。

出口参数：AL 中的内容为字符码，AH 中的内容为扫描码。

- 1 号功能

功能：读键盘缓冲区的字符。

入口参数：1 送 AH。

出口参数：如果 ZF=0，则 AL 中的内容为字符码，AH 中的内容为扫描码；
　　　　　如果 ZF=1，则缓冲区空。

- 2 号功能

功能：读键盘状态字节。

入口参数：2 送 AH。

出口参数：AL 中的内容为键盘状态字节。

Shift、Ctrl、Alt、Num Lock、Scroll、Ins 和 Caps Lock 这些键不具有 ASCII 码，但按动了它们能改变其他键所产生的代码。BIOS 调用 INT 16H 中的 AH=2 的功能可以把表示这些键状态的字节——键盘状态字节（KB-FLAG）回送到 AL 寄存器中。其中高 4 位表示了键盘方式（Ins、Caps Lock、Num Lock、Scroll）是 ON（1）还是 OFF（0）；低 4 位表示 Alt 键、Ctrl 键和 Shift 键是否按动。这 8 个键有时又称为变换键。

| $D_7$ | $D_6$ | $D_5$ | $D_4$ | $D_3$ | $D_2$ | $D_1$ | $D_0$ |
|---|---|---|---|---|---|---|---|

$D_0=1$　按下右 Shift 键　　　　$D_1=1$　按下左 Shift 键

$D_2=1$　按下控制键 Ctrl　　　　$D_3=1$　按下 Alt 键

$D_4=1$　Scroll Lock 键状态已改变　　$D_5=1$　Num Lock 键状态已改变

$D_6=1$　Caps Lock 键状态已改变　　$D_7=1$　Insert 键状态已改变

【例 10.1】下面给出一个利用键盘 I/O 功能的例子。用 INT 16H（AH=0）调用实现键盘输入字符。

```
DATA     SEGMENT
BUFF     DB 100 DUP(?)
```

```
MESS      DB 'NO CHARACTER!',0DH,0AH,'$'
DATA      ENDS
CODE      SEGMENT
          ASSUME CS:CODE,DS:DATA
START:    MOV  AX,DATA
          MOV  DS,AX
          MOV  CX,100
          MOV  BX,OFFSET BUFF        ;设内存缓冲区首址
LOP1:     MOV  AH,1
          PUSH  CX
          MOV  CX,0
          MOV  DX,0
          INT   1AH                  ;设置时间计数器值为 0
LOP2:     MOV   AH,0
          INT    1AH;                ;读时间计数值
          CMP   DL,100
          JNZ   LOP2                 ;定时时间未到,等待
          MOV  AH,1
          INT  16H                   ;判有无键入字符
          JZ    DONE                 ;无键输入,则结束
          MOV  AH,0
          INT  16H                   ;有键输入,则读出键的 ASCII 码
          MOV  [BX],AL               ;存入内存缓冲区
          INC   BX
          POP   CX
          LOOP  LOP1                 ;100 个未输完,转 LOP1
          JMP  EN
DONE:     MOV  DX,OFFSET MESS
          MOV  AH, 09H
          INT  21H                   ;显示提示信息
EN:       MOV  AH,4CH
          INT  21H
          CODE  ENDS
END       START
```

（2）DOS 功能调用

DOS 系统功能调用都是通过 INT 21H 号中断调用实现的，和键盘有关的功能调用参考附录 A。

【例 10.2】利用 09H 和 0AH 号系统功能调用，实现人—机对话。程序段如下。

```
DATA      SEGMENT
MESS      DB 'WHAT IS YOUR NAME?',0AH,0DH,'$'
IN_BUF    DB  81
          DB  ?
          DB  81  DUP(?)
DATA      ENDS
STACK     SEGMENT
STA       DB   100  DUP(?)
TOP       EQU  $-STA
STACK     ENDS
CODE      SEGMENT
          ASSUME  CS:CODE,DS:DATA,SS:STACK
START:    MOV   AX,DATA
          MOV   DS,AX
          MOV   AX,STACK
```

```
        MOV   SS,AX
        MOV   SP,TOP
DISP:   MOV   DX,OFFSET MESS
        MOV   AH,09H
        INT   21H
KEYI:   MOV   DX,OFFSET IN_BUF
        MOV   AH,0AH
        INT    21H
        MOV   DL,0AH
        MOV   AH,02H
        INT    21H
        MOV   DL,0DH
        MOV   AH,02H
        INT    21H
DISPO:  LEA   SI,IN_BUF
        INC   SI
        MOV   AL,[SI]
        CBW
        INC   SI
        ADD   SI,AX
        MOV   BYTE  PTR [SI],'$'
        MOV   DX,OFFSET IN_BUF+2
        MOV   AH,09H
        INT   21H
        MOV   AH,4CH
        INT   21H
CODE    ENDS
        END   START
              …
```

# 10.2　显示器及其接口编程

显示技术是传递视觉信息的技术。显示器是最重要的输出设备。根据显示原理的不同，显示器可分为阴极射线显示器（CRT）、发光二极管显示器（LED）、液晶显示器（LCD）、等离子体显示器（PDP）、电致发光显示器（EL）和真空荧光显示器（VFD）。笔记本电脑使用 LCD 液晶显示器，单板机或实验板（箱）使用 LED 发光二极管显示器，台式微型机使用 CRT（Cathode Ray Tube）显示器且越来越多的开始使用 LCD 液晶显示器。

## 10.2.1　CRT 显示器

### 1. CRT 显示器性能指标

CRT 显示器是台式机中较常用的显示设备，显示器的性能通过下面列出的有关显示器主要技术指标反映出来。

（1）尺寸：显示器的尺寸是指显示器屏幕的对角线的长度。常用的显示器有 14 英寸、15 英寸、17 英寸、19 英寸、21 英寸等。

（2）分辨率：分辨率（Resolution）是指整个屏幕每行每列的像素数，它与具体的显示模式有关。每帧画面的像素数决定了显示器画面的清晰度。

（3）点距：像素之间的最小距离（Pitch）。有 0.31mm、0.28mm、0.24mm、0.22mm 等多种。

（4）垂直扫描频率：显像管的电子束通过垂直扫描和水平扫描完成屏幕的重画，每完成一次垂直扫描就完成一个完整的屏幕刷新。垂直扫描频率（Vertical Scanning Frequency）又称场频、刷新频率，指显示器在某一显示方式下，所能完成的每秒从上到下刷新的次数，单位为 Hz。垂直扫描频率越高，图像越稳定，闪烁感越小。显示器使用垂直扫描频率为 60～90Hz，一般在 72Hz 以上的刷新频率下，闪烁感明显减少，较好的彩显垂直扫描频率可达 100 Hz。

（5）水平扫描频率：水平扫描频率（Horizontal Scanning Frequency）又称行频，指电子束每秒在屏幕上水平扫描的次数，单位为 kHz。行频的范围越宽，可支持的分辨率就越高。

（6）隔行扫描和逐行扫描：水平扫描有两种方法，即隔行扫描和非隔行扫描（逐行扫描）方法。采用哪一种方法对显示器的性能影响都很大，现在一般显示器都采用逐行扫描法。隔行扫描的方法是电子枪先扫描奇数行，后扫描偶数行，由于一帧图像分两次扫描，所以屏幕有闪烁现象。逐行扫描指逐行一次性扫描完组成一帧图像。

（7）带宽：带宽是显示器所能接收信号的频率范围，即最高频率和最低频率之差。它是评价显示器性能的很重要的参数之一。

**2. CRT 显示器的基本结构**

CRT 显示器的基本结构如图 10-5 所示。

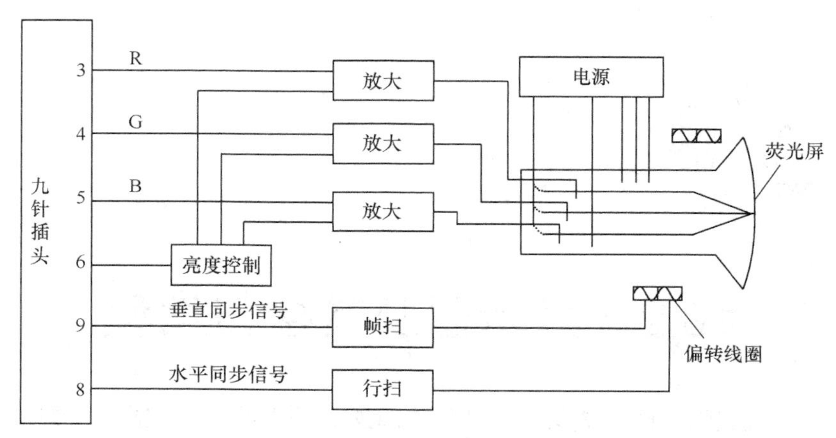


图 10-5　CRT 显示器的基本结构

**3. 视频显示原理**

在显示器上显示图像，实际上是在光栅扫描的过程中，将图像信号分解成按时间分布的视频信号去控制电子束在各条光栅位置上点的亮度和色彩。为使图像稳定且不消失，必须确保视频信号发送规律在时间上与水平和垂直同步扫描电流保持一致，同时，要把一帧图像存放在显示缓存（VRAM）中，以帧频的速率用缓存的内容刷新屏幕。

显示器可以实现字符和图形两种显示方式，无论哪一种方式，都要求将视频信息存储到 VRAM 中。

**4. 视频显示标准**

（1）MDA 标准：MDA（Monochrome Display Adapter）是单色显示适配器，它是 IBM 规定的 PC 视频显示的第一个标准。

（2）CGA 标准：CGA（Color Graphics Adapter）是彩色图形适配器。

（3）EGA 标准：EGA（Enhanced Graphics Adapter）是增强图形适配器。

（4）VGA 标准：VGA（Video Graphics Array）是视频图形阵列。

（5）TVGA 标准：TVGA 是 Supper VGA 产品，由 Trident 公司推出，它兼容 VGA 全部显示标准，并扩展了若干字符显示和图形显示的新标准，具有更高的分辨率和更多的色彩选择。

## 10.2.2　CRT 显示器编程方法

### 1. 设置显示方式（0 号功能）

功能：设置显示器的显示方式。

入口参数：（AH）=0，AL=设置方式（0~7）。

出口参数：无。

下面列出部分显示方式号：

| AL | 显示方式 |
|---|---|
| 00 | 40×25 黑白文本方式 |
| 01 | 40×25 彩色文本方式 |
| 02 | 80×25 黑白文本方式 |
| 03 | 80×25 彩色文本方式 |
| 04 | 320×200　4 色图形方式 |
| 05 | 320×200 黑白图形方式 |
| 06 | 640×200 黑白图形方式 |
| 07 | 80×25 黑白文本方式（单色显示器） |

【例 10.3】利用 BIOS 中断调用将显示器设置成 80×25 彩色文本方式。

指令序列如下：

```
MOV    AH,00H
MOV    AL,03H
INT    10H
```

### 2. 设置光标类型（1 号功能）

功能：根据 CX 给出光标的大小。

入口参数：（AH）=1，CH=光标开始行，CL=光标结束行。

出口参数：无。

### 3. 设置光标位置（2 号功能）

功能：根据 DX 设定光标位置。

入口参数：（AH）=2，（BH）=页号，（DH）=行号，（DL）=列号。

出口参数：无。

### 4. 读当前光标位置（3 号功能）

功能：读光标位置。

入口参数；（AH）=3，BH=页号。

出口参数：（DH）=行号，（DL）=列号，（CX）=光标大小。

### 5. 初始窗口或向上滚动（6 号功能）

功能：屏幕或窗口向上滚动若干行。

入口参数：（AH）=6，AL=上滚行数，（CX）=上滚窗口左上角的行、列号。（DX）=上滚窗口右下角的行、列号。（BH）=空白行的属性。

出口参数：无。

**6. 初始窗口或向下滚动（7 号功能）**

功能：屏幕或窗口向下滚动若干行。

入口参数：（AH）=7，（AL）=下滚行数，（CX）=下滚窗口左上角的行号、列号。（DX）=下滚窗口右下角的行号、列号。（BH）=空白行的属性。

出口参数：无。

**7. 读当前光标位置的字符与属性（8 号功能）**

功能：读取当前光标位置的字符值与属性。

入口参数：AH=08H，BH=页号。

出口参数：AL 为读出的字符，AH 为字符属性。

**8. 在当前光标位置写字符和属性（9 号功能）**

功能：在当前光标位置显示指定属性的字符。

入口参数：（AH）=9，（BH）=页号，（AL）=字符的 ASCII 码，（BL）=字符属性，（CX）=写入字符数。

出口参数：无。

属性字节具体描述如下：

| $D_7$ | $D_6$ | $D_5$ | $D_4$ | $D_3$ | $D_2$ | $D_1$ | $D_0$ |
|---|---|---|---|---|---|---|---|

其中：$D_7$：表示显示闪烁；　　$D_6$、$D_5$、$D_4$：表示背景颜色；

$D_3$：表示辉度；　　$D_2$、$D_1$、$D_0$：表示前景颜色。

颜色值描述如下：

| 数值 | 000 | 001 | 010 | 011 | 100 | 101 | 110 | 11 1 |
|---|---|---|---|---|---|---|---|---|
| 颜色 | 黑 | 蓝 | 绿 | 青 | 红 | 绛 | 褐 | 浅灰 |

**9. 在当前光标位置写字符（10 号功能）**

功能：在当前光标位置显示字符。

入口参数：（AH）=0AH，（BH）=页号，（AL）=字符的 ASCII 码，（CX）=写入字符数。

出口参数：无。

功能同 09 号，只是不设置属性。

**10. 设置彩色组或背景颜色（11 号功能）**

功能：设置背景颜色。

入口参数：（AH）=0BH，（BH）=0 或 1，BH 为 0 时，设置背景颜色。当 BH 为 1 时，可设置彩色组，即为显示的像素点确定颜色组。

（BL）=背景颜色（0 ~ 15）或彩色组（0 ~ 1）

色彩代码如下：

| | | | |
|---|---|---|---|
| 00H 为黑色 | 04H 为红色 | 08H 为灰色 | 0CH 为浅青色 |
| 01H 为蓝色 | 05H 为绛色 | 09H 为浅蓝色 | 0DH 为浅绛色 |
| 02H 为绿色 | 06H 为褐色 | 0AH 为浅绿色 | 0EH 为黄色 |
| 03H 为青色 | 07H 为浅灰 | 0BH 为浅青色 | 0FH 为白色 |

出口参数：无。

【例 10.4】设置彩色图形方式，在屏幕中央显示一个带条纹的矩形。背景颜色设置为黄色，矩形边框设置为红色，横条颜色为绿色。

程序序列如下：

```
CODE    SEGMENT
        ASSUME  CS:CODE
START:  MOV  AH,0
        MOV  AL,4               ;设置 320×200 彩色图形方式
        INT  10H
        MOV  AH,0BH
        MOV  BH,0               ;设置背景颜色为黄色
        MOV  BL,0EH
        INT  10H
        MOV  DX,50
        MOV  CX,80              ;行号送 DX,列号送 CX
        CALL  LINE1             ;调 LINE1,显示矩形左边框
        MOV  DX,50
        MOV  CX,240             ;修改行号,列号
        CALL  LINE1             ;调 LINE1,显示矩形右边框
        MOV  DX,50
        MOV  CX,81              ;置行号、列号
        MOV  AL,2               ;选择颜色为红色
        CALL LINE2              ;调 LINE2,显示矩形上边框
        MOV  DX,150
        MOV  CX,81
        CALL  LINE2             ;调 LINE2,显示矩形下边框
        MOV  DX,60
LP3:    MOV  CX,81              ;置矩形内横线初始位置
        MOV  AL,1               ;选择横条颜色为绿色
        CALL  LINE2             ;调 LINE2,显示绿色横线
        ADD  DX,10
        CMP  DX,150
        JB   LP3                ;若行号小于 150,转 LP3 继续显示横线
        MOV  AH,4CH
        INT  21H                ;否则返回 DOS
LINE1   PROC NEAR               ;画竖线子程序
LP1:    MOV  AH,0CH             ;写点功能
        MOV  AL,2               ;选择颜色为红色
        INT  10H
        INC  DX                 ;下一点行号增 1
        CMP  DX,150
        JBE  LP1                ;若行号小于等于 150,则转 LP1 继续显示
        RET
LINE1   ENDP
LINE2   PROC NEAR               ;画横线子程序
        MOV   AH,0CH
LP2:    INT   10H
        INC   CX                ;下一点列号增 1
```

```
        CMP   CX,240
        JB    LP2             ;若列号小于等于 240，则转 LP2 继续显示
        RET
LINE2   ENDP
CODE    ENDS
        END  START
```

### 11. 写像素（12 号功能）

功能：指定位置写象素值。

入口参数：（AH）=0CH，（DX）=行数，（CX）=列数，（AL）=彩色值（AL 的 D7 为 1，则彩色值与当前点内容作“异或”运算）。

出口参数：无。

### 12. 读像素（13 号功能）

功能：读指定位置的色彩值。

入口参数：（AH）=0DH，（DX）=行数，（CX）=列数。

出口参数：AL=彩色值。

### 13. 写字符并移光标位置（14 号功能）

功能：在指定位置写字符并将光标后移。

入口参数：（AH）=0EH，（AL）=写入字符，（BH）=页号，（BL）=前景颜色（图形方式）。

出口参数：无。

### 14. 读当前显示状态（15 号功能）

功能：读显示的显示状态。

入口参数：（AH）=0FH。

出口参数：（AL）=当前显示方式，（BH）=页号，（AL）=屏幕上字符列数。

### 15. 显示字符串（19 号功能）

功能：在指定位置显示字符串。

入口参数：（AH）=13H，ES：BP=串地址，（CX）=串长度，（DX）=字符串起始位置（DH：行号，DL：列号）。

出口参数：无。

若（AL）=0，则（BL）=字符串显示属性，串结构为：Char，char，…，char，光标返回起始位置。

若（AL）=1，则（BL）=字符串显示属性，串结构为：Char，char，…，char，光标跟随串移动。

若（AL）=2，串结构为：Char，attr，char，attr，…，char，attr 光标返回起始位置。

若（AL）=3，串结构为：Char，attr，char，attr，…，har，attr 光标跟随串移动。

即在 2、3 方式下在每个字符的后面必须定义字符的显示属性。

【例 10.5】在屏幕上以红底蓝字显示“WOLRD”，然后分别以红底绿字和红底蓝字相间地显示“SCENERY”。

程序段如下：

```
DATA    SEGMENT
  STR1  DB  'WORLD'
  STR2  DB  'S',42H,'C',41H,'E',42H,'N',41H
        DB  'E',42H,'R',41H,'Y',42H
  LEN   EQU $-STR2
```

```
DATA    ENDS
CODE    SEGMENT
        ASSUME  CS:CODE,DS:DATA,ES:DATA
START:  MOV  AX,DATA
        MOV  DS,AX
        MOV  ES,AX                ;初始化
        MOV  AL,3
        MOV  AH,0                 ;设置 80×25 彩色文本方式
        INT  10H
        MOV  BP,SEG STR1
        MOV  ES,BP
        MOV  BP,OFFSET STR1       ;ES: BP 指向字符串首地址
        MOV  CX,STR2-STR1         ;串长度送 CX
        MOV  DX,0                 ;设置显示的起始位置
        MOV  BL,41H               ;设置显示属性
        MOV  AL,1                 ;设置显示方式
        MOV  AH,13H               ;显示字符串
        INT  10H
        MOV  AH,3                 ;读当前光标位置
        INT  10H
        MOV  BP,OFFSET STR2       ;ES: BP 指向下一个串首地址
        MOV  CX,LEN               ;长度送 CX
        MOV  AL,3                 ;设置显示方式
        MOV  AH,13H               ;显示字符串
        INT  10H
        MOV  AH,4CH
        INT  21H                  ;返回 DOS
        CODE  ENDS
        END  START                ;汇编结束
```

### 10.2.3 LED 显示器

#### 1. LED 显示器结构与原理

在微机系统及接口电路中，发光二极管（Light Emission Diode，LED）常常作为一种重要的显示手段，它可以显示系统的状态，以及数字和字符。

LED 是一种由半导体 PN 结构成的固态发光器件，在正向导电时能发出可见光，常用的 LED 有红色、绿色、黄色和蓝色几种。LED 的发光颜色与发光效率取决于制造材料与工艺，发光强度与其工作电流有关。它的发光时间常数约为 10～200 μs，其工作寿命可长达十万小时以上，工作可靠性高。

LED 显示器有多种形式，常用的是 7 段 LED 显示器和点阵 LED 显示器。7 段 LED 显示器由 7 条发光线组成，按“日”字形排列，每一段都是一个发光二极管，这 7 段发光管可以称为 a、b、c、d、e、f、g，有的还带有小数点，如图 10-6 左图所示。这里仅讨论 7 段显示器。通过 7 个发光组的不同组合，可以显示 0～9 和 A～F 共 16 个字母数字。7 段 LED 数码管示意图如图 10-6 右图所示，分为共阳极和共阴极两种结构。

#### 2. LED 的显示方式

LED 显示器有静态显示和动态显示两种方式。

（1）LED 静态显示方式：LED 显示器工作在静态显示方式下，共阴极情况下阴极连在一起接地，这时应该用“1”选通被显示的段；或共阳极情况下所有阳极连在一起接+5V 电压，用“0”选通即将显示的数码段。

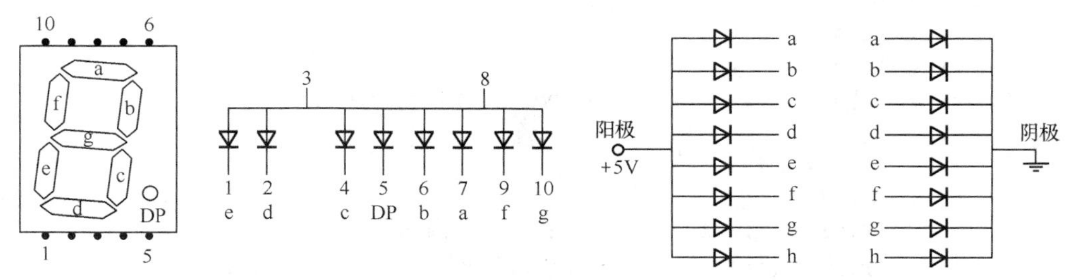


图 10-6　7 段 LED 数码管的示意图

（2）LED 动态显示方式：在多位 LED 显示时，为了简化电路，降低成本，将所有位的段选线并联在一起，由一个 8 位 I/O 端口控制，而共阴极或共阳极点分别由相应的 I/O 端口线控制。

两种显示方式连接示意图如图 10-7 所示。

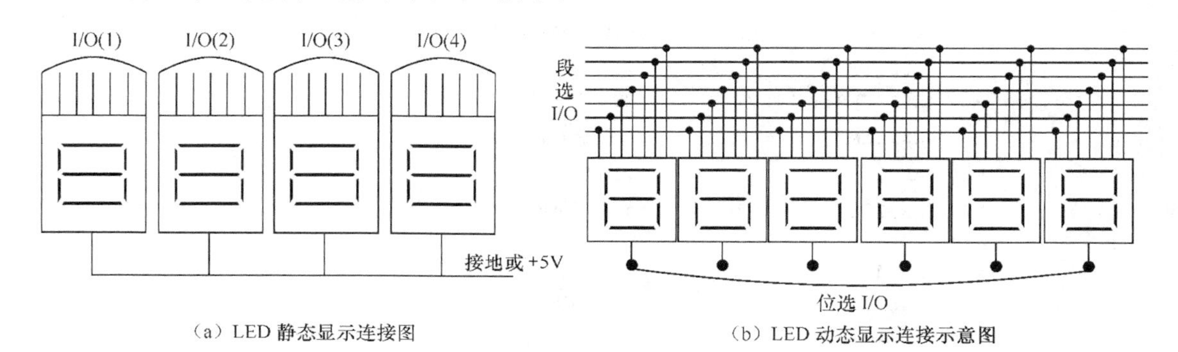


（a）LED 静态显示连接图　　（b）LED 动态显示连接示意图

图 10-7　LED 静态与动态连接

### 3. LED 接口举例

【例 10.6】8086 CPU 通过 8255A 同开关与 7 段 LED 显示器的接口如图 10-8 所示。开关设置的二进制信息由 8255A 的 PB 口输入，经程序转换为对应的 7 段 LED 的段选码（字形码）后，通过 PA 口输出，由 7 段 LED 显示开关的二进制状态值，试编制其控制程序（8255A 的端口地址为 0FFF8H、0FFFAH、0FFFCH 和 0FFFEH）。

解题分析：

（1）8255A 的负载能力较小，所以输出口 PA 经驱动器同 7 段 LED 显示器连接。

（2）8255A 设置为工作方式 0，PA 口用于输出，PB 口用于输入。

（3）由给定的 8255A 端口地址可见，8255A 的端口地址选择线 $A_0A_1$ 分别同地址锁存器输出的 $A_1$、$A_2$ 相连，每个端口有两个端口地址，如 PA 口为 0FFF8H 和 0FFF9H，通常使用 0FFF8H（即未参加译码的地址线 $A_0$ 为 0 的地址）。

（4）按题意可写出控制程序如下：

```
          MOV  AL,82H
          MOV  DX,0FFFEH              ;控制口地址为 0FFFEH
          OUT  DX,AL                  ;设置 8255A 工作方式,方式选择字为 82H=10000010
RDPORTB:  MOV  DL,0FAH                ;PB 口的地址为 0FFFAH,只修改 DL 为 FAH
```

```
        IN   AL,DX                         ;读入 PB 口信息——即 4 位开关提供的状态信息
        AND  AL,0FH                        ;屏蔽掉寄存器 AL 的高 4 位,只留 4 位段选码值
        MOV  BX,OFFSET SSEG CODE           ;将地址指针 BX 指向段选码(字形码)表的首地址
        XLAT                               ;查表,取出对应的段选码
        MOV  DL ,0F8H
        OUT  DX,AL                         ;将查表所得的段选码输出到 PA 口由 7 段 LED 显示器显示
        MOV  AX,56CH
DELAY:  DEC  AX
        JNZ  DELAY                         ;延时程序段,使一次输出的信息,保持显示一段时间
        JMP  RDPORTB                       ;进入新一轮的显示操作
        HLT
SSEG CODE    DB  0C0H,0F9H,0A4H;0B0H,99H,92H,82H,0F8H
             DB  80H,98H,88H,83H,0C6H,0A1H,86H,8EH    ;段选码表
```

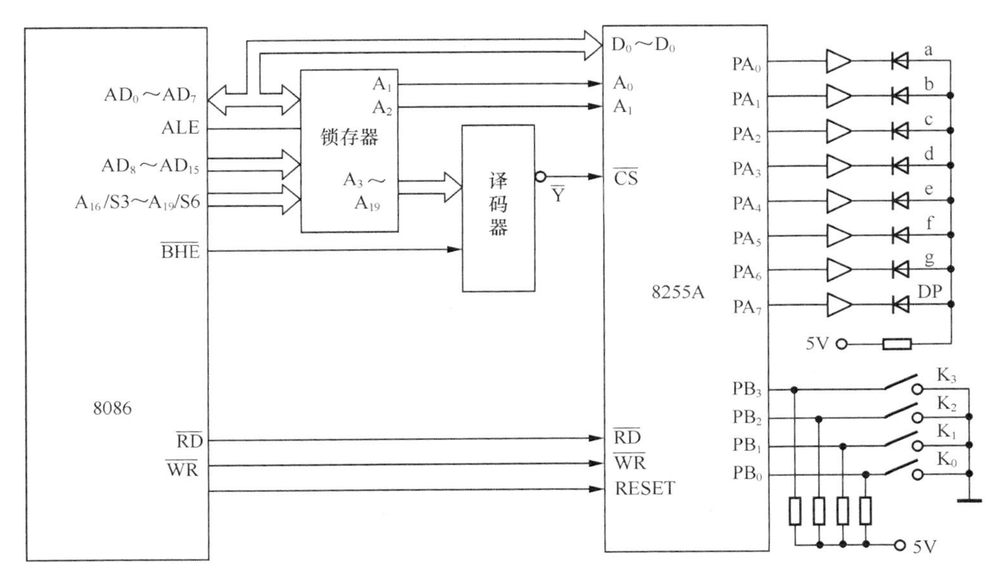


图 10-8　8086、8255A 同开关、7 段 LED 的接口

【例 10.7】有如图 10-9 所示接口电路，当 K 闭合时显示 3，当 K 断开时显示 6。下面一段程序可判断按钮的状态。

```
START:  MOV   DX,00F1H        ;输入口地址
        IN    AL,DX
        TEST  AL,01H
        JNZ   KOPEN           ;判断 K
        MOV   DX,00F0H        ;当 K 闭合时
        MOV   AL,4FH
        OUT   DX,AL           ;显示 3
        JMP   START
KOPEN:  MOV   DX,00F0H        ;当 K 断开时
        MOV   AL,7DH
        OUT   DX,AL           ;显示 6
        JMP   START
```

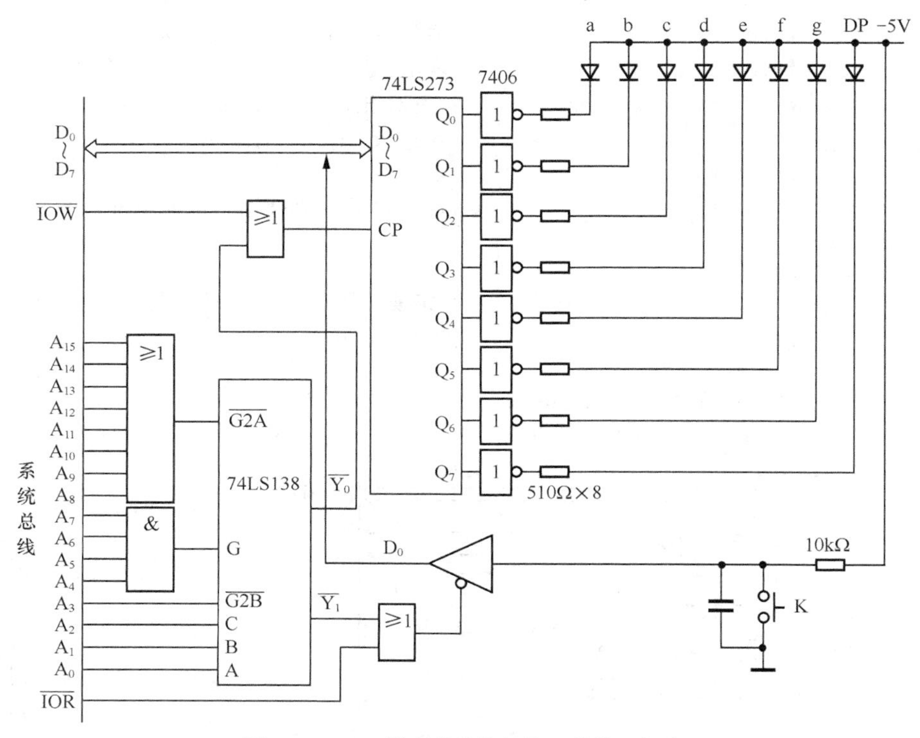


图 10-9　LED 数码管及按钮的一种接口电路

## 10.2.4　LCD 显示器

### 1. LCD 介绍

物质有固态、液态、气态 3 种形态。液体分子的排列虽然不具有任何规律性，但是如果这些分子是长型的(或扁形的)，它们的分子指向就可能是有规律的，于是就可将液态细分为许多形态。分子方向没有规律性的液体直接称为液体，而分子具有方向性的液体则称为"液态晶体"，又简称"液晶"。常见的手机、计算器等都属于液晶产品。

液晶是既不同于固态，液态，又不同于气态的特殊物质态，其特点是在一定的温度范围内既有液体的流动性和连续性，又有晶体的某种排列特性，当电流通过时，会改变排列方式。其分子呈长棒形，长宽之比较大，在不同电流电场作用下，液晶分子会作规则旋转 90°排列，产生透光度的差别，在电源通断时产生明暗的区别，依此原理控制每个像素。这样，我们就用液晶生产出了各种液晶显示器。LCD 显示器的结构如图 10-10 所示。

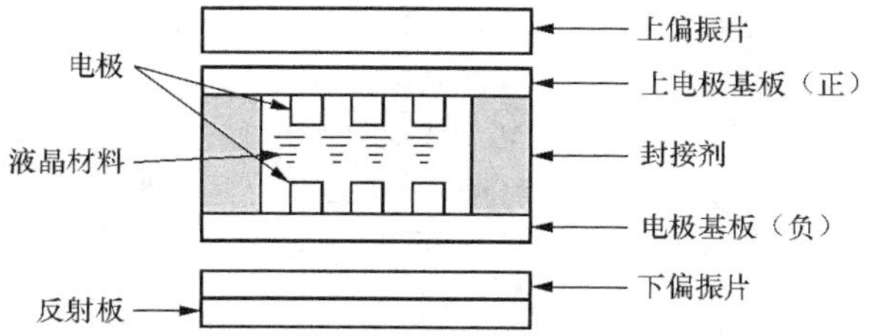

上偏振片
电极
上电极基板（正）
液晶材料
封接剂
电极基板（负）
下偏振片
反射板

图 10-10　LCD 显示器的结构

### 2. 液晶显示器的工作过程

当光线从上向下照射时，通过上偏光板后形成偏振光，偏振方向成垂直排列，当此偏振光通过液晶材料后，被旋转 90°，偏振方向成水平方向，此方向与下偏光板的偏振方向一致，因此光线能完全穿过下偏光板而形成一个完整的光线穿透路径。光线经过反射板反射后沿原路返回，从而呈现出透明状态。当液晶层施加某一电压时，液晶会改变它的初始状态，不再按照正常的状态排列，从而失去旋光性。因此经过液晶的光会被第二层偏光板吸收而整个结构呈现不透光的状态，结果在显示屏上出现黑色。

3. LCD 显示控制接口芯片介绍

随着液晶显示技术的迅速发展，各种专用的控制和驱动 LCD 的大规模集成电路 LSI，使得 LCD 的控制和驱动极为方便，而且可由 CPU 直接控制，满足了用户对液晶显示的多种要求。目前这类 LSI 已发展到既可显示数字和字符，又可显示图形。常用的接口芯片是 T6963C 点阵式图形液晶显示 LSI。该芯片自带字符 ROM，可产生标准的 128 个 ASCII 字符供用户调用，还可外接扩展 RAM 存储若干屏的显示数据，还可在图形模式下显示汉字和图形。T6963C 常用于控制与驱动点阵图形式 LCD，通过对其片脚的不同预置可进行文本、图形混合显示。

# 10.3　鼠标与打印机接口

## 10.3.1　鼠标及接口电路

1. 鼠标工作原理

鼠标是一种快速定位器，利用鼠标可方便地定位光标在显示屏幕上的位置。当鼠标在平面上移动时，随着移动方向和快慢的变化，会产生两个在高低电平之间不断变化的脉冲信号，CPU 将接收这两个脉冲信号并对其计数。根据接收到的两个脉冲信号的个数，CPU 控制屏幕上的鼠标指针在横（$x$）轴、纵（$y$）轴两个方向上移动距离的大小。脉冲信号是由鼠标内的半导体光敏器件产生的。

根据结构的不同，鼠标一般分为光机式和光电式，或称之为机械式和光学式鼠标。

2. 鼠标接口

鼠标接口分类：鼠标按接口分类主要有串口鼠标、USB 鼠标及 PS/2 鼠标。

串口鼠标：串口鼠标一般采用 RS-232C 标准接口进行通信。

USB 鼠标：由于 USB 设备具有即插即用，支持热插拔等优点，很多设备都采用了 USB 接口，鼠标也不例外。选择 USB 接口的鼠标先要考虑主机上是否具有空余的 USB 接口。

PS/2 鼠标：PS/2 鼠标是最早用在 IBM PS/2 系列上的鼠标，并由此而得名。

3. 鼠标编程应用

Microsoft 公司为鼠标提供了一个软件中断指令 INT 33H，只要加载了支持该标准的鼠标驱动程序，在应用程序中可直接调用鼠标器进行操作。INT 33H 有多种功能，可通过在 AX 中设置功能号来选择。

## 10.3.2　打印机接口

1. 打印机概述

（1）打印机的分类

按接口方式分类，可分为并行输出打印机和串行输出打印机。

按打印机印字技术分类，可分为击打式和非击打式两类两类。

按印字方式分类，可将打印机分为行式和页式两类。

（2）主要技术指标

分辨率：一般用每英寸的点数（dpi）表示，它决定了打印机的打印质量。

打印速度：打印机的打印速度一般用 CPS（Characters Percent Second）表示，即每秒钟打印字数。

行宽：行宽也称为规格，是指每行中打印的标准字符数，可分为窄行和宽行。

（3）打印头的工作原理

打印头的工作原理如图 10-11 所示。

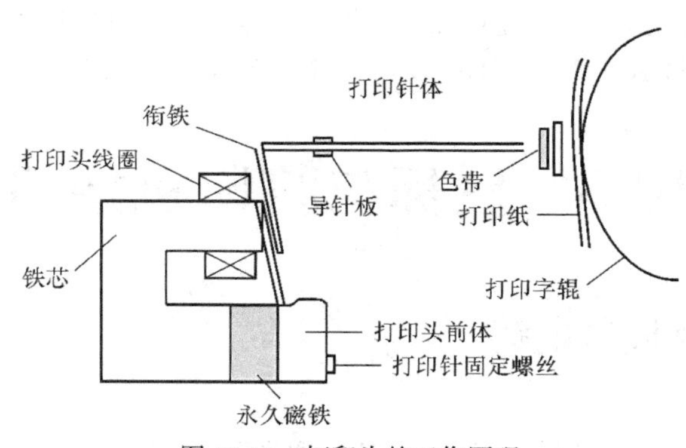


图 10-11　打印头的工作原理

### 2. 主机与打印机接口

打印机有串行和并行之分，因此，它和主机之间的接口也有串行与并行两种。

（1）CPU 控制打印机的输出信号

$\overline{\text{SLCTIN}}$ 选择输入——仅当该信号为低电平时，才能将数据输出到打印机。它实际上是允许打印机工作的选中信号。

$\overline{\text{INIT}}$ 初始化——该信号为低，则打印机被复位成初始状态，打印机的数据缓冲区被清除。

$\overline{\text{AUTOFEEDXT}}$ 自动走纸——该信号为低有效时，打印机打印后自动走纸一行。

$\overline{\text{STROBE}}$ 选通——这是用于使打印机接收数据的选通信号。负脉冲的宽度在接收端应大于 0.5μs，数据才能可靠地存入打印机数据缓冲区。

（2）打印机状态输入信号

BUSY：忙信号。表示打印机处于下列状态之一：①正在输入数据；②正在执行打印操作；③在脱机状态；④打印机出错。忙信号为有效的高电平，打印机不接收数据。

$\overline{\text{ACK}}$：响应信号。打印机接收一个数据字节后就送回给适配器一个响应的负脉冲信号，表示打印机已准备好接收新数据。

PE：纸用完。这是打印机内部的检测器发出的信号，若为高，说明打印机无纸。

SLCT：选择信号。该信号为高表示处于联机选中状态。

$\overline{\text{ERROR}}$：错误。当打印机处于无纸、脱机或错误状态之一时，这个信号变为低电平。

### 3. 打印机中断调用

PC 系列机的 ROM BIOS 中有一组打印机 I/O 功能程序，显示器中断调用号为 17H，共有 3 个功能，用户可利用中断调用很方便地编写有关显示器的接口程序。下面介绍这组 I/O 功能程序的调用方法。

（1）0 号子功能调用：打印字符并回送状态字节

入口参数：(AL)=字符的 ASCII 码，(DX)=打印机号。

出口参数：(AH)=打印机状态字节。

(2) 1 号子功能调用：初始化打印机并回送状态字节

入口参数：(DX)=打印机号。

出口参数：(AH)=打印机状态字节。

17H 的功能 1 用来初始化打印机，并回送打印机状态到 AH 寄存器。如果把打印机开关关上然后又打开，打印机各部分就复位到初始值。此功能和打开打印机时的作用一样。在每个程序的初始化部分可以用 17H 的功能 1 来初始化打印机。打印机的初始化指令序列如下：

```
MOV  AH, 01H
MOV  DX, 0
INT  17H
```

这个操作要发送一个换页符，因此这个操作能把打印机头设置在页的顶部。对于大多数打印机，只要一接通电源，就会自动地初始化打印机。

(3) 2 号子功能调用：取打印机状态字节

入口参数：(DX)=打印机号。

出口参数：(AH)=打印机状态字节。

## 习 题 十

**一、单选题**

1. CRT 的分辨率为 1024 像素×1024 像素，像素的颜色数为 256，则刷新存储器的容量为(    )。

   A．512KB　　B．1MB　　C．256KB　　D．2MB

2. CRT 的颜色数为 256 色，则刷新存储器每个单元的字长是(    )。

   A．256 位　　B．16 位　　C．8 位　　D．7 位

3. 微型计算机中的打印机可以通过(    )与 CPU 进行数据交换。

   A．控制端口　　B．快速数据通道　　C．状态端口　　D．并行接口或 USB 口

4. (    )不是显示器的英文缩写。

   A．LED　　B．PCI　　C．LCD　　D．CRT

**二、简答题**

1. 编码键盘与非编码键盘有什么区别？试说明非编码键盘的工作原理。
2. 叙述键盘电路中行扫描（或线反转法）识别闭合键的基本工作原理。
3. 非编码键盘接口应具备的基本功能有哪些？
4. 键盘为什么要消除抖动？如何消除按键抖动？
5. 发光二极管（LED）组成的 7 段数码管显示器有哪两种接法？
6. LED 发光二极管组成的 7 段数码管显示器，就其结构来讲有哪两种接法？不同的接法对字符显示有什么影响？
7. 多位 LED 显示器显示的方法及特点是什么？

# 附录 A 常用 DOS 功能调用

表 A1 给出了常用的键盘输入和显示输出等 DOS 功能调用（INT　21H），具体的应用参看正文，完整的 DOS 功能还需查看有关参考资料。

表 A1　　常用 DOS 功能调用

| 功能号 | 参数及功能说明 |
| --- | --- |
| AH=01H | 出口参数：AL=ASCII 字符 |
| | 功能说明：从键盘输入一个字符。如果 AL=00H，应再次调用该功能获取扩展 ASCII 字符代码。本功能将在屏幕上显示输入的字符（有回显）。调用该功能如果没有按键输入，则一直循环等待，直到按键才结束功能调用，返回调用程序 |
| AH=02H | 入口参数：DL=欲显示的 ASCII 字符 |
| | 功能说明：在屏幕当前光标处显示一个字符 |
| AH=06H | 入口参数：DL=FFH（对应输入功能），DL=欲显示的 ASCII 字符（对应输出功能） |
| | 出口参数：AL=ASCII 字符 |
| | 功能说明：DL=FFH 是一个键盘输入功能调用。无论是否有按键输入，都将结束调用，返回调用程序。当有键按下时，状态标志 ZF=1 表示无键按下，ZF=0 表示有键按下，AL=键入的 ASCII 字符，但无回显（不在屏幕上显示）。而 DL=ASCII 字符是一个显示输出功能调用，同 02H 功能调用 |
| AH=09H | 入口参数：DS:DX=欲显示的字符串逻辑地址（段地址：偏移地址） |
| | 功能说明：将指定位置的字符串在当前光标位置开始显示。字符串的长度不限，可以包含控制字符（如回车 0DH，换行 0AH），但必须以“$”（其 ASCII 码为 24H）字符结尾 |
| AH=0AH | 入口参数：DS:DX=键盘输入缓冲区逻辑地址（段地址：偏移地址） |
| | 功能说明：读取从键盘输入的一个字符串（有回显），直到按下回车键。键盘输入缓冲区的第一个字节是缓冲区的大小（按字节计数，最大为 255），第二个字节在调用结束时由该功能自动填入实际输入的字符个数，从第三个字节开始存放输入字符的 ASCII 码，最后一个字符是回车符 0DH |
| AH=25H | 入口参数：AL=中断向量号，DS:DX=中断服务程序逻辑地址（段地址:偏移地址） |
| | 功能说明：为 AL 指定的中断设置新的中断向量（及服务程序的逻辑地址） |
| AH=31H | 入口参数：AL=DOS 返回码，DX=驻留程序的“节”数 |
| | 功能说明：将指定长度的程序保存在主存，返回 DOS。每“节”包含 16 个字节。DOS 返回码可以在批处理文件中用 ERRORCODE 读取 |
| AH=35H | 入口参数：AL=中断向量号 |
| | 出口参数：ES:BX=中断服务程序逻辑地址（段地址：偏移地址） |
| | 功能说明：获取 AL 指定的中断服务程序的逻辑地址 |
| AH=4CH | 入口参数：AL=DOS 返回码 |
| | 功能说明：结束程序执行，返回 DOS |

# 附录 B
# 8086 指令系统表

附录 B 给出了 8086 指令系统所有类型指令的指令功能和书写格式，并列出了所有与状态标志有关指令的状态变化情况，供编写程序时参考。

表 B1　　数据传送指令

| 指令类型 | 指令功能 | 指令书写格式 |
| --- | --- | --- |
| 通用数据传送 | 字节或字传送<br>字压入堆栈<br>字弹出堆栈<br>字节或字交换<br>字节翻译 | MOV　d，s<br>PUSH　s<br>POP　d<br>XCHG　d，s<br>XLAT |
| 目标地址传送 | 装入有效地址<br>装入 DS 寄存器<br>装入 ES 寄存器 | LEA　d，s<br>LDS　d，s<br>LES　d，s |
| 标志位传送 | 将 FR 低字节装入 AH 寄存器<br>将 AH 内容装入 FR 低字节<br>将 FR 内容压入堆栈<br>从堆栈弹出 FR 内容 | LAHF<br>SAHF<br>PUSHF<br>POPF |
| I/O 数据传送 | 输入字节或字<br>输出字节或字 | IN　累加器，端口<br>OUT　端口，累加器 |

注：d：目的操作数；s：源操作数。

表 B2　　逻辑运算和移位循环指令

| 指令类别 | 指令名称 | 指令书写格式（助记符） | 状态标志位 | | | | | |
| --- | --- | --- | --- | --- | --- | --- | --- | --- |
| | | | O | S | Z | A | P | C |
| 逻辑运算 | “与”（字节/字） | AND　d，s | 0 | ↑ | ↑ | x | ↑ | 0 |
| | “或”（字节/字） | OR　d，s | 0 | ↑ | ↑ | x | ↑ | 0 |
| | “异或”（字节/字） | XOR　d，s | 0 | ↑ | ↑ | x | ↑ | 0 |
| | “非”（字节/字） | NOT　d | 。 | 。 | 。 | 。 | 。 | 。 |
| | 测试（字节/字） | TEST　d，s | 0 | ↑ | ↑ | x | ↑ | 0 |
| 移 位 | 算术左移（字节/字） | SAL　d，count | ↑ | ↑ | ↑ | x | ↑ | ↑ |
| | 算术右移（字节/字） | SAR　d，count | ↑ | ↑ | ↑ | x | ↑ | ↑ |
| | 逻辑左移（字节/字） | SHL　d，count | ↑ | ↑ | ↑ | x | ↑ | ↑ |
| | 逻辑右移（字节/字） | SHR　d，count | ↑ | ↑ | ↑ | x | ↑ | ↑ |

续表

| 指令类别 | 指令名称 | 指令书写格式（助记符） | 状态标志位 | | | | | |
|---|---|---|---|---|---|---|---|---|
| | | | O | S | Z | A | P | C |
| 循环 | 循环左移（字节/字） | ROL d，count | ↑ | ∘ | ∘ | x | ∘ | ↑ |
| | 循环右移（字节/字） | ROR d，count | ↑ | ∘ | ∘ | x | ∘ | ↑ |
| | 带进位的循环左移（字节/字） | RCL d，count | ↑ | ∘ | ∘ | x | ∘ | ↑ |
| | 带进位的循环右移（字节/字） | RCR d，count | ↑ | ∘ | ∘ | x | ∘ | ↑ |

注：↑：运算结果影响标志位；x：标志位为任意值；∘：运算结果不影响标志位；1：将标志置“1”。

表 B3 算术运算指令

| 指令类别 | 指令名称 | 指令书写格式（助记符） | 状态标志位 | | | | | |
|---|---|---|---|---|---|---|---|---|
| | | | O | S | Z | A | P | C |
| 加法 | 不带进位的加法（字节/字） | ADD d，s | ↑ | ↑ | ↑ | ↑ | ↑ | ↑ |
| | 带进位的加法（字节/字） | ADC d，s | ↑ | ↑ | ↑ | ↑ | ↑ | ↑ |
| | 加 1（字节/字） | INC d | ↑ | ↑ | ↑ | ↑ | ↑ | ∘ |
| 减法 | 不带借位的减法（字节/字） | SUB d，s | ↑ | ↑ | ↑ | ↑ | ↑ | ↑ |
| | 带借位的减法（字节/字） | SBB d，s | ↑ | ↑ | ↑ | ↑ | ↑ | ↑ |
| | 减 1（字节/字） | DEC d | ↑ | ↑ | ↑ | ↑ | ↑ | ∘ |
| | 求补 | NEG d | ↑ | ↑ | ↑ | ↑ | ↑ | 1 |
| | 比较 | CMP d，s | ↑ | ↑ | ↑ | ↑ | ↑ | ↑ |
| 乘法 | 无符号数乘法（字节/字） | MUL s | ↑ | x | x | x | x | ↑ |
| | 有符号数乘法（字节/字） | IMUL s | ↑ | x | x | x | x | ↑ |
| 除法 | 无符号数除法（字节/字） | DIV s | x | x | x | x | x | x |
| | 有符号数除法（字节/字） | IDIV s | x | x | x | x | x | x |
| | 字节转换成字 | CBW | ∘ | ∘ | ∘ | ∘ | ∘ | ∘ |
| | 字转换成双字 | CWD | ∘ | ∘ | ∘ | ∘ | ∘ | ∘ |
| 十进制调整 | 加法的 ASCII 码调整 | AAA | x | x | x | ↑ | x | 1 |
| | 加法的十进制码调整 | DAA | x | ↑ | ↑ | ↑ | ↑ | ↑ |
| | 减法的 ASCII 码调整 | AAS | x | x | x | ↑ | x | ↑ |
| | 减法的十进制码调整 | DAS | ↑ | ↑ | ↑ | ↑ | ↑ | ↑ |
| | 乘法的 ASCII 码调整 | AAM | x | ↑ | ↑ | x | ↑ | x |
| | 除法的 ASCII 码调整 | AAD | x | ↑ | ↑ | ∘ | ↑ | x |

表 B4 串操作指令

| 指令类别 | 指令名称 | 指令书写格式（助记符） | 状态标志位 | | | | | |
|---|---|---|---|---|---|---|---|---|
| | | | O | S | Z | A | P | C |
| 基本字符串指令 | 字节串/字串传送 | MOVS d，s | ∘ | ∘ | ∘ | ∘ | ∘ | ∘ |
| | | MOVSB/MOVSW | ∘ | ∘ | ∘ | ∘ | ∘ | ∘ |
| | 字节串/字串比较 | CMPS d，s | ↑ | ↑ | ↑ | ↑ | ↑ | ↑ |
| | | CMPSB/CMPSW | ↑ | ↑ | ↑ | ↑ | ↑ | ↑ |
| | 字节串/字串搜索 | SCAS d | ↑ | ↑ | ↑ | ↑ | ↑ | ↑ |
| | | SCASB/SCASW | ↑ | ↑ | ↑ | ↑ | ↑ | ↑ |

续表

| 指令类别 | 指令名称 | 指令书写格式（助记符） | 状态标志位 O S Z A P C |
|---|---|---|---|
| 基本字符串指令 | 读字节串/字串 | LODS　s<br>LODSB/LODSW | ◦ ◦ ◦ ◦ ◦ ◦<br>◦ ◦ ◦ ◦ ◦ ◦ |
| | 写字节串/字串 | STOS　d<br>STOSB/STOSW | ◦ ◦ ◦ ◦ ◦ ◦<br>◦ ◦ ◦ ◦ ◦ ◦ |
| 重复前缀 | 无条件重复<br>当相等/为零时重复<br>当不相等/不为零时重复 | REP<br>REPE/REPZ<br>REPNE/REPNZ | ◦ ◦ ◦ ◦ ◦ ◦<br>◦ ◦ ◦ ◦ ◦ ◦<br>◦ ◦ ◦ ◦ ◦ ◦ |

注：↑：运算结果影响标志位；x：标志位为任意值；。：运算结果不影响标志位；1：将标志置“1”。

表 B5　转移类指令

| 指令类型 | | 指令格式（助记符） | 指令功能 | 测试条件 |
|---|---|---|---|---|
| 无条件转移 | | JMP　目标标号<br>CALL　过程名<br>RET　弹出值 | 无条件转移<br>过程调用<br>过程返回 | |
| 条件转移 | 对无符号数 | JA/JNBE 目标标号<br>JAE/JNB 目标标号<br>JB/JNAE 目标标号<br>JBE/JNA 目标标号 | 高于/不低于也不等于　转移<br>高于或等于/不低于　转移<br>低于/不高于也不等于　转移<br>低于或等于/不高于　转移 | CF=0 且 ZF=0<br>CF=0 或 ZF=1<br>CF=1 且 ZF=0<br>CF=1 或 ZF=1 |
| | 对带符号数 | JG/JNLE 目标标号<br>JGE/JNL 目标标号<br>JL/JNGE 目标标号<br>JLE/JNG 目标标号 | 大于/不小于也不等于　转移<br>大于或等于/不小于　转移<br>小于/不大于也不等于　转移<br>小于或等于/不大于　转移 | OF⊕SF=0 且 ZF=0<br>SF⊕OF=0 或 ZF=1<br>SF⊕OF=1 且 ZF=0<br>SF⊕OF=1 或 ZF=1 |
| | 单标志位条件转移 | JC 目标标号<br>JNC 目标标号<br>JE/JZ 目标标号<br>JNE/JNZ 目标标号<br>JO 目标标号<br>JNO 目标标号<br>JNP/JNO 目标标号<br>JP/JO 目标标号<br>JNS 目标标号<br>JS 目标标号 | 进位为 1　转移<br>进位为 0　转移<br>等于/结果为 0　转移<br>不等于/结果不为 0　转移<br>溢出　转移<br>不溢出　转移<br>奇偶位为 0/奇偶位为奇　转移<br>奇偶位为 1/奇偶位为偶　转移<br>符号标志位为 0　转移<br>符号标志位为 1　转移 | CF=1<br>CF=0<br>ZF=1<br>ZF=0<br>OF=1<br>OF=0<br>PF=0<br>PF=1<br>SF=0<br>SF=1 |
| 循环控制 | | LOOP 目标标号<br>LOOPE/LOOPZ 目标标号<br>LOOPNE/LOOPNZ 目标标号<br>JCXZ 目标标号 | 循环<br>等于/结果为 0 循环<br>不等于/结果不为 0 循环<br>CX 内容为 0 转移 | |
| 中断 | | INT　中断类型<br>INTO<br>IRET | 中断<br>溢出中断<br>中断返回 | |

表 B6　　处理器控制指令

| 指令类型 | 指令格式 | 指令功能 | 影响的标志位 |
| --- | --- | --- | --- |
| 对标志位的操作 | CLC<br>STC<br>CMC<br>CLD<br>STD<br>CLI<br>STI | 清除进位标志<br>置 1 进位标志<br>取反进位标志<br>清除方向标志<br>置 1 方向标志<br>清除中断标志<br>置 1 中断标志 | CF=0<br>CF=1<br>CF<br>DF=0<br>DF=1<br>IF=0<br>IF=1 |
| 外部同步 | WAIT<br>ESC<br>LOOK<br>HLT | 等待<br>交权<br>封锁总线<br>暂停 | |
| 其他 | NOP | 空操作 | |

# 参考文献


1. 颜志英. 微机系统与汇编语言. 北京：机械工业出版社，2007.
2. 钱晓捷. 微机原理与接口技术（第四版）. 北京：机械工业出版社，2011.
3. 钱晓捷. 微型计算机原理及应用. 北京：清华大学出版社，2006.
4. 马春燕等. 微机原理与接口技术（基于 32 位机）. 北京：电子工业出版社，2007.
5. 周杰英等. 微型原理、汇编语言与接口技术. 北京：人民邮电出版社，2011.
6. 郑学坚等. 微型计算机原理及应用（第三版）. 北京：清华大学出版社，2001.
7. 沈美明，温冬婵. IBM-PC 汇编语言程序设计（第 2 版）. 北京：清华大学出版社，2001.
8. 张凡等. 微机原理与接口技术. 北京：清华大学出版社，北京交通大学出版社，2010.
9. 全国计算机等级考试. 三级教程——PC 技术. 北京：高教出版社，2004.
10. 钱晓捷. 16/32 位微机原理. 北京：机械工业出版社，2011.
11. 闫宏印. 计算机硬件技术基础. 北京：电子工业出版社，2013.
12. 郭晓红. 微型计算机原理及其实用技术. 北京：海洋出版社，2003.
13. 段承先等. 微型计算机原理及接口技术. 北京：兵器工业出版社，2000.
14. 孙得文. 微型计算机及其接口技术. 北京：经济科学出版社，2000.